John Emsley

Liebe, Licht und Lippenstift

200 Jahre Wiley – Wissen für Generationen

John Wiley & Sons feiert 2007 ein außergewöhnliches Jubiläum: Der Verlag wird 200 Jahre alt. Zugleich blicken wir auf das erste Jahrzehnt des erfolgreichen Zusammenschlusses von John Wiley & Sons mit der VCH Verlagsgesellschaft in Deutschland zurück. Seit Generationen vermitteln beide Verlage die Ergebnisse wissenschaftlicher Forschung und technischer Errungenschaften in der jeweils zeitgemäßen medialen Form.

Jede Generation hat besondere Bedürfnisse und Ziele. Als Charles Wiley 1807 eine kleine Druckerei in Manhattan gründete, hatte seine Generation Aufbruchsmöglichkeiten wie keine zuvor. Wiley half, die neue amerikanische Literatur zu etablieren. Etwa ein halbes Jahrhundert später, während der „zweiten industriellen Revolution" in den Vereinigten Staaten, konzentrierte sich die nächste Generation auf den Aufbau dieser industriellen Zukunft. Wiley bot die notwendigen Fachinformationen für Techniker, Ingenieure und Wissenschaftler. Das ganze 20. Jahrhundert wurde durch die Internationalisierung vieler Beziehungen geprägt – auch Wiley verstärkte seine verlegerischen Aktivitäten und schuf ein internationales Netzwerk, um den Austausch von Ideen, Informationen und Wissen rund um den Globus zu unterstützen.

Wiley begleitete während der vergangenen 200 Jahre jede Generation auf ihrer Reise und fördert heute den weltweit vernetzten Informationsfluss, damit auch die Ansprüche unserer global wirkenden Generation erfüllt werden und sie ihr Zeil erreicht. Immer rascher verändert sich unsere Welt, und es entstehen neue Technologien, die unser Leben und Lernen zum Teil tiefgreifend verändern. Beständig nimmt Wiley diese Herausforderungen an und stellt für Sie das notwendige Wissen bereit, das Sie neue Welten, neue Möglichkeiten und neue Gelegenheiten erschließen lässt.

Generationen kommen und gehen: Aber Sie können sich darauf verlassen, dass Wiley Sie als beständiger und zuverlässiger Partner mit dem notwendigen Wissen versorgt.

William J. Pesce
President and Chief Executive Officer

Peter Booth Wiley
Chairman of the Board

John Emsley

Liebe, Licht und Lippenstift

WILEY-VCH Verlag GmbH & Co. KGaA

Dr. John Emsley
Alameda Lodge
23A Alameda Road
Ampthill, Bed fords., MK45 2LA
Great Britain

1. Auflage 2007

Bibliografische Information der Deutschen Nationalbibliothek
Die Deutsche Nationalbibliothek verzeichnet diese Publikation in der Deutschen Nationalbibliografie; detaillierte bibliografische Daten sind im Internet über http://dnb.d-nb.de abrufbar.

Printed in the Federal Republic of Germany

Gedruckt auf säurefreiem Papier.

Satz Manuela Treindl, Laaber
Druck und Bindung Ebner & Spiegel GmbH, Ulm
Umschlaggestaltung Himmelfarb Grafik und Webdesign, Schwetzingen
www.himmelfarb.de

Wiley Bicentennial Logo Richard J. Pacifico

ISBN: 978-3-527-31638-0

Inhaltsverzeichnis

Vorwort *IX*

Einleitung *1*

Moleküle auf unserem Planeten *3*
Luft zum Atmen: Sauerstoff *3*
Ein Einzelgänger, faul, doch nützlich: Argon *8*

Polymere, die unser Leben erleichtern *13*
Zähme mich, forme mich! Ethylen *13*
Preiswert und charmant: Polypropylen *19*
Extreme am Himmel, Extreme auf Erden: Teflon *24*
Filme und Flaschen: Polyethylenterephthalat *28*
Sexy und sicher: Polyurethan *31*
Verpackungsflut und falsche Felsen: Polystyrol *34*
Härter als Stahl: Kevlar *38*
Für die Intimsphäre: Polyabsorber *40*
Der Kunststoff des Informationszeitalters: Polycarbonat *48*

Chemie im Alltag *55*
Angeklagt und freigesprochen: Phosphate *55*
Kristallklar und sagenumwoben: Glas *57*
Element des Himmels: Zirconium *61*
Der Feldzug gegen die Keime: Quartäre Ammoniumsalze (Quats) *63*
Peng! Sie leben noch! Natriumazid *66*

Gesundes Leben *71*
Cholesterin *71*
Schutz des Ungeborenen: Folsäure *77*
Das fehlende Kettenglied: Zink *80*

Liebe, Licht und Lippenstift. John Emsley

ISBN 978-3-527-31638-0

Rätselhaftes Nitrat *83*
Schlechte Angewohnheit: Nikotin *89*
Vitamin B_6 (chemischer Name: Pyridoxin) *92*
Vitamin B_{12} (chemische Namen: Cobalamin, Cyanocobalamin) *95*
Nimm 5! *96*

Ungewöhnliche Moleküle in gewöhnlichen Nahrungsmitteln *99*
Aztekenträume: Phenylethylamin (PEA) *102*
Rhabarberkuchen: Oxalsäure *106*
Pferdefuß des Allheilmittels: Dipropenyl-disulfid *109*
Der schlimmste Gestank der Welt: Methylmercaptan *112*
Rätselhafte Coca-Cola: Coffein *114*
Cola *120*
Schokolade *121*
Wie wirkt Coffein? *123*
Wie wird Coffein im Körper abgebaut? *128*

Darmfunktion, Gifte, Allergien *131*
Wie der Körper mit Giften umgeht *133*
Die Darmbarriere *135*
Damit der Darm gesund bleibt *138*
Unverträglichkeit und Allergie *139*
Allergietests *142*

Heilende Moleküle *145*
Schmerzmittel *145*
Aspirin *146*
Paracetamol *151*
Ibuprofen *153*
Opiate *154*
Tote zum Leben erwecken: Viagra *156*
Alles im Kopf: Prozac *164*
Leichteren Sinnes mit Lithium *171*

Kampf den Fältchen! *179*
Lippenstifte *179*
Anti-Age-Cremes: Alpha-Hydroxysäuren (AHAs) *184*
Sonnenblocker, Sonnenfilter und Selbstbräuner *188*

Parfum *199*
Chanel N° 5 *200*
Die Chemie des Duftes *202*
Die elementaren Düfte *204*
Die Geschichte des Parfums *207*
Wie Duftstoffe hergestellt werden *214*
Duftstoffe pflanzlicher Herkunft *215*
Duftstoffe tierischer Herkunft *218*
Menschliche Düfte *223*

Index *229*

Vorwort

Autoren zu entdecken, das ist eine der großen Antriebskräfte von Verlegern und Lektoren. Doch einstmals unbekannte Autoren zu preisgekrönten zu machen – dafür gibt es keinen Automatismus. Gutes Marketing ist ein guter Start. Wichtig sind natürlich Mund-zu-Mund-Empfehlungen und positive Rezensionen, hohe Anfangsverkäufe wirken autokatalysierend.

Autoren bekannt machen, in anderen Ländern, anderen Sprachen, sie inspirieren, sich durch sie inspirieren lassen, Autoren begleiten und ihnen Kontinuität in der Zusammenarbeit garantieren, auch wenn nicht jeder ihrer Titel (ohne dass man es wirklich versteht) ein Bestseller wird – das alles gehört zu den schönsten Seiten der Arbeit in einem Verlag.

Als wir 1996/1997 das erste Werk von John Emsley verlegten und in einem Mannheimer Lokal namens *Uhland* nach dem Titel suchten – der Originaltitel wurde schließlich zu *Parfüm, Portwein, PVC* – hofften wir, aber wussten es nicht, dass wir zehn Jahre später gemeinsam sechs Titel verlegt haben würden, die nun in einer Jubiläumsausgabe mit dem Titel *Liebe, Licht und Lippenstift – Das Beste von John Emsley* kommentiert und aktualisiert vorliegen. So erfahren wir, wie es mit dem Parfüm und Viagra weiterging und haben ein neues Lesebuch für uns und unsere Mitmenschen, die wir für die Chemie und ihr Wirken offen machen wollen.

Verleger kommt von verlegen – auslegen – Risiko eingehen. Das haben wir seit 1996 bis heute gerne für und mit John Emsley gemacht – zunächst ganz ohne ihn persönlich zu kennen, ohne zu ahnen, wie es für uns und ihn ausgehen würde. Bisheriger Höhepunkt der Zusammenarbeit ist die Auszeichnung mit dem Literaturpreis der Gesellschaft Deutscher Chemiker 2003. Vertrauen, Gespür und Risikobereitschaft – das Elixier für Bestseller. Wir danken und freuen uns auf die gemeinsame Zukunft!

Weinheim, Januar 2007 *Eva E. Wille*

Liebe, Licht und Lippenstift. John Emsley

ISBN 978-3-527-31638-0

Einleitung

Während der letzten zehn Jahre, in denen ich meine Bücher bei Wiley-VCH veröffentlicht habe, hat sich auf dem Chemiesektor einiges getan. Deshalb halte ich es für notwendig, an einige der Kapitel dieser Sammlung begleitende Kommentare anzuhängen. Manche Beiträge, wie etwa der über herkömmliche Polymere, benötigen keine Aktualisierung, allerdings möchte ich hier auf eine Kontroverse zum Thema Teflon eingehen. Bei Kapiteln aus meinem neuesten Buch *Fritten, Fett und Faltencreme* gab es neue Entwicklungen in der dort angesprochenen Chemie, weshalb ich auch hier jeweils einen Kommentar angefügt habe.

Dieses Buch soll auch eine Würdigung der wundervollen Errungenschaften der chemischen Industrie in Europa sein. Leider wird deren Arbeit bald durch unnötige Gesetzgebungen erschwert, die neue Tests für Produkte vorschreiben, die seit über 100 Jahren gefahrfrei verwendet werden. Unsere Industrie wird dadurch im Wettstreit mit den schnell expandierenden Chemiekonzernen des Ostens behindert und benachteiligt. Eine Aufnahme der neuen Regelungen in die Gesetzbücher wurde durch manipulative Gruppierungen erzwungen, die seit Jahren die Medien mit Horrorgeschichten über Chemikalien füttern, von denen die meisten nichts als maßlose Übertreibungen trivialer Risiken sind.

Deutschland war der Geburtsort der modernen chemischen Industrie und die moderne Welt hat ihren wundervollen Entdeckungen viel zu verdanken. Ich hoffe, dass junge Leser dieser Sammlung von Essays zu einer beruflichen Laufbahn auf diesem Gebiet inspiriert werden. Durch die chemische Forschung werden wir neue Entdeckungen machen, die den Menschen zugute kommen. Wir können die Industrie durch die Nutzung erneuerbarer Ressourcen zukunftsfähig machen und Arbeitsplätze für kommende Generationen schaffen.

Liebe, Licht und Lippenstift. John Emsley

ISBN 978-3-527-31638-0

Moleküle auf unserem Planeten

Luft zum Atmen: Sauerstoff

Das für uns wichtigste Atmosphärengas ist Sauerstoff, der 21 Prozent des Volumens trockener Luft ausmacht. Ohne ausreichende Sauerstoffzufuhr sterben wir – dazu kann es beispielsweise in einem abgeschlossenen Raum kommen, wo sprichwörtlich die »Luft knapp wird«, oder in großen Höhen, wo der Luftdruck zu gering ist. Im Hochgebirge mag die Luft zwar noch immer 21 Prozent Sauerstoff enthalten, aber der Druck kann so niedrig sein, dass unsere Lungen das Gas nicht mehr aufnehmen können. Doch selbst auf dem Gipfel des höchsten Berges, wo die Luft dünn ist, gibt es noch genügend Sauerstoff; frühe Forscher glaubten zwar das Gegenteil, sie wurden jedoch später widerlegt.

Am 29. Mai 1953 bestiegen Tenzing Norgay und Edmund Hillary als erste Menschen den Mount Everest, und zwar unter Zuhilfenahme von Sauerstoffflaschen. Vierzig Jahre später schaffte Harry Taylor, ein 33-jähriger früherer Angestellter der SAS, dies allein und ohne zusätzlichen Sauerstoff. Die erste Frau, die den Gipfel stürmte, Junko Takei aus Japan, hatte eine Sauerstoffflasche bei sich; im Mai 1996 bestieg schließlich mit Alison Hargreaves auch eine Frau ohne die Hilfe zusätzlichen Sauerstoffs den höchsten Berg der Erde.

Unser Körper braucht Sauerstoff zur Energieerzeugung, und der Stoffwechsel ist auf die leichte Verfügbarkeit dieses Gases aus der Atmosphäre eingerichtet. Als überlebenssichernd gilt jedoch nur ein bestimmter Bereich der Sauerstoffkonzentration in der Atemluft: Liegt diese unter 17 Prozent, ersticken wir, übersteigt sie 25 Prozent, gehen wir in Flammen auf.

Sauerstoffangereicherte Luft können wir atmen – für viele Kranke ist sie sogar lebenswichtig. Gefährlich wird sie nur in unserer Umgebung: So mancher Patient, der unter einem Sauerstoffzelt lag, büßte den Versuch, sich eine Zigarette anzuzünden, mit schlimmen Verbrennungen. Die drei Besatzungsmitglieder der ersten bemannten Apollomission in die

Liebe, Licht und Lippenstift. John Emsley

ISBN 978-3-527-31638-0

Erdumlaufbahn verbrannten innerhalb weniger Minuten lebendig in ihrer Rakete, als in der sauerstoffangereicherten Kabinenluft ein Feuer ausbrach. Dasselbe Schicksal ereilte im Oktober 1969 eine Reparaturmannschaft im Laderaum des Schiffes *Lady Delia* in South Shields (Nordostengland): Sie benutzte einen Bohrer, der normalerweise mit Druckluft betrieben wurde, aber fälschlicherweise an eine Sauerstoffflasche angeschlossen worden war. Als die kritische Konzentration von 25 Prozent Sauerstoff überschritten war und einer der Männer sich eine Zigarette anzündete, verwandelte sich diese in einen Flammenwerfer, der in Windeseile seinen Arbeitanzug in Brand setzte. Seine Kollegen, die ihm zu Hilfe eilen wollten, fingen ebenfalls Feuer. Innerhalb weniger Minuten waren vier Arbeiter tot, sieben weitere zogen sich hochgradige Verbrennungen zu. Das Rätsel dieser gleichzeitigen Selbstentzündung mehrerer Menschen wurde von Professor Ian Fells von der nahe gelegenen Universität in Newcastle-upon-Tyne gelöst, der dem mysteriös anmutenden Vorfall nachging und schließlich auf den falsch angeschlossenen Schlauch stieß.

In der Regel ist es jedoch Sauerstoffmangel, der Leben bedroht und beispielsweise auch den vorzeitigen Abbruch des Biosphären-Projektes in Arizona im Januar 1993 verschuldete. Zu diesem Langzeitexperiment hatten sich acht Personen im Dezember 1991 in ein von Glaswänden umgebenes Ökosystem einschließen lassen, um festzustellen, ob Menschen in einem solchen »Gewächshaus« auf dem Mond oder in einer Raumstation überleben können. Bereits nach wenigen Wochen rangen die Versuchspersonen nach Atem, denn der Sauerstoffgehalt der Luft war auf unter 17 Prozent gesunken. Auf nicht völlig geklärte Weise waren 30 Tonnen des Gases verschwunden; man vermutet, dass sie mit Eisen im Boden reagiert haben.

Als Transportmittel für Sauerstoff in unserem Körper dient das Hämoglobin oder, genauer gesagt, dessen Eisen-Zentralatom. (Die meisten Lebewesen nutzen Eisen als Sauerstoffträger. Ausnahmen bilden Spinnen und Hummer, die zu diesem Zweck auf Kupfer zurückgreifen, das ihr Blut blau färbt.) Dank der Wirkung des Hämoglobins kann ein Liter Blut 200 Kubikzentimeter (0,2 Liter) Sauerstoff aufnehmen, fünfzig Mal so viel, wie sich in einem Liter Wasser löst. Wenn jedoch der Sauerstoffgehalt in der Luft abnimmt, sinkt er auch im Blut – zwar pumpt unser Herz dann so schnell wie möglich, um den Mangel auszugleichen, aber es hält diese übermäßige Anstrengung nicht lange aus, und wir sterben.

Ein Sauerstoffmolekül besteht aus zwei Sauerstoffatomen. Die Bindung zwischen ihnen gibt den Chemikern noch immer Rätsel auf: Anscheinend handelt es sich um eine Doppelbindung, doch ungeachtet dessen besitzt das Molekül zwei ungepaarte Elektronen und verhält sich daher als »freies Radikal«.

Bei –183 Grad Celsius wird Sauerstoff flüssig. Die Flüssigkeit ist magnetisch, wie Michael Faraday 1848 feststellte, als er ein paar Tropfen davon vergoss und bemerkte, dass sich diese sofort auf die Pole eines Magneten zubewegten. Die Ursache für dieses Verhalten sind die erwähnten ungepaarten Elektronen. Theoretisch sollte ein solches Radikal bereitwilligst mit jedem Stoff reagieren, mit dem es in Berührung kommt – und trotzdem ist Sauerstoff, wie wir wissen, ein vergleichsweise reaktionsträges Molekül, denn sonst hätte sich im Laufe von Millionen Jahren niemals eine solch enorme Menge davon in der Erdatmosphäre anreichern können. Selbst in unserem Körper reagiert Sauerstoff nicht sofort mit seinen vom Stoffwechsel bereitgehaltenen Partnern, sondern es ist ein Katalysator (ein Enzym) vonnöten, um die Umsetzung in Gang zu bringen.

Unser Planet wird von *Millionen Milliarden* Tonnen Sauerstoff umgeben, die ausschließlich als Nebenprodukt der pflanzlichen Photosynthese entstanden sind. Jährlich verbrennen wir ungefähr sieben Milliarden Tonnen fossiler Brennstoffe, wobei etwa 24 Milliarden Tonnen Sauerstoff oder 0,00024 Prozent der Gesamtmenge verbraucht werden. Zum größten Teil wird dieser Verlust umgehend von den Pflanzen ausgeglichen – und selbst, wenn dem nicht so wäre, müssten 2000 Jahre vergehen, in denen das Gas ebenso schnell verbraucht würde wie gegenwärtig, damit der Sauerstoffgehalt der Atmosphäre von 21 auf 20 Prozent abnähme.

Für die Tätigkeit unserer Hirns ist Sauerstoff absolut unentbehrlich – ansonsten kommt es binnen weniger Minuten zum Hirntod. Weniger bekannt ist, dass zuviel Sauerstoff das Gehirn vergiftet – eine Tatsache, die viele Sporttaucher nicht zur Kenntnis nehmen, wie Kenneth Donald von der Universität Edinburgh feststellte. Donald unternahm eine lebenslange Studie zu diesem Thema an Versuchspersonen und warnt in seinem Buch *Oxygen and the Diver* davor, in größeren Tiefen als etwa siebeneinhalb Metern reinen Sauerstoff einzuatmen, denn dies kann zu Krämpfen führen, die einige Taucher ertrinken ließen. Amateurtaucher wie Unterwasserphotographen, Erkunder von Schiffswracks und Archäologen verwendeten anstelle von Druckluft so genannte Nitrox-Mischungen, luftähnliche Gase mit erhöhtem Sauerstoffgehalt, die ebenfalls gefährlich sein können. Nitrox, ein Gemisch aus Sauerstoff und Stickstoff, wurde von der britischen Marine im Zweiten Weltkrieg für Taucher eingeführt, die Minen räumen mussten, da das Gas einen längeren Aufenthalt unter

Wasser erlaubt und überdies weder zur Sauerstoffvergiftung noch zur Dekompressionskrankheit (verbunden mit Glieder- und Gelenkschmerzen, so genannten *bends*) führt. Professionelle Taucher atmen heutzutage eine nicht billige Mischung aus Sauerstoff und Helium, die ein sicheres Arbeiten bis zu Tiefen von 500 Metern und mehr zulässt.

Industriell wird Sauerstoff durch Luftverflüssigung gewonnen – entweder direkt am Ort des Verbrauchs oder in Großanlagen, von denen er mittels Pipelines oder speziell isolierten Tanklastern zum Kunden transportiert wird. Die Jahresproduktion beträgt 25 Millionen Tonnen in den USA, über vier Millionen Tonnen in Großbritannien. Über die Hälfte davon wird von Stahlwerken verbraucht, ein Viertel fließt in die Produktion von Ethylenoxid, einem Ausgangsstoff für Frostschutzmittel und Polyester, welcher seinerseits zu Flaschen und Geweben verarbeitet wird (siehe Kapitel 5). Den Rest verwendet man in reiner Form im Gesundheitswesen und zur Reinigung von Abwasser, womit man Umweltkatastrophen verhindern kann. Letzteres war beispielsweise 1992 in Paris der Fall: Ein kräftiger Sturm hatte ungereinigtes Abwasser in die Seine gespült, wo der verfügbare Sauerstoff rasch zur Neige ging und alle Fische starben. Heute werden täglich 15 Tonnen reinen Sauerstoffs mit gewaltigen Pumpen in die Seine geleitet.

Wer entdeckte den Sauerstoff? Dieser Verdienst wird in der Regel Joseph Priestley, geboren in Leeds (England), zugeschrieben. Priestley war ein Nonkonformisten-Prediger, ein Intellektueller des linken Flügels, der die Ziele der Französischen Revolution propagierte und sich als Amateurchemiker auf die Untersuchung von Gasen spezialisiert hatte. Er fand den Sauerstoff 1774, nachdem er auf das Anwesen von Lord Shelburne in Calne, Wiltshire, umgesiedelt war, als er Quecksilberoxid erhitzte und das dabei freigesetzte Gas auffing. Er atmete das Reaktionsprodukt ein und notierte, dass er daraufhin einen leichten Schwindel verspürte und dass eine Maus in diesem Gas länger überleben konnte als in normaler Luft. Priestley zog in der Folgezeit nach Birmingham um, doch sein dortiges Haus und Laboratorium wurde vom rechten Mob geplündert. So mag es nicht überraschen, dass Priestley schließlich in die Vereinigten Staaten auswanderte.

Kaum wird Priestley bemerkt haben, dass Carl Scheele in Uppsala (Schweden) den Sauerstoff bereits einige Monate vor ihm entdeckt hatte – der Ruhm entging Scheele jedoch, da der Verlag, an den er sein diesbezügliches Manuskript gesandt hatte, nichts unternahm, um es zu veröffentlichen. Den Namen bekam das neue Gas weder von Scheele noch von Priestley: »Oxygenium« (Säurebildner) nannte der große französische Chemiker Antoine Lavoisier das Element, das seiner (inzwischen widerlegten) Ansicht nach ein essenzieller Bestandteil aller Säuren war.

Könnte es vielleicht sogar einen noch früheren Entdecker des Sauerstoffs geben? Es gibt Beweise dafür, dass das Gas bereits 150 Jahre vor Priestleys und Scheeles Experimenten hergestellt wurde. Wie anders sollte man sich ein bemerkenswertes Ereignis in London 1624 erklären, als King James und seine Untertanen zu Tausenden auszogen, ein neues historisches Wunder zu bestaunen: ein Unterseeboot. Dieser überaus erstaunliche Gegenstand bestand aus einem hölzernen Gestell, umhüllt von einer wasserdichten, eingefetteten Lederhaut. Das Boot war mit zwölf Ruderern bemannt, deren Ruderblätter durch abgedichtete Öffnungen reichten. Mit seinem Erfinder, dem Holländer Cornelius Drebbel, und einigen anderen Passagieren an Bord legte das Boot in zwei Stunden die mehrere Meilen messende Strecke zwischen Westminster und Greenwich zurück – unter Wasser! (Die Admiralität zeigte sich allerdings unbeeindruckt und entschied sich gegen die Übernahme des Unterseebootes.) Über die mysteriöse Reise sprach man noch 40 Jahre später, wie wir von keinem Geringeren als Robert Boyle, bekannt durch das Boylesche Gesetz, wissen: Der Forscher zitierte den Bericht eines zur damaligen Zeit noch lebenden Passagiers, Drebbel habe »reinere Luft« aus einem Behälter in das Boot gelassen, sobald das Atmen schwerer wurde. Man vermutet, dass es sich bei dieser Reinstluft um Sauerstoff gehandelt hat.

Eine Erklärung gibt Zbigniew Szydlo in seinem Buch *Water Which Does Not Wet Hands*: Szydlo meint, Drebbel sei mit den Arbeiten des polnischen Alchimisten Michael Sendivogius (1566–1636) vertraut gewesen, der seinerseits ein Gas kannte, das er als »luftförmigen Lebensspender« bezeichnete. »Wasser, das die Hände nicht benetzt« war Sendivogius' Geheimname für Salpeter. Der Alchimist hatte beobachtet, dass sich beim Erhitzen von Salpeter (das ist die frühere Bezeichnung von Kaliumnitrat) Gase entwickeln. Durch vorsichtiges Erwärmen von Kaliumnitrat entsteht tatsächlich Sauerstoff. Zu jener Zeit sammelte man Salpeter von den Keller- und Abtrittwänden, wo er in Form weißer Kristalle ausblühte, oder man filterte ihn aus Boden und Dung. Salpeter wurde kommerziell gewonnen, denn man brauchte ihn zur Herstellung von Schießpulver.

Die seltsame Fähigkeit des Salpeters, Sauerstoff freizusetzen, war möglicherweise auch John Mayow (1641–1679) bekannt, einem Chemiker aus Oxford und einem der ersten Mitglieder der Royal Society of London. Mayow berichtete von »salpeter-luftartigen Partikeln«, die aus erhitztem

Salpeter entwichen, und man glaubt, dass sich diese Bemerkung ebenfalls auf Sauerstoff bezieht. Manche vertreten sogar die Ansicht, das berühmte Lebenselixier der Alchimisten sei keine Flüssigkeit, sondern Sauerstoff, das geheimnisvolle Gas, gewesen.

Kommentar des Autors: 2001 überraschte Fulvio Cacace von der Universität Rom die Chemiewelt mit der Entdeckung einer dritten Zustandsform des Sauerstoffs, dem O_4, das neben dem gewöhnlichen Gas (O_2) und dem seltenen Ozon (O_3) existiert. Das Gas wurde in winzigen Mengen durch die Reaktion von O_2 mit O_2^+ und der anschließenden Zugabe eines Elektrons zum Ladungsausgleich hergestellt.

Ebenfalls 2001 entdeckten Astronomen einen Planeten, der 150 Lichtjahre entfernt um einen Stern kreist. Zwei Jahre später fanden die Astronomen um Alfred Vidal-Madjar am Institut für Astrophysik in Paris heraus, dass Wasserstoffgas von der Planetenoberfläche verdampft und vom Sonnenwind des Sterns verweht wird. 2004 konnten sie dann nachweisen, dass sich in seiner Atmosphäre Sauerstoff befindet. Theoretisch könnte dies ein Hinweis auf Leben auf diesem Planeten sein, es ist jedoch problematisch, dass der Sauerstoff ins All geblasen wird.

Ein Einzelgänger, faul, doch nützlich: Argon

Die Entdeckung des Argons wird Lord Rayleigh und William Ramsay zugeschrieben, die ihren Fund 1894 veröffentlichten, bis zum darauf folgenden Jahr jedoch keinerlei nähere Einzelheiten preisgaben. Nur durch diesen Schachzug waren sie zur Teilnahme an einem Wettbewerb berechtigt, der von der Smithsonian Institution in Washington veranstaltet wurde und unter dem Thema »Neue Entdeckungen im Zusammenhang mit der atmosphärischen Luft« stand. Und sie gewannen den ersten Preis von 10 000 Dollar, die heute immerhin 150 000 Dollar wert wären. Argon, der Glücksbringer! Doch eigentlich hatten Rayleigh und Ramsay das Gas nur wiederentdeckt.

Ohne es zu wissen, fand Henry Cavendish aus Clapham, South London, Argon bereits über hundert Jahre zuvor. Der Chemiker interessierte sich für die Atmosphäre und schickte eine elektrische Entladung durch ein Gemisch aus Luft und Sauerstoff, wobei er die dabei entstandenen Reaktionsprodukte auffing. Aber wie lange er diesen Prozess auch fortsetzte, immer verblieb etwa ein Prozent der Luft, das chemisch nicht reagierte.

Cavendish erkannte nicht, dass er auf ein neues gasförmiges Element gestoßen war, und seine Beobachtungen blieben über ein Jahrhundert lang unverstanden – aber sie waren nicht vergessen.

Die Wiederentdeckung des Argons wurde durch das scheinbar merkwürdige Verhalten von Stickstoff ausgelöst, dessen Dichte von seiner Herkunft abzuhängen schien: Stickstoff aus der Luft hatte eine Dichte von 1,257 Gramm pro Liter, bei Stickstoff, den man aus der Zerlegung von Ammoniakgas gewann, maß man dagegen 1,251 Gramm pro Liter. Rayleigh und Ramsay folgerten, dass entweder dem atmosphärischen Stickstoff ein schwereres oder dem chemisch entstandenen Stickstoff ein leichteres Gas beigemischt sein musste. Letztere Erklärung schien weniger wahrscheinlich, also richteten die beiden Forscher ihre Anstrengungen darauf, die »Zusammensetzung« des Luftstickstoffs aufzuklären.

Ramsay leitete eine Probe angeblich reinen Stickstoffs aus der Luft über erhitztes Magnesiummetall, das mit dem Gas zu einem Feststoff, Magnesiumnitrid, reagiert. Dabei blieb, ähnlich wie in Cavendishs Experimenten, stets ein Volumenprozent Gas übrig, das sich nicht mit dem Metall verband und um 30 Prozent dichter war als Stickstoff. Rayleigh und Ramsay folgerten aus der Untersuchung des Atomspektrums dieses Gases, dass es sich nur um ein neues Element handeln konnte, und sie wählten dessen Namen in Anlehnung an das griechische Wort *argos* für »faul«. 1904 wurde Ramsay der Nobelpreis für Chemie verliehen.

Inzwischen hat Argon, das ein Prozent der Atmosphäre ausmacht, industrielle Bedeutung gewonnen. Hunderte von Anlagen auf der ganzen Welt gewinnen das Gas aus verflüssigter Luft. Eine solche Apparatur verarbeitet im Schnitt 375 Tonnen Luft täglich und muss, dank moderner Computersteuerung, von nicht mehr als einer Handvoll Technikern überwacht werden. Diese Anlagen trennen die Luft in Sauerstoff, Stickstoff und Argon, die verflüssigt und in Tankern von 20 Tonnen Fassungsvermögen abtransportiert werden.

Besonders wichtig ist Argon für die Metallindustrie. In Stahlwerken verwendet man Argon als Inertgas, um geschmolzenes Eisen umzurühren, während man Sauerstoff hindurchleitet, um den Kohlenstoffgehalt einzustellen. Weiterhin dient Argon als Schutzgas, um heiße Metalle – zum Beispiel geschmolzenes Aluminium – beim Schweißen vor der Oxidation durch den Luftsauerstoff zu bewahren. Man benutzt dazu Lichtbogen-Schweißgeräte, die mittels Gleichstrom einen Funken erzeugen, der den Schweißstab schmilzt. Der Funken wird von einem Argonstrom umgeben; ein solches Schweißgerät verbraucht ungefähr zehn bis 20 Liter Argon in der Minute. In der Kernenergietechnik schützt man Brennelemente während der Reinigung und Wiederaufarbeitung mit Argon. Ultrafeine Metallpulver, wie sie zur Herstellung hochwertiger Werkzeuglegierungen erforderlich sind, werden gewonnen, indem man einen Strahl flüssigen Argons mit einer Temperatur von –190 Grad Celsius auf einen Strahl des geschmolzenen Metalls treffen lässt. In einigen Hüttenwerken leitet man die Abluft durch einen Argonplasmastrahl und verhindert so, dass giftige Metallstäube in die Umwelt gelangen: Innerhalb eines solchen Plasmas werden die Argonatome elektrisch aufgeladen und dabei auf Temperaturen von 10 000 Grad Celsius aufgeheizt, so dass sich die Staubpartikel zu Tropfen geschmolzenen Drecks zusammenballen.

Chirurgen verschweißen mit Argonlasern Arterien und töten Tumore ab. Den intensiven blauen Lichtstrahl dieser Laser machen sich auch Chemiker zunutze, um molekulare Zustände aufzuspüren, die nur eine Billionstelsekunde lang existieren.

Auch manches Konsumgut enthält Argon. So gibt man das Gas, da es ein schlechterer Wärmeleiter ist als Luft, zwischen die Scheiben von Verbundverglasungen, um die Isolationswirkung solcher Fenster zu verbessern. Auch die Gasfüllung von Leuchtstoffröhren und Glühlampen ist Argon; in den letzteren verteilt das Gas die vom Glühfaden abgestrahlte Wärme, ohne mit diesem selbst zu reagieren. Blaue Leuchtreklame enthält Argon – ein Hellblau erreicht man durch Zugabe von etwas Quecksilberdampf. Das exotischste Anwendungsgebiet des inerten Gases sind die Reifen mancher Luxuslimousinen, in denen es nicht nur den Gummi vor Sauerstoffangriff schützen, sondern auch die Fahrgeräusche vermindern soll.

Zahlreiche Anwendungen des Argons beruhen auf der absoluten Unreaktivität des Gases. Nichts bringt das Element dazu, sich mit anderen zu verbinden, nicht einmal höchste Temperaturen oder stärkste elektrische Entladungen. Bis jetzt widerstand es allen Versuchen der Chemiker, es mit anderen Atomen zu verknüpfen, und Argongas besteht ausnahmslos aus einzelnen Atomen. Selbst die wenigen bekannten argonhaltigen Verbindungen, die so genannten Clathrate (»Käfigverbindungen«), enthalten lediglich ungebundene Argonatome, eingeschlossen in Gitternetze größerer Moleküle.

Um unseren Planeten kreisen etliche Billionen Tonnen Argon, die sich im Verlaufe von Milliarden Jahren allmählich angesammelt haben. Der größte Teil des Gases stammt aus dem Zerfall eines radioaktiven Isotops des Elements Kalium, Kalium-40, mit einer Halbwertszeit von 1,28 Milliarden Jahren. Nur 117 von einer Million Kaliumatome sind Kalium-40;

wenn die Zeit eines solchen Atoms gekommen ist, kann sich sein Kern entweder unter Aussendung eines β-Teilchens in Calcium-40 oder unter Einfang eines Elektrons der eigenen Hülle in Argon-40 verwandeln. Lediglich eines von zehn Atomen schlägt den letztgenannten Weg ein, doch besteht unsere Erde bereits etwa 4,6 Milliarden Jahre – lange genug, dass all das heute vorhandene Argon langsam, aber stetig entstehen konnte. Anhand der Zerfallsreihe von Kalium-40 lässt sich auch erklären, warum Argon (Ordnungszahl 19) eine größere Atommasse als Kalium (Ordnungszahl 20) hat: Das meiste Argon liegt als Isotop Argon-40 (mit der relativen Atommasse 40) vor, der größte Teil des Kaliums dagegen als Isotop Kalium-39 (mit der relativen Atommasse 39).

Löst sich das radioaktive Kalium-40 im Meer oder wird es im Boden oder einem Lebewesen verteilt, so entweicht Argon in die Atmosphäre. Ist das Kalium jedoch in Gestein eingeschlossen, kann auch das Argon nicht entkommen. Durch Messung des Verhältnisses von Kalium zu Argon in einem Mineral kann man daher auf dessen Alter schließen.

Argon gehört zu einer Gruppe von Elementen, die man als Edelgase bezeichnet. Die meisten von ihnen wurden zwischen 1895 und 1898 von Ramsay und Morris Travers entdeckt. Drei davon (neben Argon) wurden aus der Luft gewonnen: Neon (von griech. *neos* für »neu«), Krypton (von griech. *kryptos* für »versteckt«) und Xenon (von griech. *xenos* für »Fremder«). Ein viertes Gas, Helium, wurde wie Argon wiederentdeckt.

Helium, das leichteste Edelgas, wurde bereits 30 Jahre zuvor von Pierre Janssen aufgespürt. Dieser war nach Indien gereist, um eine totale Sonnenfinsternis zu beobachten, und bemerkte im Sonnenspektrum eine gelbe Linie, die er nicht erklären konnte – sie gehörte zu einem unbekannten Element. Der Astronom Sir Norman Lockyer benannte das Gas nach dem griechischen Wort *helios* (Sonne) und vermutete, dass es auf der Erde nicht vorkommen könne. Doch Ramsay fand das Gas 1895 – nicht in der Luft, obwohl es darin in einem größeren Anteil enthalten ist als Krypton und Xenon, sondern als er einen Brocken Uranerz in Säure auflöste und die dabei aufgestiegenen Gasblasen analysierte. (Bei den α-Teilchen, die von den Kernen vieler radioaktiver Isotope emittiert werden, handelt es sich um Kerne von Heliumatomen. Diese lesen in Windeseile zwei Elektronen aus der Umgebung auf, so dass Heliumgas entsteht.)

Kommentar des Autors: Als ich in diesem Kapitel schrieb, dass überhaupt nichts mit Argon reagieren wird, unabhängig davon, wie hoch die Temperatur oder wie stark eine elektrische Ladung zur Zufuhr von Aktivierungsenergie auch sein mag, habe ich mich geirrt. Eine chemische Argonverbindung wurde im Jahr 2000 von Markku Räsänen an der Universität von Helsinki, Finnland, synthetisiert: Argonfluorohydrid (HArF). Dieses Molekül wurde aus einer Mischung aus festem Argon und festem Fluorwasserstoff hergestellt, die bei 7 K (–266 °C) mit intensivem UV-Licht bestrahlt wurde. Anschließend konnte HArF im Infrarotspektrum identifiziert werden. Die Verbindung zersetzte sich, als die Temperatur auf 27 K (–246 °C) erhöht wurde.

Polymere, die unser Leben erleichtern

Zähme mich, forme mich! Ethylen

Die petrolchemische Industrie produziert die Gase Ethylen und Propylen in riesigen Mengen, denn sie sind Ausgangsstoffe für Hunderte anderer Chemikalien, besonders für die Kunststoffe Polyethylen und Polypropylen. Diese beiden Arbeitspferde gibt es bereits seit einem halben Jahrhundert – eine bemerkenswerte neue Ära der Stoffe brach jedoch, wie im Falle der Kunstseide, unlängst an: Neuartige Katalysatoren führten zu neuen Produktformen mit neuen Anwendungsgebieten.

Ethylen (oder, chemisch korrekt, Ethen) ist bei Zimmertemperatur gasförmig und kondensiert bei –104 Grad Celsius zur Flüssigkeit. Die Verbindung als solche lässt sich problemlos transportieren und lagern. Sie besteht aus kleinen Molekülen mit der Summenformel C_2H_4, wobei die beiden Kohlenstoffatome durch eine Doppelbindung verknüpft sind. Dieser Doppelbindung verdankt Ethylen seine chemische Reaktivität und die Fähigkeit zu polymerisieren. In der Natur wirkt Ethylen als Pflanzenhormon und lässt die Blüten abfallen; in der Wirtschaft sorgt Ethylen als Anführer der Rangliste organischer Chemikalien für Blüte. Von 1960 bis 1995 wuchs das Volumen der weltweiten Ethylenproduktion von zwei Millionen auf 67 Millionen Tonnen an, und vermutlich wird im Jahr 2005 die 100-Millionen-Grenze erreicht sein. Trotzdem kann Ethylen durchaus unprofitabel sein – wenn nämlich zuviel davon hergestellt wird. Aber wir brauchen Ethylen als Quelle vieler Annehmlichkeiten des zivilisierten Lebens, ob zu Hause, im Büro oder beim Einkaufen.

Ethylen ist einer der Grundstoffe der chemischen Industrie, spielt aber daneben auch eine wichtige Rolle in der Natur. In den dreißiger Jahren unseres Jahrhunderts entdeckten Biochemiker, dass Pflanzen Ethylen in vielen Stadien ihres Lebens herstellen: bei der Keimung, während des Wachstums, der Blüte, der Fruchtreifung, der Alterung, beim Fall der Blätter und als Reaktion auf Schädigungen durch extreme

Liebe, Licht und Lippenstift. John Emsley

ISBN 978-3-527-31638-0

Temperaturen und Trockenheit. Normalerweise ist die Konzentration von Ethylen in Pflanzen klein, sie kann in reifen Früchten aber Werte von bis zu 2000 ppm (0,2 %) erreichen. Pflanzen synthetisieren Ethylen aus Methionin, einer Aminosäure, die sich in ein Cyclopropan-Derivat mit einem stark gespannten Ring aus drei Kohlenstoffen umwandeln kann. Kommt dieser Ring mit einem Sauerstoffmolekül aus der Luft in Kontakt, so wird er geöffnet, und zwei Kohlenstoffatome verlassen das Molekül in Form von Ethylen.

Im neunzehnten Jahrhundert standen die Menschen einem sonderbaren Verhalten der Straßenbäume oft ratlos gegenüber: Ohne ersichtlichen Grund verloren die Bäume mitten im Sommer ihre Blätter. Als Lösung des Rätsels erwiesen sich defekte Gasleitungen, denn das entweichende Gas enthielt etwa 10 ppm Ethylen. Unsere Urgroßmütter vermieden es sorgfältig, Pflanzen und Blumen in einen Raum zu stellen, in dem eine Gasflamme brannte, da sie fürchteten, Blätter und Blüten könnten abfallen. Vielleicht wussten sie sogar, dass ein solcher Blattverlust auf ein kleines Leck in der Gasleitung hinwies.

Die Obstimporteure in Ländern mit gemäßigtem Klima ahmen seit fünfzig Jahren die Natur mit dem Ziel nach, eine kontinuierliche Versorgung der Märkte des Nordens mit reifen tropischen Früchten wie Bananen, Avocados, Nektarinen und Pfirsichen zu sichern: Man erntet das Obst unreif, transportiert es zum Bestimmungsort und lässt es bei Bedarf mit einem Hauch Ethylengas nachreifen. Das dazu benötigte Ethylen stellt man entweder durch Leitung von Alkoholdampf über einen elektrisch beheizten Katalysator oder durch Auflösung der Chemikalie Chlorethylphosphonsäure in Wasser her. Sobald die Ethylenkonzentration in der umgebenden Luft 1 ppm erreicht hat, beginnen die Früchte zu reifen. Wer im eigenen Garten Tomaten anbaut und sie noch grün ernten musste, weil ein Frosteinbruch droht, kann die Nachreifung mit einer ähnlichen Methode fördern. Der Trick besteht darin, die Tomaten zusammen mit reifen Bananen in eine Schüssel zu legen – die Bananen geben Ethylen ab, das die Tomaten reifen lässt. In einigen Ländern begast man sogar Obstgärten und Felder mit Ethylen, um eine gleichmäßige Reifung von Feigen, Mangos und Melonen zu ermöglichen, Ananaspflanzen zur Blüte anzuregen oder die Olivenernte zu erleichtern. Sogar die schlichte Tomate konnten Biotechnologen verändern, nachdem sie die Wirkung des Ethylens als Pflanzenhormon verstanden hatten: Neue Sorten bringen Früchte hervor, die langsamer reifen, länger fest bleiben und sich daher über weite Entfernungen hinweg transportieren lassen.

Indem man Obst und Blumen vor Ethylen schützt, kann man ihr Leben verlängern: Früchte lagert man in abgedichteten Containern gemeinsam mit in Säckchen verpacktem, mit Kaliumpermanganat getränkten Siliciumdioxid, welches entstehendes Ethylen absorbiert. Blumen packt man in Plastikfolie, die mit einer ähnlichen ethylenaufnehmenden Chemikalie imprägniert ist.

Pflanzen stellen Ethylen bei normalen Temperaturen her. In der Industrie jedoch muss man bei hohen Temperaturen arbeiten, um eine den Bedürfnissen der Weltwirtschaft genügende Menge Ethylen zu erhalten. Ein bewährtes Verfahren ist die Erhitzung von Kohlenwasserstoffen mit Wasserdampf auf über 800 Grad Celsius. Die Gesamtkapazität der Ethylenanlagen der Welt beträgt etwa 75 Millionen Tonnen, wovon ein Drittel auf die USA, ein Viertel auf Westeuropa und ein Zehntel auf Japan entfällt. Seit relativ kurzer Zeit investiert Südkorea in die Ethylenproduktion und konnte diese innerhalb von fünf Jahren auf das Fünffache, etwa drei Millionen Tonnen, steigern – viel mehr, als das Land selbst braucht. Zweifellos hofft Südkorea auf eine Nachfrage aus China im nächsten Jahrhundert. Pipeline-Netze zum Transport von Ethylen bestehen in Nordamerika und Europa, und manche von ihnen sind mit mächtigen Speichergefäßen unter der Erde verbunden, die drei Millionen Tonnen des Gases fassen.

Ethylen ist ein Maß für die Wirtschaftskraft eines Landes. Vor hundertfünfzig Jahren sah der deutsche Chemiker Justus von Liebig die Schwefelsäureproduktion als aussagefähigsten Maßstab für die Industrieproduktion eines Landes an. Zwar wird Schwefelsäure noch immer in einem Umfang hergestellt, der denjenigen aller anderen Chemikalien weit in den Schatten stellt, aber die Rolle des ökonomischen Indikators ist mittlerweile auf Ethylen übergegangen. Die Nachfrage nach dem Gas steigt und sinkt in den entwickelten Industrieländern mit dem Handelszyklus, während sie in anderen Teilen der Welt noch ständig anwächst. Letzteres erklärt auch die jährliche weltweite Wachstumsrate der Ethylenproduktion von vier Prozent, die sich vermutlich in das nächste Jahrhundert hinein fortsetzen wird.

Ungeachtet dieses Wachstums war Ethylen für den Primärerzeuger noch nie ein profitables Produkt. Alte Anlagen wurden geschlossen und neue gebaut, deren Kapazität trotz der Stilllegungen mit der steigenden Nachfrage mehr als Schritt hielt. Doch ob lohnend oder nicht – ohne Ethylen und seine Produkte funktioniert keine moderne Industriegesellschaft. Etwa die Hälfte das Gases wird zu Polyethylen umgesetzt, das man anschließend zu Verpackungsmitteln, Rohrleitungen und Foliebahnen verarbeitet; die andere Hälfte landet in ganz verschiedenen Produkten wie Duftstoffen und Schmerztabletten, Fensterrahmen und Wasserleitungen. Auf dem Weg dahin muss man das Ethylen in Zwischenprodukte wie Dichlorethylen, Ethylbenzol, Ethylenoxid und Ethylenglycol umwandeln, die sämtlich eine wichtige Rolle für die Weltwirtschaft spielen. Andere Zwischenprodukte sind Ethanol, Acetaldehyd, Ethylchlorid, Dibromethylen und Essigsäure, die den Verbraucher zum Beispiel in Form von Gartenmöbeln, Salzgebäck und Mixed Pickles erreichen.

Polyethylen wurde 1933 von Reginald Gibson und Eric Fawcett vom Chemieunternehmen ICI in Winnington (Großbritannien) erfunden. Unter geeigneten Bedingungen schließen sich die Ethylenmoleküle zu langen Ketten zusammen, die dem Endprodukt ideale Eigenschaften zur Herstellung von Eimern und Schüsseln, Plastiktüten und Säcken verleihen.

LDPE (Polyethylen niedriger Dichte, *low density polyethylene*), das vor allem für Folien und Verpackungsmitteln verwendet wird, stellt man unter hohem Druck her, HDPE (Polyethylen hoher Dichte, *high density polyethylene*) dagegen, das zu Behältern und Rohren verarbeitet wird, unter niedrigerem Druck. Aber selbst auf diese langerprobten Arbeitspferde warten zukünftig Herausforderungen: LDPE wird dank neuer und besserer Katalysatoren, den Metallocenen, durch LLD-PE ersetzt (das zweite »L« steht für »linear«). Bei diesen Metallocenen handelt es sich um Verbindungen von Titan, Zirconium oder Hafnium; das Metallatom ist dabei zwischen zwei Kohlenstoffringen wie der Belag eines Butterbrotes eingeschlossen (man nennt die Moleküle daher auch »Sandwich-Verbindungen«). Dies hält das Metall in einer elektronenreichen Umgebung und in einer räumlichen Anordnung, die nicht nur die Katalysatorwirkung ermöglicht, sondern auch die Art und Weise der Polymerbildung steuert. Im nächsten Abschnitt zum Polypropylen werden wir die Bedeutung des letzteren Aspekts genauer beleuchten.

Die Länge der Ketten, die bei der Polymerisation mit Metallocenen gebildet werden, hängt signifikant von der Prozesstemperatur ab: Je niedriger diese ist, desto länger werden die Ketten. Die meisten allgemein gebräuchlichen Polyethylenqualitäten weisen Kettenlängen von 1500 bis 20 000 Kohlenstoffatomen auf. Eine Polymerisation bei 20 Grad Celsius mit einem Zirconocen-Katalysator liefert rund 50 000 Kohlenstoffatome lange Ketten, bei 100 Grad Celsius wachsen die Ketten nur auf eine Länge von weniger als 1000 Atomen an. Zwischen beiden Temperaturen kann man den Prozess sehr fein abstimmen, so dass das Produkt genau die der gewünschten Anwendung dienlichen Eigenschaften erhält. Die Länge der

Polymerketten ist von entscheidender Bedeutung für Kenngrößen wie die Erweichungstemperatur, die Biegsamkeit und die Härte. Durch diese Flexibilität des Produkts erlebt Polyethylen gegenwärtig eine Renaissance und erobert sogar neue Märkte. Copolymere bereichern das Spektrum um weitere attraktive Varianten. Es handelt sich dabei um Kunststoffe, die durch gleichzeitige Polymerisation zweier verschiedener Ausgangsverbindungen (Monomere) hergestellt werden; das Produkt erhält Eigenschaften beider Monomere. Man schätzt, dass unter Mitwirkung von Metallocenen hergestellte Polymere im Jahr 2000 zehn Prozent des Weltmarktes (20 Millionen Tonnen) ausmachen werden.

Unser modernes Leben wäre ohne Produkte aus Ethylen undenkbar. Wie werden dann zukünftige Generationen zurechtkommen, falls die Menschheit beschließt, die Ausbeutung fossiler Ressourcen einzustellen? Kann die riesige Menge benötigten Polyethylens aus nachwachsenden Rohstoffen hergestellt werden? Die Antwort lautet ja; die Rohstoffquelle ist Alkohol (Ethanol), der sich aus Feldfrüchten wie Zuckerrohr und Getreide gewinnen lässt und als Ausgangsstoff der Ethylensynthese dienen kann.

Polyethylen ist wunderbar, aber (noch) nicht vollkommen: Polyethylenflaschen sind zwar wasserdicht, neigen aber zur Erweichung oder bekommen sogar Löcher, wenn man bestimmte andere Flüssigkeiten hineinfüllt. Dieses Problem lässt sich lösen, indem man die Oberfläche des Polyethylens mit einer dünnen Schicht eines widerstandsfähigeren Kunststoffs versieht – und das ist nicht schwierig: Man braucht den Polyethylenbehälter nur Fluorgas auszusetzen. Aus dem so entstehenden Super-Polyethylen kann man sogar Benzintanks für Autos fertigen. Das Material wird weder von Öl, Reinigungsmitteln, Drucktinten, Kosmetik- und Toilettenartikeln noch von konzentriertester Schwefelsäure angegriffen und eignet sich sogar zur Aufbewahrung von Lebensmitteln wie Cola-Konzentrat.

Seinen Erfolg verdankt der neue Werkstoff dem giftigen Gas Fluor. Dieses reagiert mit der Oberfläche gewöhnlichen Polyethylens zu Polyfluorethylen, einem anderen Polymer, in dem die Kohlenstoff-Wasserstoff-Bindungen durch die viel stärkeren Kohlenstoff-Fluor-Bindungen ersetzt wurden. Vertreter der Familie der Fluorpolymere kennen wir von antihaft-beschichteten Bratpfannen; andere Verbindungen dieses Typs kommen in diesem Buch ebenfalls zur Sprache (Abschnitt 5 und Kapitel 4, Abschnitt 3). Die Fluorpolymer-Schicht auf dem Polyethylenmaterial ist weniger als ein Hundertstel Millimeter dick, wobei die exakte Stärke von der Einwirkungszeit des Fluors abhängt. Zwei Vorteile bewirkt die

Schicht: Zum einen wird die Oberfläche widerstandsfähig gegen jeglichen chemischen Angriff, zum anderen weist sie alle anderen Flüssigkeiten ab. Auch die Farbe des darunterliegenden Polyethylens verändert sie nicht.

Das Geheimnis dieses Prozesses liegt in der Zähmung des aggressiven gasförmigen Fluors zur willigen Industriechemikalie. Fluor stellt man her, indem man einen elektrischen Strom durch eine Kaliumdifluorid-Schmelze leitet. Der Erfinder dieses Prozesses, Henri Moissan (1886), erhielt 1906 in Anerkennung seiner Arbeit den Nobelpreis für Chemie. Fluor ist das reaktivste Element; es lässt sogar Eisenwolle in Flammen aufgehen. Seine rohe Gewalt lässt sich durch Verdünnung mit neun Teilen Stickstoff unter Kontrolle bringen, und in dieser Form lässt es sich transportieren und verschiffen. Zur Fluorierung von Polyethylen verdünnt man das Gemisch sogar noch weiter.

Die Oberflächenschicht aus Fluorethylen kann man auf zwei Wegen erzeugen: Eine Möglichkeit ist, das Fluor-Stickstoff-Gemisch selbst zum Blasen des geschmolzenen Polyethylens in Formen für Flaschen und andere Behälter zu verwenden. Innerhalb weniger Sekunden bildet sich so eine Fluorpolymer-Schicht auf der Innenseite der Gefäße. Die bessere Alternative besteht darin, die Fluorierung als separaten Schritt vorzunehmen: So kann man sowohl Innen- als auch Außenseite des behandelten Behältnisses beschichten und die Stärke der Schichten darüber hinaus exakt auf die Anforderungen des Kunden ausrichten. Nur um wenige Pfennige erhöht sich der Preis einer Polyethylen-Flasche durch die Beschichtung, was leicht zu verschmerzen ist, ob es sich nun um ein winziges Fläschchen für Lidschatten oder einen Tausendlitertank handelt.

Ein Gas, das so gefährlich ist wie Fluor, bringt natürlich Probleme hinsichtlich Gesundheit und Sicherheit mit sich. Das Einatmen eines Gasgemisches, das gerade 0,1 Prozent Fluor enthält, ist innerhalb weniger Minuten tödlich. Glücklicherweise riecht das Gas so durchdringend, dass man auf ein spezielles Frühwarnsystem verzichten kann; gleichwohl wird seine Anwendung durch strenge Vorschriften überwacht.

Fluor selbst mag tödlich sein; verwendet man es jedoch zur Veredlung von Polyethylen, kann es Leben retten. Benzintanks aus beschichtetem Material bersten bei Unfällen weniger leicht, was die Feuergefahr herabsetzt. Normales Polyethylen ist zwar elastisch und fest genug, um Treibstofftanks daraus zu fertigen, aber leider wird das Material langsam für kleine Mengen Treibstoff durchlässig. Diesel beispielsweise verflüchtigt sich aus einem Polyethylenbehälter mit einer Geschwindigkeit von zwei Prozent pro Woche. Der Einsatz von Super-Polyethylen verhindert dies.

An den Erfolg des Super-Polyethylens anknüpfend werden vielleicht auch andere Kunststoffe und Polymere in Zukunft oberflächlich fluoriert. Behandelt man die Innenseiten von Operationshandschuhen mit Fluor, kann man auf das Einreiben der Hände mit Talkumpuder verzichten, da das Fluorpolymer selbst als Gleitmittel wirkt. Kabel mit Polyethylen-Ummantelungen werden noch widerstandsfähiger gegen Witterungseinflüsse, was ebenso auf Scheibenwischerblätter von Autos zutrifft. Ja, jedes Erzeugnis aus Gummi, das Sonne und Ozon ausgesetzt ist und daher mit der Zeit brüchig und spröde wird, könnte durch Fluorierung verbessert werden.

Noch ein Wort zum Recycling: Die fluorierte Oberflächenschicht wirkt sich in keiner Weise hinderlich auf die Rückgewinnung von Polyethylen aus. Im Unterschied zu anderen Polymeren, die nicht wieder verwendet werden können, wenn nur kleine Mengen ungeeigneter Fremdstoffe beigemischt sind, kann man die fluorierte Schicht von Polyethylen ohne Probleme mit einschmelzen. Die vorhandenen Fluoratome werden in den Recycling-Kunststoff eingebaut, so dass ein verglichen mit herkömmlichem Polyethylen geringfügig festeres Produkt den zweiten Weg zum Verbraucher antritt.

Kommentar des Autors: Das vorhergesagte Wachstum der Ethylenproduktion ist eingetreten und das meiste Ethylen wird zu Polyethylen weiterverarbeitet. Auch heute wird noch mehr Polyethylen hoher Dichte (HDPE, *high density polyethylene*) hergestellt, als solches niedriger Dichte (LDPE, *low density polyethylene*) oder lineares Polyethylen niedriger Dichte (LLDPE, *linear low density polyethylene*), das hauptsächlich für die Produktion von Plastikfilmen verwendet wird. Die weltweite Ethylenproduktion betrug im Jahr 2005 107 Mio. Tonnen. [Nach Informationen von Neill Burgess von Huntsman European Petrochemicals.]

Preiswert und charmant: Polypropylen

Propylen (chemisch korrekt Propen) ist dem Ethylen sehr ähnlich: Der Molekülkern mit der Doppelbindung stimmt überein, nur ist daran im Falle des Propylens ein weiteres Kohlenstoffatom in Form einer Methylgruppe (CH_3) geknüpft. Propylen polymerisiert nach demselben Muster wie Ethylen; ungeachtet seiner spezifischen Vorteile stand das Produkt, Polypropylen, jedoch stets im Schatten seines berühmten Verwandten Polyethylen.

Wie Filmstars brauchen auch Polymere zum Erfolg zunächst einen zugkräftigen Namen wie Nylon oder Teflon. Leider hat Polypropylen einen solchen nie erhalten – das ist schade, denn das Polymer verschönert unser Leben auf vielfältige Art und Weise, ob als dekorativer Teppich, Kochgeschirr, unzerbrechliche Brille, farbenfreudige Kiste, Umhüllung von Schokoladentafeln, Kunstrasen, Gartenmöbel, robuster Koffer, Stoßstange, Margarinebecher, CD-Hülle, Abschleppseil oder Bindfaden – oder Teebeutel. Insbesondere Autos enthalten eine Menge Polypropylen (manche bis zu 80 Kilogramm), nicht nur als Stoßstangen, sondern auch als Armaturenbrett, Batteriegehäuse, Sitzpolster und Bodenbelag. Die Anziehungskraft des Materials rührt zum Teil daher, dass wir es auf der Haut als angenehm empfinden, und es ist feuchtigkeitsdurchlässig, hält uns selbst jedoch trocken. Daher verarbeitet man es zu Thermowesten, Wegwerfwindeln und sogar Raumanzügen für Astronauten.

Polypropylen kann vielerlei Gestalt annehmen, vom harten Kunststoff bis zur flauschigen Faser; es kann kristallklar sein oder vielfarbig, weich wie Seide oder hart wie Stahl. Propylen ist hitzebeständig und sterilisierbar, undurchlässig, aber flexibel, durchsichtig und vollkommen ungefährlich. Doch selbst ein von sich aus bereits so vielgestaltiger Kunststoff lässt sich weiter modifizieren, wodurch, wie wir sehen werden, seine Anwendungsmöglichkeiten noch zunehmen.

Polypropylen wurde 1951 von zwei Angestellten der US-amerikanischen Firma Phillips Petroleum erstmals synthetisiert. Als diese beiden sahen, wie sich das Gas Propylen in einen gummiartigen Feststoff verwandelte, wussten sie, dass sie auf etwas Außergewöhnliches gestoßen waren. Das Unternehmen ließ das Verfahren patentieren, und die Entdecker, der 32-jährige Paul Hogan und der 30-jährige Robert Banks, arbeiteten viele Jahre gemeinsam an der Weiterentwicklung des Produkts. Bis ihre Leistung anerkannt wurde, mussten jedoch 36 Jahre vergehen – erst dann wurde beiden die prestigeträchtige Perkin-Medaille der britischen Gesellschaft der Chemischen Industrie verliehen. Diese Verzögerung kam zum Teil dadurch zustande, dass auch andere Firmen Polypropylen zum Patent angemeldet hatten und die gerichtlichen Auseinandersetzungen erst 1982 beigelegt wurden. Seit dieser Zeit erlebte Polypropylen eine wahre Blüte, und man betrachtet den Stoff heute als ein Barometer des Bruttoinlandsproduktes eines Staates. Die weltweite Kapazität der Polypropylen-Anlagen betrug Mitte der neunziger Jahre über 20 Millionen Tonnen jährlich, und sie wird bis zum Jahr 2000 schätzungsweise auf über 30 Millionen Tonnen, bis zum Jahr 2005 auf über 40 Millionen Tonnen anwachsen.

Zur Polymerisation erhitzt man Propylen unter einem Druck von 15 Atmosphären auf 50 bis 90 Grad Celsius, wobei als Lösungsmittel beispielsweise Heptan, ein flüssiger Kohlenwasserstoff mit sieben Kohlenstoffatomen, eingesetzt wird. Dieses Verfahren nennt man Suspensionsprozess. Man kann auch auf das Lösungsmittel verzichten, benötigt aber dann Drücke zwischen 20 und 40 Atmosphären (Masseprozess). Die letztere Methode hat den Vorteil, dass man nicht für die Rückgewinnung eines Lösungsmittels sorgen muss, aber den Nachteil, dass sich auf diese Weise keine so genannten Block-Copolymere herstellen lassen.

Eine weitere Synthesevariante ist die Niederdruck-Fällungspolymerisation aus der Gasphase in einem Wirbelbett- oder Rührreaktor bei Drücken zwischen acht und 35 Atmosphären. Mit Hilfe eines Zyklons trennt man das Polymer vom gasförmigen Ausgangsstoff; der Gasstrom wird ständig verwirbelt und das Propylen dabei in den Prozess zurückgeführt. Auch dieses Verfahren ist kostengünstiger als der Suspensionsprozess und liefert das gesamte Polymerspektrum.

Alle drei Prozesse können kontinuierlich geführt werden, und alle drei funktionieren unter Mitwirkung von Ziegler-Natta-Katalysatoren, die nach dem deutschen Chemiker Karl Ziegler vom Max-Planck-Institut und seinem italienischen Kollegen Giulio Natta vom Polytechnischen Institut Mailand benannt wurden. Ziegler entdeckte die Katalysatoren in den vierziger Jahren, Natta entwickelte sie in den frühen fünfziger Jahren zur Industriereife. 1963 wurde beiden Forschern gemeinsam der Nobelpreis für Chemie zuerkannt – in Würdigung ihrer Leistungen, die Polypropylen und Polyethylen zu den weithin verfügbaren Kunststoffen unserer Zeit gemacht haben.

Die neue Generation zirconium- und titanhaltiger Katalysatoren wurde in den achtziger Jahren entwickelt und ersetzt jetzt Schritt für Schritt die herkömmlichen Kontakte. Polymere, die man mit ihrer Hilfe herstellt, haben Kettenlängen in sehr eng begrenzten Bereichen. Es fallen fast keine unerwünschten kurzen Ketten an, und nur geringste Metallspuren aus dem Katalysator werden in das Produkt eingeschleppt. Zwar sind die Metallocene teurer als die früher verwendeten Ziegler-Natta-Katalysatoren, aber sie liefern Polypropylenqualitäten, bei denen Steifheit und Schlagfestigkeit besser ausgewogen sind – ja, sie revolutionierten das Produktspektrum: Das erhaltene Polymer zeichnet sich nicht nur durch einheitliche Kettenlängen aus, sondern auch durch eine spezielle räumliche Anordnung der mit den Ketten verbundenen Methylgruppen. Diese

Gruppen verleihen dem Produkt eine besondere Dimension: Zeigen sie alle in die gleiche Richtung, so nennt man das Polymer *isotaktisch*, zeigen sie abwechselnd nach rechts und links (oder oben und unten, wie man es sehen will), so ist das Polymer *syndiotaktisch*. Solche Ketten können sich eng zusammenlagern, vergleichbar den Zahnreihen eines Reißverschlusses, und das Material ist hart, starr, durchsichtig – und nicht eben vielseitig. Sind einige (!) der Methylgruppen dagegen statistisch verteilt angeordnet, was man *ataktisch* nennt, so erhält man ein viel flexibleres und daher im Grunde nützlicheres Material.

Frühere Polymerisationsverfahren lieferten bis zu zehn Prozent des anfangs unerwünschten Zufallsproduktes, das abgetrennt werden musste und häufig auf Deponien gelagert oder verbrannt wurde, bis man herausfand, dass es sich sinnvoll in Bitumengemischen verwenden lässt. Die neuartigen Katalysatorsysteme hingegen produzieren nur noch drei Prozent ataktisches Polymer – jedoch ist die Nachfrage danach inzwischen stark angestiegen, und das frühere Abfallprodukt wurde 1996 sogar auf dem Weltmarkt knapp.

Die Bandbreite des Polymerspektrums lässt sich mit Hilfe von ein wenig Ethylen noch erweitern: Man erhält ein Copolymer, das in zwei Typen, dem statistischen und dem Block-Copolymer, vorliegen und länger oder fester, flüssiger oder klebriger, gummiartiger oder steifer als reines Polypropylen sein kann. Das statistische Copolymer verarbeitet man zu Wegwerf-Trinkbechern, Kassettenhüllen und Flaschen; seine Form erhält es durch rasche Abkühlung. Durch Streckung einer zuvor extrudierten Bahn statistischen Polypropylen-Copolymers stellt man Transparentfolie zur Verpackung von Zigarettenschachteln, Lebensmitteln oder Textilien sowie für Klebeband her.

Das so genannte Block-Copolymerisat besteht aus teilweise polymerisiertem Propylen, dessen Ketten durch Einfügen von Abschnitten später gebildeten statistischen Polymers zu längeren Abschnitten verknüpft werden. So entsteht ein hervorragendes Gummi, fest und flexibel, das seine Eigenschaften bis zu Temperaturen von –40 Grad Celsius nicht verändert.

Chemisch reines Polypropylen hat viele Nachteile: Es wiegt nicht viel, ist entflammbar, farblos, erweicht bei höheren Temperaturen rasch und verwittert stark. Die tropische Sonne lässt ungeschütztes Polypropylen innerhalb eines Jahres zu Pulver zerfallen! Eine dramatische Verbesserung der Eigenschaften erzielt man durch den Zusatz von Stabilisatoren – zum Schutz des geschmolzenen Polymers oder zur Abschirmung gegen die schädliche UV-Strahlung der Sonne. Die geschickten Hände des Polymerchemikers machen Polypropylen wärmebeständig und sterilisierbar, undurchlässig und trotzdem flexibel, transparent und vollkommen sicher. So kann man Bahnen des veredelten Polypropylens bis unmittelbar unterhalb seiner Schmelztemperatur erwärmen und dann unter Druck zu starren Lebensmittelbehältern wie Margarineschachteln pressen – eine Anwendung, für die normales Polypropylen zu weich wäre. Das Material entspricht den Lebensmittel-Verpackungsvorschriften der USA und Europas, und jeder von uns hat es täglich in Form von Joghurtbechern, Umhüllungen von Schokolade und Tüten für Knabbereien in der Hand. Außerdem verwendet man es verbreitet zum Verpacken medizinischer Produkte und Geräte wie Einmal-Spritzen und Ampullen.

Polypropylen lässt sich strecken, wodurch sich seine Eigenschaften verbessern. Dies eröffnet dem Polymer einige seiner wichtigsten Anwendungsbereiche, die Herstellung von Bändern und Fasern. Aus Polypropylen-Streifen, dem Hauptverbraucher, werden Säcke und Rückseiten von Auslegware gewoben oder Seile und Bindfäden geflochten. Polypropylen-Fasern entstehen durch Extrusion der Polymerschmelze durch feine Düsen und werden zu Teppichflor, Decken, Polsterwaren, Wandbelägen, Unterwäsche und Sportartikeln verarbeitet. Einige Sorten der versponnenen Faser eignen sich auch zu Nähgarn, Netzgewebe, Filtern und sogar technischen Konstruktionen. Nicht verwobene Fasern findet man in Wegwerfwindeln und Teebeuteln.

Da wir mit Polypropylen körperlich in Kontakt kommen, wünschen wir natürlich, dass es ungefährlich ist, unzerbrechlich, ungiftig und nicht entflammbar. Ein Stück Polypropylen lässt sich zwar schwer entzünden, aber es brennt – was man durch Zusatz von Flammschutzmitteln verhindern kann. Will man ein Material erhalten, das auch unsanfte Behandlung verträgt und sich auch in der Wärme nicht verformt, so setzt man anorganische Füllstoffe wie Kreide, Glimmer- oder Glaspulver zu. Aus derartig modifizierten Werkstoffen bestehen beispielsweise Plastikgehäuse von Haushaltsgeräten wie Bügeleisen und Wasserkocher.

Polypropylen lässt sich ausgesprochen gut recyceln. Ein Vorreiter dabei ist die Automobilindustrie, die Polypropylen hauptsächlich aus Stoßstangen und Batteriegehäusen zurückgewinnt. Andere wichtige Recyclingquellen sind Getränkekästen, Möbel und Textilien. Und falls eine Rückgewinnung des Polymers nicht möglich ist, kann man es immerhin problemlos als hervorragenden Energielieferanten in Müllverbrennungsanlagen zur Erzeugung von Dampf und elektrischem Strom verwenden.

Kommentar des Autors: Die Polypropylenproduktion hat schneller als erwartet zugenommen. Im Jahr 2005 wurden weltweit bereits 67 Millionen Tonnen Polypropylen erzeugt. [Nach Informationen von Neill Burgess von Huntsman European Petrochemicals.] Wird dem Propylen vor der Polymerisation etwas Ethylen zugesetzt (ungefähr 6 %), erhält man ein so genanntes Copolymer, das nicht nur biegsamer, sondern auch halbtransparent ist. Dadurch ist es ideal für den medizinischen Einsatz, aber auch für Haushaltsgefäße.

Extreme am Himmel, Extreme auf Erden: Teflon

In den beiden vorangegangenen Kapiteln standen Kunststoffe im Mittelpunkt, die ebenso leistungsfähig wie bestimmte Naturstoffe sind. Doch es gibt Situationen, die weit höhere Anforderungen stellen, als die Natur erfüllen kann: Kochgeräte, in denen nichts haften bleibt, schmutzabweisende Gewebe oder Oberflächenbeschichtungen, die den extremen Bedingungen des Weltalls standhalten.

Am 20. Juli 1969 hinterließ Neil Armstrong seine berühmten Schuhabdrücke auf dem Mond. Leuten, die die enormen Kosten dieser Reise, 14 Milliarden Dollar, in Frage stellten, hielt die US-Raumfahrtbehörde NASA die Vorteile entgegen, die die Expedition für die Erforschung erdverbundenerer Fragen bringen würde. So entstand der populäre Volksglaube, dass der Mondspaziergang nicht nur ein gewaltiger Schritt für die Menschheit, sondern auch für die antihaftbeschichtete Bratpfanne gewesen sei. Diese Behauptung hält sich hartnäckig, ist aber eine Legende: In Wirklichkeit war die Beschichtung der Antihaft-Geschirre eine Voraussetzung für die Mondlandung. Die Schritte auf dem Mond waren bestenfalls gewaltige Schritte vorwärts für einen Kunststoff: Teflon.

Teflon ist einer der Handelsnamen des Polymers Poly(tetrafluorethylen), in der Wirtschaft gewöhnlich mit der Abkürzung PTFE bezeichnet, das bereits dreißig Jahre vor der Mondlandung erstmals hergestellt wurde. Der Entdecker, Roy Plunkett, war ein damals 27 Jahre alter, an den Forschungslabors des Unternehmens DuPont in Deepwater (New Jersey) beschäftigter Chemiker. (Plunkett verstarb 1994 im Alter von 83 Jahren.) Seine Erfindung sollte die Welt verändern, allerdings zunächst nicht in einer Weise, die Plunkett im Sinn gehabt haben könnte: Die erste große Rolle spielte PTFE bei der Herstellung der Atombomben, die im August 1945 auf Hiroshima und Nagasaki abgeworfen wurden.

Die Geschichte des Teflons begann am Morgen eines Mittwochs, des 6. Aprils 1938. Plunkett öffnete eine Stahlflasche mit dem Gas Tetrafluorethylen, das der Chemiker zur Synthese von Fluorchlorkohlenwasserstoffen (FCKWs) benötigte. Aus der Bombe, die ein Kilogramm des Gases enthalten sollte, erhielt Plunkett jedoch nur 990 Gramm, was ihn zunächst verwirrte – bis er die Lösung des Rätsels, ein eigenartiges weißes Pulver, mit Hilfe eines Stückchens Draht aus der Flasche fischte. Bald war Plunkett sicher, ein bis dahin unbekanntes Polymer entdeckt zu haben; anschließende Untersuchungen zeigten, dass der Stoff aus Ketten von je etwa 100 000 Kohlenstoffatomen bestand, jedes davon zusätzlich mit zwei Fluoratomen verknüpft.

Der neue Kunststoff hatte einige außergewöhnliche Merkmale: Er wurde von heißen, ätzenden Säuren nicht angegriffen, löste sich in keinem Lösungsmittel, wurde bei Temperaturen von –240 Grad Celsius nicht steif und konnte ohne merkliche Änderung seiner Eigenschaften auf bis zu 250 Grad Celsius erhitzt werden. Und das war keineswegs alles: Der Kunststoff entzündete sich nicht, selbst wenn man ihn auf über 500 Grad Celsius aufheizte, und fühlte sich eigentümlich schlüpfrig an. Der letztgenannte Fakt ist das Geheimnis des kommerziellen Erfolges von PTFE, dessen Jahresproduktion mit etwa 50 000 Tonnen mittlerweile einen Wert von 600 Millionen Dollar übersteigt.

DuPont taufte den neuen Kunststoff »Teflon« – unter diesem Namen ist er heute den meisten Menschen bekannt. Das Leben der Fluor-Komponente des Polymers beginnt als Mineral, Flussspat oder chemisch Calciumfluorid. Erhitzt man dieses mit Schwefelsäure, so wird Fluorwasserstoff freigesetzt, den man mit Chloroform umsetzt; beim Erhitzen auf 600 Grad Celsius bildet sich aus dem Produkt dieser Reaktion das Gas Tetrafluorethylen, das man schließlich zu PTFE polymerisiert.

Die Erfindung der Antihaft-Beschichtung für Bratpfannen war ein technologischer Triumph, der Louis Hartmann in den fünfziger Jahren gelang. Hartmann versuchte, PTFE mit Aluminium zu verbinden – und er fand einen Weg. Der besondere Trick bestand darin, die Metalloberfläche mit Salzsäure (Chlorwasserstoffsäure) zu behandeln, anschließend eine PTFE-Emulsion aufzutragen und diese wenige Minuten lang bei 400 Grad Celsius einbrennen zu lassen. Die Säure ätzt winzige Krater in die Aluminiumoberfläche, die vom Polymer ausgefüllt werden. Durch das Einbrennen polymerisiert das PTFE zu einem durchgängigen Teflon-Film, der vom PTFE in den Millionen Vertiefungen auf der Oberfläche festgehalten wird.

Das Unternehmen, dem Hartmann angehörte, nannte sich später Tefal nach den Anfangsbuchstaben der Worte Tetra-Ethylene Fluorine Aluminium und dominierte in der Folgezeit den weltweiten Markt für antihaftbeschichtetes Kochgeschirr. Die ersten derart ausgerüsteten Bratpfannen konnte man zehn Jahre vor der Mondexpedition kaufen.

Im gleichen Jahr, als Armstrong auf dem Mond spazierenging, erblickte ein außergewöhnliches, aus PTFE bestehendes Gewebe das Licht der Welt: Goretex. Dr. Bob Gore aus Maryland gelang es 1969, PTFE durch Erhitzen und Strecken zu Membranen (dünnen Filmen) zu verarbeiten. Dabei entstanden in jedem Quadratzentimeter des Films Milliarden unsichtbarer Poren, die so klein sind, dass Wassertropfen nicht hindurchpassen, wohl aber Wassermoleküle, die beim Schwitzen entstehen. Goretex ist heute ein Material der Wahl für wetterfeste Bekleidung und Sportausrüstung, wobei der PTFE-Film zwischen dem äußeren Gewebe und einem Innenfutter eingeschlossen ist.

Goretex ist der ideale Stoff für Golfanzüge. Viele Ausübende dieser Sportart stehen allerdings im mittleren Alter – daher ist es nicht unwahrscheinlich, dass sie nicht nur auf, sondern auch in ihrem Körper PTFE-Filme tragen: Bei der Behandlung kardiovaskulärer Erkrankungen ist die Verwendung künstlicher Venen und Arterien aus Goretex mittlerweile zum Standard geworden.

Im Alltag begegnet uns Teflon außer in Form von Goretex in vielerlei Gestalt: als Abdeckplane für Sportstadien, als schmutzabweisende Schicht auf Bekleidung, Sitzbezügen und Teppichen, als Dichtungsband für Verbindungen von Wasser- und Heizrohren, auf der Unterseite von Bügeleisen – und als Zahnseide. Vielleicht bekommen Sie beim Umblättern der Seiten diese Buches PTFE an Ihre Finger: Reste des Polymers, die in der Industrie anfallen, setzt man Druckfarben zu, damit diese gleichmäßiger verlaufen.

Wie bereits erwähnt, sind nicht alle historischen Anwendungsgebiete des PTFE so harmlos. Kurz nach der Entdeckung des Polymers wurde es vom Manhattan-Projekt, dessen Ziel der Bau einer Atombombe war, angefordert. PTFE ist chemisch so inert, dass es selbst gasförmigem Fluor, der reaktivsten Substanz, widersteht. Und zur Synthese von Uranhexafluorid, aus dem sich das spaltbare Isotop Uran-235 abtrennen lässt, benötigte man große Mengen Fluorgas. Seit 1942 stellte man aus Teflon, ungeachtet dessen Kosten, Gerätschaften her, denen die Ätzwirkung unbehandelten Fluorgases nichts anhaben konnte, und heute werden Tanks und Gefäße für die chemischen Industrie, in denen stark ätzende

Stoff aufbewahrt und verarbeitet werden, verbreitet mit PTFE beschichtet.

Ein zweites Projekt, bei dem die Kosten von zweitrangiger Bedeutung waren, war der Wettlauf in den Weltraum in den sechziger Jahren. Die extreme Kälte, der niedrige Druck und die ätzende Wirkung aktivierten Sauerstoffs in der Hochatmosphäre erforderten ein Material mit unirdischen Eigenschaften, die nur PTFE aufwies: Ohne dieses Polymer hätte niemand zum Mond reisen können.

Kommentar des Autors: Im Jahr 2004 gab es Berichte, dass die bei der Herstellung von Teflon eingesetzte Perfluoroctansäure (PFOA) im Körper von Menschen aus aller Welt nachgewiesen wurde. Sogar in Blut und Gewebe von Eisbären wurde die Chemikalie entdeckt. Einige Gruppierungen behaupteten, dass PFOA bei der Überhitzung von Teflongeschirr freigesetzt wird, andere hielten Stoffe wie Gore-tex für verantwortlich. Auch Teppiche, die mit einem fleckenabweisenden Mittel auf ähnlicher chemischer Basis behandelt wurden, gerieten in den Verdacht PFOA freizusetzen, obwohl niemand erklären konnte, wie diese Umwandlung stattgefunden haben könnte.

Mit anklagendem Finger deutete man auf die DuPont-Chemiewerke am Ohio River bei Perkersburg, West Virginia, die große Mengen an PFOA zur Teflonproduktion einsetzen. Die Verantwortlichen versicherten, dass PFOA kein Bestandteil des fertigen Produktes Teflon sei, doch offenbar belastete die Firma die Umwelt mit PFOA, da Menschen in der näheren Umgebung, die ihr Trinkwasser aus örtlichen Brunnen bezogen, signifikant höhere PFOA-Werte zeigten, als Personen aus anderen Gegenden. Die durchschnittliche Konzentration von PFOA im Blut eines Menschen liegt bei nur 5 ppb (*parts per billion*), doch einige Ortsansässige zeigten ein Vielfaches davon. Obwohl die Firma DuPont bestreitet, dass ihr Umgang mit PFOA nachlässig war, übernahm sie die Finanzierung einer Untersuchung zur Freisetzung von PFOA aus verschiedenen Produkten.

Die plausibelste Erklärung für das weltweite Auftreten von PFOA in unserer Umwelt liefert die Verwendung von Papier, das mit Perfluor-Polymeren behandelt wurde. Dadurch wird das Papier fettresistent und kann zur Nahrungsaufbewahrung, etwa für Pizzakartons verwendet wird. Wenn sich diese Polymere zersetzen, kann PFOA wird an die Umwelt abgegeben werden.

Filme und Flaschen: Polyethylenterephthalat

Das Aufkommen eines Gewebes namens Polyester galt in den fünfziger Jahren als revolutionär, weil der Stoff nicht knitterte. Heute begegnen wir dem Polymer wahrscheinlich eher in Form von Flaschen für Sprudelgetränke, wo es auf dem besten Wege ist, Glas zu verdrängen, denn es ist wiegt weniger, ist leichter zu handhaben, billiger zu transportieren und lässt sich gefahrloser stapeln und verwenden. Die Nachfrage nach dem Kunststoff wuchs mit unserem Durst auf solche Getränke, besonders Cola, die wir – dank PET – heutzutage in Flaschen von Partygröße kaufen können.

PET ist die Abkürzung für Polyethylenterephthalat, die ältere Bezeichnung für das chemisch korrekt benannte Poly(ethen-1,4-benzoat). Die steigende Nachfrage nach PET rührt daher, dass das Polymer Glas ähnelt: Es ist nicht nur durchsichtig, sondern lässt sich auch zu Behältern verarbeiten, die über lange Zeit hinweg luftdicht bleiben – eine wichtige Voraussetzung für die Verpackung von Lebensmitteln. Um eine lange Lagerfähigkeit zu erreichen, muss man Sauerstoff fernhalten, der Speisen durch Oxidation verderben lässt; wenn Sprudelgetränke nicht schal werden sollen, muss ihre Verpackung einem inneren CO_2-Druck standhalten.

Die meisten Kunststoffe sind für Gase relativ gut durchlässig. PET ist eine Ausnahme, daher wird es zu Flaschen, Töpfen und Behältern für verschiedenste Lebensmittel wie Getränke, Saucen, Speiseöl, Essig, Honig, Nüsse, Marmeladen und sogar Wein sowie für Kosmetik- und Toilettenartikel und für Farben verarbeitet.

Der Markt von PET geht jedoch weit über die Herstellung von Lebensmittelverpackungen hinaus: Alle photographischen und Röntgenfilme, Video- und Audiobänder bestehen aus diesem Polymer. Im Zunehmen begriffen ist der Einsatz in der Medizin zur Verpackung von beispielsweise Ampullen und Tupfern. Insbesondere im letztgenannten Bereich übertrifft PET andere Materialien, da sich PET-umhüllte Produkte gut durch Bestrahlung sterilisieren lassen.

PET wurde 1941 von Rex Whinfield und James Dickson erfunden, zwei Chemikern, die im kleinen Forschungslabor der Calico Printers' Association in Manchester (England) angestellt waren. Die beiden erhitzten Ethylenglycol (bekannt als Frostschutzmittel) mit Dimethylterephthalat bei 200 Grad Celsius und erhielten eine klebrige Masse von Polyethylenterephthalat. Whinfield und Dickson stellten fest, dass sich das Polymer zu langen, festen Fasern ausziehen ließ, welche von kochendem Wasser nicht angegriffen wurden – dieses Ergebnis hatten die Chemiker nicht erwartet. Chemisch ist PET ein Ester, und die Estergruppen sind für die Bildung der Polymerketten verantwortlich – doch normalerweise werden Ester durch Wasser rasch zersetzt.

Ungeachtet dessen war das neue Polymer völlig stabil; nach dem Zweiten Weltkrieg wurde es als Kunstfaser namens Terylen auf den Markt gebracht. Zur Herstellung von Mischgeweben mit Naturfasern, in erster Linie Baumwolle, eignete sich Polyester besonders gut. Eine Variante der Polymerfaser wurde von ihrem Erfinder, Mario Nava aus Macclesfield (England), Crimplen benannt; bei der Verarbeitung wurde das Garn aufgebauscht, so dass ein knitterarmes, gut wasch- und bügelbares Gewebe entstand. Crimplen ist noch heute bei Viel- und Weitgereisten sehr populär, da der Stoff kaum Falten bekommt. Für modische Bekleidung hingegen war der Stoff lange Zeit aufgrund seiner Beliebtheit bei alten Damen weniger gefragt, die ihn mochten, weil daraus gefertigte Kleidung sich leicht waschen lässt und nicht gebügelt werden muss.

Auch heutzutage werden aus Polyester vor allem Textilien hergestellt. Die Weltproduktion des Polymers übersteigt mittlerweile 1,8 Millionen Tonnen, wovon 700 000 Tonnen allein auf die USA und etwa 500 000 Tonnen auf Europa entfallen.

Polyester, der zu Verpackungsmitteln verarbeitet wird, nennt man im allgemeinen PET. Den Ausgangsstoff zu seiner Herstellung, Bis-2-hydroxyethylterephthalat, synthetisiert man aus reiner Terephthalsäure und Monoethylenglycol und erhitzt ihn dann mit einem Katalysator im Vakuum auf 200 Grad Celsius. Dabei schmilzt er und polymerisiert zu PET-Harz. Das Harz wird im festen Zustand weiter polymerisiert, wobei die Kettenlänge zunimmt und ein kristallklarer Kunststoff entsteht.

Auf dem Weg zur Flasche durchläuft das Polymer zwei Prozessstufen: Zunächst wird Polyestergranulat zu einer »Vorform«, die wie ein Reagenzglas aussieht, spritzgegossen. Diese Vorform wird erneut bis knapp oberhalb des Erweichungspunktes erhitzt und in eine Form geblasen, wobei die Flasche ihre endgültige Gestalt erhält. Durch dieses Verfahren werden die Polymerketten dicht zusammengedrängt, und die Gasdurchlässigkeit des Produkts wird herabgesetzt. Milliarden solcher Flaschen verlassen jährlich die Produktionsanlagen.

In PET-Flaschen werden Sprudelgetränke (50 %), Mineralwasser (20 %), Speiseöl (5 %), Fruchtsäfte (5 %) und andere Flüssigkeiten abgefüllt. Ungeachtet ihrer unstreitigen Vorteile sind Flaschen aus PET jedoch nicht überall erwünscht; die Grünen in Deutschland beispielsweise fanden PET nicht vollkommen genug und hielten das Land in den achtziger Jahren PET-frei, denn, so ihre Argumentation, Glas ist umweltfreundlicher. Die wesentliche Begründung dafür lautete, dass man Glas recyceln kann – Unglücksfälle durch Glasbruch schienen keine Rolle zu spielen. Als sich die Einführung der PET-Flasche nicht länger verhindern ließ, wurde sie mit einem Pfand belegt, der ihre Wiederverwendung garantieren sollte. Mehrweg-PET-Flaschen, die im Schnitt 20 Mal wiederbefüllt werden können, findet man inzwischen verbreitet in Deutschland, Holland, Österreich und Skandinavien. Wie unlängst durch die Presse gemeldet wurde, wollen auch die deutschen Mineralwasser-Anbieter, zusammengeschlossen in der Genossenschaft Deutscher Brunnen, ab Mitte 1999 zum Teil Mehrweg-Flaschen aus PET verwenden.

Diese Flaschen sind größer und schwerer als die Einwegflaschen, denen man in anderen Ländern wie den USA den Vorzug gibt. Sie werden gesammelt, aber nicht wieder gefüllt, sondern eingeschmolzen und zu Folie für andere Verpackungen oder zu Polyesterfasern verarbeitet. In den USA wird rund ein Drittel des PET-Flaschenmaterials in Form von Fußbodenbelägen, Überdecken, Anoraks, Borsten für Pinsel und Filz für Tennisbälle wieder verwendet. Man stellt daraus auch Bootshäute oder, als augenfälligste nautische Anwendung, Segel großer Schiffe her. In Europa hat das PET-Recycling keinen so großen Stellenwert; jedoch werden auch dort jährlich 400 Millionen PET-Flaschen gesammelt, und diese Menge sollte noch ansteigen, wenn die Öffentlichkeit die faszinierenden Verwandlungsmöglichkeiten recycelten PETs wahrnimmt. So wird aus fünf Zweiliterflaschen ein T-Shirt, aus tausend solcher Flaschen Fußbodenbelag für ein normal dimensioniertes Wohnzimmer.

Ein Teil des PETs wird chemisch zurückgewonnen, das bedeutet, depolymerisiert und in seine Ausgangsstoffe zurückverwandelt. Dazu erhitzt man den Kunststoff unter Druck in Methanol, reinigt das entstehende Dimethylterephthalat und Ethylenglycol und führt beides in die Herstellung neuen Polyesters zurück. Dabei muss man sorgfältig darauf achten, dass zum Recycling vorgesehene PET-Flaschen kein PVC enthalten, denn die beiden Kunststoffe sind inkompatibel: Spuren des einen zerstören die Festigkeit des anderen.

Neben der Wiederverwertbarkeit erfüllt PET auch andere Umweltkriterien: Seine Herstellung ruft so gut wie keine Umweltverschmutzung hervor, und seine Verbrennung liefert eine Menge Energie. Außerdem wurden PET-Flaschen im Laufe der letzten Jahre leichter: In den siebziger

Jahren, als die 1,5-Liter-Colaflasche eingeführt wurde, wog sie 60 Gramm, heute wiegt sie bei gleicher Größe bloß noch 44 Gramm.

PET-Flaschen sind um ein Viertel energieeffizienter als Flaschen aus anderem Material. Ein Beispiel: Um 1000 Literflaschen aus PET herzustellen, benötigt man ungefähr 100 Kilogramm Erdöl, für 1000 Glasflaschen dagegen 250 Kilogramm. Und nicht nur die Herstellung ist energiesparend: Ein Lieferwagen kann 60 Prozent mehr Limonade oder Cola bei 80 Prozent weniger Verpackung transportieren, wenn anstelle von Glasflaschen PET-Flaschen verwendet werden.

Ob man die Biertrinker mit der Zeit überreden kann, Plastikflaschen für ihr Getränk zu akzeptieren, wird sich zeigen. Dieser Markt leistete der Einführung der PET-Flasche bisher den hartnäckigsten Widerstand; eine Ausnahme macht zum Beispiel Cider, das Getränk aus Äpfeln, in Großbritannien. (Überlegungen, in Deutschland die PET-Bierflasche einzuführen, gibt es bereits – allerdings wollen deutsche Brauereien deren Akzeptanz zunächst in südeuropäischen Ländern testen.) Doch Bier bleibt eine Herausforderung, denn es ist oxidationsempfindlich, und selbst PET lässt geringe Mengen Sauerstoff ins Flascheninnere. Die Antwort wäre ein Material mit Innen- und Außenschichten aus PET und einer luftdicht abschließenden Mittelschicht, beispielsweise aus Polyethylvinyliden-Alkohol. Ein solcher Werkstoff ist 300 Mal weniger luftdurchlässig als PET selbst, hat aber bislang die Aluminium- oder Weißblechdose und auch die Glasflasche noch nicht verdrängt.

Sexy und sicher: Polyurethan

In den beiden vorangegangenen Kapiteln wurden zwei Kunststoffe vorgestellt, Teflon und PET, die uns in einer Weise nützlich sind, wie es weder natürliche Polymere noch Glas könnten. Auch der nächste Kunststoff, mit dem ich Sie bekanntmachen möchte, löst einige spezifisch menschliche Probleme – im Zusammenhang mit beispielsweise der Familienplanung und energiesparenden Kühlschränken.

Ein Unternehmen in Cambridge (England) bringt gegenwärtig eine neue Sorte Kondome mit dem Namen »Avanti« auf den Markt, die für immerhin £ 1 (rund 1,50 Euro) pro Stück verkauft werden. Das Revolutionäre an diesem Produkt ist das Material, Polyurethan, das man eher in Form leichter Isolationswerkstoffe und Möbelpolsterungen kennt. Polyurethan-Kondome sind doppelt so fest wie die herkömmlichen aus Latex, weswegen sie viel dünner sein dürfen, sie sind vollständig transparent – und etwas größer. In Verbrauchertests sprachen sich 80 Prozent der Probanden für die Polyurethan-Variante aus, was unter anderem mit mehr Gefühlsechtheit begründet wurde. Die neuen Kondome sind antiallergisch, ihre Eigenschaften werden durch Gleitmittel nicht beeinträchtigt, und sie bilden eine wirksame Schranke gegen Sperma und sexuell übertragbare Bakterien und Viren wie HIV.

Die meisten Menschen verbinden das Material Polyurethan mit Schaumstoff für Kissen und Matratzen oder mit Isolationsplatten. Jedes Auto enthält eine Menge Polyurethan – das spart Gewicht, und wir sparen Benzin – für unseren Komfort in Form von Sitzpolstern und Schallschutz unter dem Fußbodenbelag und zu unserer Sicherheit als Polsterung von Armaturenbrett und Lenkrad. Polyurethan kann auch gummiartige Eigenschaften haben, wodurch es sich nicht nur für Kondome, sondern auch für Gummistiefel, Sohlen von Laufschuhen oder für Badeanzüge und Strumpfwaren aus Lycra eignet.

Wie stellt man Polyurethan chemisch her? Man lässt Moleküle mit Alkoholgruppen und solche mit Isocyanatgruppen miteinander reagieren. Bei der Mischung beider Komponenten bildet sich sehr rasch eine feste chemische Bindung zwischen ihnen aus, wobei Wärme freigesetzt wird. Setzt man dem Reaktionsgemisch eine leicht flüchtige Flüssigkeit zu, so verdampft diese und bildet Gasblasen, wodurch sich die Masse ausdehnt wie ein Biskuitkuchen im Backofen. In Abhängigkeit von der Art der verwendeten Chemikalien und dem Ausmaß der Blasenbildung enthält man entweder einen biegsamen Schaumstoff für Möbel oder einen starren Schaum für Kühlschrank- und Wandisolationen. Polyurethan-Schaumstoff kann zu 95 Prozent aus Gas bestehen, daher ist er so leicht.

In Südafrika hilft Polyurethan-Schaum bei der Lösung des Wohnungsproblems. Wer dort noch immer in Hütten aus Wellblech und Sperrholz wohnen muss, kann sich zumindest zeitweise behelfen, indem er die Behausung mit Schaumstoff besprüht. Diese Schicht verbessert die Wohnqualität notdürftig, denn sie hält Insekten und Sonnenhitze ab und schluckt Schall. Man streicht den Kunststoff-«Putz« anschließend mit einem feuersicheren Harz, das außerdem als Filter für die schädlichen UV-Strahlen der Sonne wirkt. Diese Behandlung kostet nicht viel (nur etwa 125 Euro je Hütte) und ist auch nicht verschwendet, wenn die Bewohner eine andere Bleibe gefunden haben: Mit einem Messer kann man die Plastikschicht in Platten zerschneiden und als Isolationsmaterial für ein anderes Gebäude wieder verwenden.

Vierzig Prozent der Gesamtproduktion an Polyurethan sind starrer Schaum, dreißig Prozent biegsame Schaumstoffe. Viele Benutzer wurden in der Vergangenheit von Meldungen über die Entflammbarkeit des Materials selbst oder über die Fluorchlorkohlenwasserstoffe (FCKWs), die als Schäumungsmittel Einsatz fanden, verschreckt. In beiderlei Hinsicht braucht man sich inzwischen keine Sorgen mehr zu machen: Polyurethan erfüllt auch die neuen, verschärften Brandschutzvorschriften, und zumindest in Europa und den USA werden FCKWs nicht mehr zum Aufschäumen verwendet. (Anders sieht es allerdings in Entwicklungsländern wie China aus, die seltsamerweise aus dem Protokoll von Montreal ausgenommen wurden, in dem der schrittweise Verzicht auf FCKWs in den westlichen Ländern vereinbart ist.) Man setzt jetzt ozonfreundliche Verbindungen ein, wie Fluorkohlenwasserstoffe, Pentan oder Kohlendioxid.

Der internationale Chemiekonzern ICI entwickelte unlängst einen flexiblen Schaumstoff, dessen Poren durch Wasser gebildet werden: Dieses reagiert mit einem geringen Teil der ohnehin anwesenden Isocyanat-Komponente unter Freisetzung von Kohlendioxid. Aus diesem Unternehmen stammt unter anderem eine neue Generation von Isolierwerkstoffen aus Polyurethan-Schaum, die auch im Vakuum einsatzfähig sind. Eine solche »Superisolation« ist bis zu dreimal wirksamer als herkömmliche Polyurethanschichten, so dass man den gleichen Effekt mit einer dünneren Lage erzielt: Der Kühlschrank wird kleiner oder sein Fassungsvermögen größer.

Die neuen Märkte für einen Teil der fünf Millionen Tonnen jährlich produzierten Polyurethans werden jedoch nicht von Schaumstoffen erobert. Aus Lycra, einem Stretchgewebe, stellt man nicht mehr nur Badeanzüge, sondern auch Sportgeräte und modische Bekleidung her. Bei der Fußball-Weltmeisterschaft 1994 spielte man erstmals mit polyurethanüberzogenen Bällen, die das Match beschleunigten – das wurde zumindest behauptet. Zerkleinerte Altreifen kann man mit Polyurethan zu einer Masse für Laufbahn- und Spielplatzbeläge verkleben.

Ist sein nutzbringendes Leben beendet, muss man das Polymer nicht auf Deponien lagern: Man kann es entweder in Müllverbrennungsanlagen verwerten (es hat den Heizwert von Kohle) oder, besser noch, abtrennen und recyceln, indem man es wieder in seine Bestandteile zerlegt, die sich in den Produktionsprozess zurückführen lassen.

Verpackungsflut und falsche Felsen: Polystyrol

Polystyrol kannte man einst, ähnlich wie Polyurethan, vorwiegend als Isolationsmaterial. In Verruf kam der Kunststoff durch seine Verwendung als Verpackung von Fast food wie beispielsweise Hamburgern, und noch immer stellt man daraus Wegwerfbecher für Heißgetränke her.

Umweltschützer zogen zu Recht gegen die Wegwerfkultur ins Feld; sie bezichtigten nicht nur die Benutzer der Verpackungen der Vermehrung des Müllberges, sondern auch das Material selbst der Gefährdung der Ozonschicht – letzteres aufgrund der FCKWs, die zum Aufschäumen der Plastikmasse eingesetzt wurden. Doch inzwischen wurde Polystyrol zumindest teilweise rehabilitiert, denn es stellte sich als der umweltfreundlichste aller Kunststoffe heraus: Eine Tonne Polystyrol-Schaumstoff als Isolation spart im Jahr drei Tonnen Heizmaterial. Nur 0,2 Prozent des Erdöls fließen in die Produktion von Schaumpolystyrol, eine winzige Menge im Vergleich zu den dreißig Prozent, mit denen wir unsere Wohn- und Arbeitsräume heizen. Doch Polystyrol kann mehr, als die Heizkosten einer Familie zum Schrumpfen zu bringen: Es tritt gelegentlich als Lebensretter in Erscheinung, etwa in Form von Sicherheitspolstern in Kraftfahrzeugen oder Sturzhelmen.

Polystyrol wurde bereits 1839 entdeckt, wird jedoch erst seit 1930 kommerziell hergestellt. Der Kunststoff besteht aus Styrol-Monomeren (Bausteinen), die ihrerseits aus Benzol und Ethylen synthetisiert werden. Styrol ist eine farblose, ölige Flüssigkeit, die bei 145 Grad Celsius siedet und bei Erhitzen einer wässrigen Suspension polymerisiert. Als Starter dieses Prozesses fungieren Peroxide. Im Ergebnis dieser so genannten Perlpolymerisation entstehen kleine Polystyrolkugeln, die in verschiedene Größenklassen von 0,2 bis drei Millimeter getrennt werden.

Die Kugeln erweichen bei 94 Grad Celsius und schmelzen bei 227 Grad – innerhalb dieses großen Arbeitsbereiches kann man den Kunststoff mit Heißdampf erweichen, umformen oder pressen. Das Material hat einen großen elektrischen Widerstand und wird weder von Säuren und Laugen noch von Kohlenwasserstoffen und Alkoholen angegriffen, löst sich dagegen in vielen anderen organischen Lösungsmitteln. Ein Nachteil des Kunststoffs ist, dass er leicht in Brand gerät, dabei dichte Rauchwolken abgibt und schmilzt, was sich jedoch durch flammenhemmende Zusätze verhindern lässt.

Polystyrol besteht aus einer Kette von Kohlenstoffatomen, wobei an jedes zweite dieser Atome ein Benzolring geknüpft ist. Diese Ringe sind für die ungewöhnlichen Eigenschaften des Produkts verantwortlich: Sie machen den Kunststoff glasartig, weniger flexibel und spröder als andere Polymere, da die Benzolringe an einem Ende der Kette die Ringe am anderen Ende anziehen. Dadurch werden die Ketten im Feststoff dichter gepackt, und man erhält ein durchsichtiges Material, das durch seinen hohen Brechungsindex wie Glas funkelt. Dass die Benzolringe ultraviolette Strahlung absorbieren, kann in Innenräumen von Vorteil sein, wo man Polystyrol zur Abschirmung fluoreszierender, UV abstrahlender Lichtquellen verwenden kann. Im Außenbereich sind die Benzolringe eher von Nachteil: Unter der Einwirkung der intensiven UV-Strahlung der Sonne lassen sie den Kunststoff vergilben und zerfallen, so dass dieser – wie der Mensch – vor dem zerstörerischen Licht geschützt werden muss.

Schaumpolystyrol, technisch exakt expandierbares Polystyrol (EPS), ist sicher die bekannteste Erscheinungsform des Polymers. Es gibt aber noch zwei weitere Sorten, mit denen der Verbraucher Bekanntschaft schließt – Polystyrol selbst (PS) und schlagzähes Polystyrol (PS-HI von *high impact*). Jede dieser Formen hat eigene, vielseitige Anwendungen, und die Tabelle 1 zeigt, bis zu welchem Grad Polystyrol Eingang in unser tägliches Leben fand.

Tabelle 1 Vielfalt aus Polystyrol.

Produkte aus Polystyrol selbst
Bürsten, Kämme, Rasierapparate
Kosmetikdosen (z. B. für Puder und Rouge)
Wegwerf»gläser«
wissenschaftliche Gerätschaften (z. B. Wegwerfpipetten)
Hüllen von Video- und Audiokassetten und von CDs
Produkte aus Schaumpolystyrol (PS-Hartschaum, EPS = expandierbares Polystyrol)
Baumaterialien, Gebäudeisolation
Becher für Heißgetränke
Kästen zum Transport von in Eis gepacktem Frischfisch
Innenpolster von Sturzhelmen
Schutzverpackungen für Elektrogeräte
Produkte aus schlagzähem Polystyrol (PS-HI)
Kämme und Kleiderbügel
Sicherungskästen
Lebensmittelpaletten, Margarine- und Joghurtbecher
Inneneinrichtung von Kühlschränken
Spielzeug

Nicht modifiziertes Polystyrol findet man in zahlreichen Konsumgütern verschiedenster Art – vom Joghurtbecher über Kühlschrankdosen und Spielzeug bis zu Lidschatten und kristallklaren, wie aus Glas wirkenden Wegwerf-Trink»gläsern« für Feste und Picknicks. Letztere sind zwar auch spröde wie Glas, aber sie zerspringen nicht in gefährlich scharfe Scherben. Aus etwas stärkerem Polystyrol stellt man Tonbandkassetten und CD-Hüllen her. Auch das Fenster von Briefumschlägen ist Polystyrol-Folie (sofern es glasklar wirkt).

Schlagzähes Polystyrol zeichnet sich, wie der Name sagt, durch eine hohe Festigkeit aus. Man erreicht diese durch einen Zusatz von bis zu zehn Prozent Polybutadien (Kautschuk) oder Styrol-Butadien-Copolymer. Der gebildete Kunststoff ist zwar nicht durchsichtig, aber fest und kann zur Verpackung von Lebensmitteln verwendet werden. Außerdem lässt er sich zu Scheiben extrudieren, die anschließend erweicht und beispielsweise zu Verkleidungen von Kühlschranktüren, Tischgerät, Behältern für Milchprodukte, Abdeckungen von Wohnwagen und Anhängern oder zu Sicherungskästen verarbeitet werden. Gewöhnliches Polystyrol ist nicht sehr fett- und ölbeständig; in schlagzähes Polystyrol dagegen kann man problemlos Margarine und Brotaufstriche verpacken.

Schaumpolystyrol hat eine Reihe vorteilhafter Eigenschaften, die es schwer machen, einen Ersatz zu finden. So dient es als schützendes Verpackungsmaterial von Haushalts- und Elektrogeräten – weil es so leicht ist, hilft es, Transportkosten zu sparen. Wer verschwendet nach dem Auspacken schon einen zweiten Blick darauf und bedenkt, wie sorgfältig es geformt wurde, um sich dem Produkt genau anzupassen und es beim Transport optimal zu schützen? (Leider können wir mit dem Material nichts anderes anfangen, als es wegzuwerfen.) Aus denselben Gründen ist Schaumpolystyrol die ideale Innenauskleidung von Sturzhelmen.

Aus Sicherheitsgründen greifen auch die Gestalter von Filmkulissen zu Polystyrolschaum: Wir zucken zusammen, wenn die Darsteller auf dem Bildschirm von herabfallenden Gesteinsbrocken oder Mauerwerk zerquetscht werden, und halten den Atem an, wenn der Held versucht, unglaublich schwere Gegenstände hochzuheben, um ein gefangenes Kind zu retten. Doch in Wirklichkeit ist immer nur schöner, sauberer, leichter Schaumstoff im Spiel – der allerdings noch andere, ernsthaftere Verwendungen als Baumaterial hat. Schaumpolystyrol ist wasserfest und trägt sehr gut, daher eignet es sich hervorragend für Schwimmwesten, Pontons und Yachthäfen. Bauingenieure verwenden Schaumstoffgranulat als Füllstoff für Beton von Brücken, Böschungen, Hochstraßen, Dämmen, Docks und

Hafenanlagen, ohne dass die physikalische Festigkeit des Baumaterials in geringster Weise beeinträchtigt wird.

Die wichtigste Rolle in unserem täglichen Leben spielt Schaumpolystyrol jedoch infolge seiner ausgezeichneten wärmeisolierenden Fähigkeiten. Nimmt man ein Stückchen solchen Schaumstoffs in die Hand, so ist man überrascht, wie warm es sich anfühlt, und man kann verstehen, warum man mit Hilfe dieses Materials zu Hause Energie spart. Eine gute Isolation hält das Haus nicht nur im Winter warm, sondern auch im Sommer kühl, besonders, wenn man eine Klimaanlage hat. Kühl- und Gefrierschränke arbeiten dank einer Verkleidung aus Schaumpolystyrol das ganze Jahr über energieeffizienter.

Dünnwandige Becher und Behälter für Heißgetränke und warme Mahlzeiten machen nur einen kleinen Anteil des Gesamtaufkommens an Polystyrolschaum aus, aber es waren diese Produkte, die in den achtziger Jahren zur Zielscheibe einer Umweltschutzkampagne wurden. Die Verpackungen wurden nicht nur sofort weggeworfen, oft einfach auf die Straße, sondern zur Aufschäumung des Materials verwendete man außerdem die ozonschädigenden FCKWs. Heute setzt man statt dessen Pentan ein, einen flüchtigen, für die Ozonschicht harmlosen Kohlenwasserstoff.

Dr. Martin Hocking von der Universität Victoria (Kanada) verfolgte den gesamten Lebensweg eines Trinkbechers aus Schaumpolystyrol und kam zu einem eher unerwarteten Schluss: Solche Becher sind umweltfreundlicher als Pappbecher, zu deren Herstellung man laut Hockings Öko-Audit mehr Chemikalien benötigt, mehr Wasser, mehr Heißdampf und über zehnmal so viel elektrischen Strom.

So will es scheinen, dass Polystyrol tatsächlich umweltfreundliche Aspekte hat – und gleichzeitig verliert der Kunststoff langsam sein Wegwerf-Image. Polystyrol kann man recyceln; seit langem schon verwertet die Schaumstoffindustrie ihre eigenen Abfälle wieder. So genannte Transportverpackungen, eines der Haupteinsatzgebiete von Schaumpolystyrol, werden inzwischen in ganz Europa zurückgewonnen. Einige Hersteller von Elektrogeräten sammeln gebrauchtes Verpackungsmaterial und verarbeiten es zu Blumentöpfen und Kassettenhüllen. Auch die Bauindustrie verwendet Recycling-Polystyrol – Schaumstoff beispielsweise wird granuliert und findet als Drainage und in Leichtbaustoffen wie Mauersteinen, Betongemischen und Putz Verwendung.

Schaumpolystyrol, das man nicht recycelt, kann schließlich noch als Energieträger dienen: In einer Müllverbrennungsanlage liefert es, wie andere Kunststoffe auch, ebensoviel Energie pro Masse wie Kohle und

Erdöl. Wird diese Energie in elektrischen Strom oder heißes Wasser für die örtliche Fernheizung umgewandelt, dann beschließt der Schaumstoff sein kurzes Leben in höchst umweltfreundlicher Weise.

Härter als Stahl: Kevlar

Die Ursache für den Absturz des TWA-Fluges 800 in die See nahe Long Island im Juli 1996, der 229 Passagiere und Besatzungsmitglieder das Leben kostete, wird man vielleicht nie mit Sicherheit kennen. Zum Zeitpunkt der Katastrophe, unmittelbar vor dem Beginn der Olympischen Sommerspiele in Atlanta, nahm man an, dass die Menschen einer im Frachtraum der Maschine versteckten Bombe zum Opfer gefallen waren, ähnlich der Situation beim Absturz des PanAm-Fluges 104, der durch eine Explosion des Flugzeuges über dem schottischen Lockerbie 1988 ausgelöst wurde und 270 Insassen in den Tod riss. Doch ein Flugzeug könnte eine Bombenexplosion im Laderaum ohne größeren Schaden überstehen – wenn diese Räume mit Kevlar-Platten verkleidet wären.

Kevlar ist ein Kunststoff, der einer Pistolenkugel standhält; daher macht man daraus unter anderem kugelsichere Westen. Bereits jetzt wird das Material sicherheitstechnisch in Flugzeugen verwendet, nämlich als Verkleidung des Maschinenraums, um den Schaden zu begrenzen, den ein abreißendes Turbinenblatt verursachen kann. Wegen seiner Festigkeit bei geringem Gewicht wählte man es auch als Baumaterial für Teile der Boeing 757. Ob ein Kevlar-geschützter Laderaum die Explosion einer Bombe tatsächlich überstehen kann, wird sich noch erweisen. Die britische Defence Evaluation Research Agency (DERA) untersuchte in einem fünf Millionen Pfund teuren Projekt, ob eine solche Sicherung machbar ist, und unternahm dazu auf ihrem Explosionstestgelände in Fort Halstead ein wirklichkeitsnahes Experiment mit einem unter Druck stehenden Flugzeug. Es zeigte sich, dass sich Kevlar-Wände verbogen, aber nicht brachen, und die Bombensplitter auffingen. Um ein einziges Flugzeug in dieser Weise auszurüsten, braucht man rund drei Tonnen Kevlar, was die jährlichen Treibstoffkosten um etwa 35 000 Euro in die Höhe triebe.

Kevlar wurde 1965 von Stephanie Kwolek, einer Angestellten des US-Chemiegiganten DuPont, entdeckt. Sie suchte nach einer Faser, die die Hitzebeständigkeit von Asbest mit der Steifigkeit einer Glasfaser vereint. Bis das Polymer 1982 endlich auf den Markt kam, mussten Probleme gelöst werden, die mit der Natur des Kunststoffes selbst und dem Lösungsmittel, das zu seiner Herstellung benötigt wurde, zusammenhingen – letzteres stellte sich als krebserregend heraus. Die Entwicklung der Verbindung bis zur Marktreife kostete insgesamt 500 Millionen Dollar! Man feierte Kevlar gern als »Wunder, das seinen Markt sucht« – und den schwer zugänglichen Massenmarkt hat die Faser bis heute nicht erobert, ungeachtet ihrer einzigartigen Eigenschaften und der anfänglichen Hoffnung, Kevlar würde die Kunstseide und Verstärkungsdrähte von Reifen verdrängen. DuPont weigert sich anzugeben, wie viel Kevlar in den Produktionsanlagen in den USA, in Japan und Nordirland (Maydown) hergestellt wird.

Das Polymer besteht aus langen Ketten von Benzolringen, die durch Amidgruppen (ähnlich denen in Proteinen) miteinander verknüpft sind. Zur Synthese lässt man eine Benzolverbindung mit zwei Aminogruppen mit einer anderen Benzolverbindung, die zwei Säurechloridgruppen enthält, reagieren. Die regelmäßige Struktur des Polymers verleiht ihm seine bemerkenswerte Festigkeit: In den meisten Fasern liegen die Ketten zufällig verteilt und miteinander verknäult vor – anders in Kevlar. Die Anziehungskräfte zwischen den einzelnen Strängen sind hier so groß, dass sich die Polymerketten parallel zueinander ausrichten, wodurch ebene Schichten entstehen, die eng und fest übereinander gestapelt werden.

Diese Regelmäßigkeit bringt auch Probleme mit sich: Das Polymer löst sich in nahezu keiner Flüssigkeit. Eine Ausnahme ist reine Schwefelsäure, aus der man den Kunststoff unbeschadet abscheiden kann, was einen der Wege zur Verarbeitung von Kevlar eröffnet. Abgesehen von dieser äußerst ausgeprägten Widerstandskraft gegen den Angriff von Chemikalien ist Kevlar feuerbeständig, flexibel und leicht. Zu Fasern versponnen und mit Wärme behandelt, wird das Polymer noch fester, so dass man diese Fasern zu Militärausrüstung (beispielsweise kugelsicheren Westen), Raumanzügen, Schutzhandschuhen und Angelruten verarbeiten kann. Kevlar findet sich in Tennisschlägern, Skiern und Laufschuhen. Der Kunststoff ist fünfmal so fest wie Stahl und elastischer als Kohlefasern – dies ließ die Leistungsfähigkeit der genannten Ausrüstungsgegenstände weit über die der Gerätschaften aus herkömmlichen Werkstoffen emporschnellen.

Eine andere Sportart, die von den außergewöhnlichen Eigenschaften des Kevlars profitiert, ist die Formel 1 – insbesondere die Rennwagen. Allerdings nimmt der Einsatz des Polymers auf diesem Gebiet gegenwärtig eher ab, weil Kevlar verschiedene Nachteile hat. Nach Angaben von Brian O'Rourke, Chefkonstrukteur des Grand-Prix-Teams von Williams, wird die hohe Zugfestigkeit des Materials durch dessen Mangel an Druckfestigkeit zunichte gemacht; außerdem lässt sich Kevlar schlecht lackieren. Aufgrund seines vorteilhaften Verhältnisses von Festigkeit zu Gewicht ist Kevlar aber noch immer ein erwünschter Bestandteil des Verbundstoffes, mit dem die Überlebenszelle des Fahrers geschützt und dieser bestmöglich vor den Folgen von Unfällen bewahrt wird.

Wenige Kunststoffe haben so viele Vorteile wie Kevlar. Versagt das Polymer, dann selten schlagartig, sondern meist langsam fortschreitend, wodurch ein kalkulierbarer Risikospielraum entsteht. Im Gegensatz zu vielen anderen Kunststoffen wird Kevlar bei tiefen Temperaturen nicht spröde, selbst bei –70 Grad Celsius nicht, so dass man beispielsweise optische Fasern, die dem rauen Gebirgsklima ausgesetzt werden sollen, mit Kevlar überzieht. Auch Wetter, Wind, Meer, ja, sogar eine drei Jahre andauernde Einwirkung von kochendem Wasser und kohlenwasserstoffhaltigen Lösungsmitteln haben dem Polymer nichts an. Kevlar ist feuerbeständig und selbstlöschend; falls es kurzzeitig brennt oder schwelt, entwickelt sich kaum Rauch. Dadurch empfiehlt es sich als Werkstoff für Förderbänder, besonders im Bergbau, für Schläuche in der Chemieindustrie und in Maschinen sowie für Vertäuungen von Tankschiffen. Geradezu unvergleichlich ist Kevlar jedoch als Material für kugelsichere Bekleidung, Truppenuniformen und -kopfbedeckungen, denn es ist nicht nur leichter als andere Schutzausrüstungen, sondern lässt sich auch perfekt der Körperform anpassen.

Es erscheint ein wenig seltsam, dass ein Polymer mit so vielen Vorzügen noch keinen festen Platz im modernen Leben gefunden hat. Aber, wer weiß – vielleicht werden wir eines Tages dankbar sein, dass es Kevlar gibt.

Dieses Kapitel beschäftigte sich mit Polymeren auf Kohlenstoffbasis, Mitgliedern einer großen Familie – wie in jeder Familie, mögen die Unterschiede zwischen den Angehörigen oft augenfälliger gewesen sein als die Gemeinsamkeiten. Doch obgleich mancher Sohn und manche Tochter in den Flegeljahren wenig gehorsam war, wurden sie doch schließlich alle zu nützlichen Mitgliedern der Gesellschaft erzogen.

Für die Intimsphäre: Polyabsorber

Niemand denkt gern darüber nach, wie und wann sich der Körper der Abfallprodukte seines Stoffwechsels entledigt. Unvermeidlich ist dieses Thema allerdings für Personen, die wenig oder keine Kontrolle über ihre Ausscheidungen haben: Babys, Frauen während der Regelblutung, inkontinente ältere Leute und vielleicht sogar Astronauten. Zur Lebensqualität all dieser Menschen trägt ein recht bemerkenswertes Polymer entscheidend bei.

Ein Baby zu füttern macht der Mutter meistens Freude. Weniger angenehm hingegen – auch für Mütter, besonders aber für Väter – ist das Wechseln der Windeln. Im Laufe eines Tages scheidet ein Säugling ungefähr einen halben Liter Urin und 10 bis 50 Gramm Stuhl aus. Wie man sich dessen entledigt, ist kein Gesprächsgegenstand in feiner (und selbst weniger feiner) Gesellschaft; auch in Geschichtsbüchern wird dieses Thema nur äußerst vereinzelt erwähnt. Mit dieser von Chronisten aller Jahrhunderte sorgfältig umgangenen Angelegenheit sahen sich schließlich die Chemiker konfrontiert, und sie erfanden etwas, das die meisten Eltern inzwischen gern verwenden: die Wegwerfwindel. Zwar brachte das Resultat wieder ein anderes Problem mit sich, aber auch für dieses zeichnet sich, wie wir noch sehen werden, bereits eine Lösung ab.

Unsere Vorfahren, soweit sie in gemäßigten oder nördlichen Klimazonen lebten, waren gezwungen, ihre Babys in Tücher zu wickeln, um sie warm zu halten. Wann der Nachwuchs sich seiner Ausscheidungen entledigen wollte, war (und ist) jedoch naturgemäß sehr schwer vorherzusagen. Um den Unrat aufzusaugen, benutzte man natürliche Materialien aller Art. Eine geeigneten Stoff zu finden fiel den Eskimos wahrscheinlich besonders schwer; schließlich wickelten sie Moos in Windeln aus Robbenleder. In weniger abgelegenen Teilen der Welt bot sich Gras oder Heu an, in weiche Häute (etwa von Kaninchen) eingeschlagen; in Siedlungen und Städten verwendete man Stoffwindeln, obwohl man diese jedes Mal, wenn das Baby sie »benutzt« hatte, wechseln und entsprechend oft waschen musste, um dem Säugling einen wunden Po zu ersparen.

Die industrielle Revolution brachte bessere Materialien mit sich, insbesondere baumwollene Handtücher, die recht saugfähige Windeln abgaben. Die in immenser Menge anfallenden Tücher zu reinigen, zu waschen und zu trocknen nahm einen großen Teil der Zeit junger Mütter in Anspruch. In den 1940er-Jahren kamen als gewisse Erleichterung Windelhosen aus Gummi auf, die, über die Windel gezogen, deren Auslaufen verhinderten; weiche Papiertücher wurden in die Windel gelegt, um feste Ausscheidungen aufzunehmen und in die Toilette zu spülen. Auch die ersten Wegwerfwindeln stammen aus dieser Zeit. Sie bestanden aus einer dicken Lage Zellstofftücher in einer Kunststoffumhüllung, konnten aber nicht mehr als eine »Ladung« Urin aufnehmen. Sie waren unbeliebt und verschwanden bald wieder aus den Regalen.

1961 brachte das amerikanische Unternehmen Procter & Gamble die »Pampers« auf den Markt, gefüllt mit einer wesentlich saugfähigeren Schicht gekräuselter, aus Holzschliff hergestellter Zellulosefasern. Diese Lage war jedoch ziemlich dick – so dick, dass Ärzte befürchteten, die Beine des Babys würden zu weit auseinander gebogen und die Knochen könnten sich verformen. Kimberley Clark führte 1976 sanduhrförmige Windeln ein, um diesen Einwand zu entkräften. Allerdings geht man mittlerweile davon aus, dass voluminöse Windeln einer gesunden Entwicklung der Hüftgelenke eher förderlich sind.

Die saugfähige Schicht in einer Windel muss natürlich vor allem möglichst viel Flüssigkeit aufnehmen können. Die Wassermoleküle werden entweder von geladenen Teilchen (Ionen) festgehalten, oder es bilden sich schwache Bindungen aus, die *Wasserstoffbrückenbindungen*. Cellulose ist für Wasserstoffbrücken in besonderem Maße prädestiniert, denn sie enthält nicht nur viele Sauerstoffatome, von denen aus sich Brücken bilden, sondern auch an Sauerstoff gebundene Wasserstoffatome, die sich ebenfalls an solchen Bindungen beteiligen. Aus diesem Grund stellt man aus Cellulose Papierhandtücher, Servietten, Toilettenpapier und Küchentücher her; auch die Saugfähigkeit von Tischdecken, Handtüchern und Badelaken aus Leinen und Baumwolle beruht auf den chemischen Eigenschaften der Cellulose. Frotteetücher geben hervorragende Stoffwindeln ab, und sogar Sägespäne, die im Wesentlichen aus Cellulose bestehen, wurden früher als Saugmaterial in Inkontinenzvorlagen verwendet.

Die Wasserstoffbrücken, mit denen Wassermoleküle an die Cellulose gebunden sind, können leicht wieder aufgebrochen werden. Entsprechend bereitwillig gibt die voll gesogene Schicht Wasser an alle Oberflächen ab, mit denen sie in Berührung kommt – zum Beispiel an die Haut. Wechselt man eine nasse, »volle« Windel nicht beizeiten, so wird das Baby wund. Die Windeldermatitis (gerötete, wunde Haut mit offenen Stellen) ist schmerzhaft und kann mit Ölen und Salben zwar gelindert werden, heilt aber nur langsam ab, weil man dem Säugling immer wieder Windeln anlegen muss, die zwangsläufig erneut nass werden.

Seitdem sich Wegwerfwindeln allgemein durchgesetzt haben, ist der Windelwechsel wesentlich schneller, unkomplizierter und hygienischer geworden; entsprechend seltener werden Babys wund. Allerdings hat der Komfort einen Preis, den zu zahlen manch frisch gebackenem Elternpaar nicht ganz leicht fällt: Bis ein durchschnittliches Kind »sauber« ist, hat man mehrere Tausend Euro allein für rund 4000 Windeln ausgegeben.

In den 1980er-Jahren wurden völlig neuartige Wegwerfwindeln eingeführt, die den Markt revolutionieren sollten. Die dicke Lage Zellstoff wurde ersetzt durch einen polymeren Superabsorber, wodurch die Windel einerseits dünner wurde (und hübscher anzusehen war), andererseits aber mehr Flüssigkeit aufsaugen konnte. Zu dieser Zeit hatten die Superabsorber bereits Einzug in die Damenhygiene gehalten: Die voluminöse »Binde« war unauffälligen Vorlagen gewichen. Bald versah man die Einwegwindeln mit Klebebändern und später Klettverschlüssen, die das Wechseln enorm erleichterten. Eine Windel kann mehrmals »benutzt« werden, bevor man sie schließlich entfernt, zusammenrollt, wegwirft – fertig. Der Lebensweg des Windelhöschens endet entweder in der Müllverbrennung oder auf der örtlichen Deponie. Bevor wir uns mit diesem leidigen Problem auseinander setzen, wollen wir uns der Windelchemie zuwenden.

Superabsorber sind bemerkenswerte Polymere. Sie können große Mengen Wasser binden, wobei sie aufquellen. Die 10 Gramm in einer Einwegwindel enthaltenen Polyacrylat-Kügelchen nehmen das Fünfzigfache ihres Gewichts an Wasser auf – unter dem Druck eines Babypos (im Sitzen) immerhin noch das Dreißigfache.

Erstmals erwähnt wurde die Polyacrylsäure 1938 in der deutschen Fachzeitschrift Kunststoffe. Der Chemiker W. Kern, so ist zu lesen, hatte die Substanz durch Polymerisation einer wässrigen Lösung von Acrylsäure erhalten. Neutralisiert man die Säure in der Lösung teilweise – das bedeutet, neben Säuregruppen sind jetzt auch Natriumacrylatgruppen anwesend –, so entsteht das noch nützlichere Polyacrylat. An der Kohlenstoffkette befinden sich nun auch ionische Gruppen, die aus den oben erwähnten Gründen die Wasseraufnahmefähigkeit des Polymers nochmals steigern.

Das kommerzielle Polymer enthält darüber hinaus einen Vernetzer. Er verhindert, dass sich der Superabsorber in Wasser auflöst. (Je stärker das Polymer vernetzt ist, desto schwerer löst es sich; gleichzeitig verliert es aber an Quellfähigkeit, kann also immer weniger Wasser aufnehmen.)

1968 wurden die ersten Patente für Windeln und medizinische Produkte auf der Grundlage von Superabsorbern erteilt. Erst zu Beginn der 1980er-Jahre kamen solche Höschenwindeln jedoch tatsächlich auf den Markt, zunächst in Japan, wo sie sich sofort als Erfolg erwiesen. Ab 1984 konnte man die Windeln mit Superabsorbern in den USA kaufen, wenige Jahre später auch in Europa, und mittlerweile haben sie sich mehr oder weniger weltweit bewährt. Ein wesentlicher Teil der jährlich erzeugten 3 Millionen Tonnen Superabsorber endet in Windeln. (Allein in den USA gehen jährlich rund 20 Milliarden Einwegwindeln über die Ladentische.) Weitere wichtige Anwendungsgebiete sind Inkontinenzeinlagen für Erwachsene – ein mit Sicherheit wachsender Markt – und Hygieneartikel für Damen.

Inzwischen werden Superabsorber von vielen Chemieunternehmen hergestellt. Spitzenreiter mit einem Viertel des weltweiten Produktionsvolumens ist das Unternehmen BASF. Nordamerikanische Hersteller beherrschen 40 % des Marktes, europäische Firmen 30 %. Produktionsbetriebe für Superabsorber baut man meistens in der Nähe von Acrylsäureanlagen, weil dieser Rohstoff sehr reaktiv und daher explosionsgefährdet ist, selbst wenn man spezielle Inhibitoren zusetzt. Aus diesem Grunde gibt es rund um den Globus unzählige kleine solche Werke, deren Kapazität maximal 500 000 Jahrestonnen, im Mittel aber nur ein Zehntel davon beträgt.

Polyacrylat kann man auch zu anderen Zwecken verwenden. Mit Gummi gemischt, dient es als Dichtungsmaterial und verhindert das Eindringen von Feuchtigkeit in Bauwerke. Beim Kontakt mit Wasser quillt der Superabsorber auf, wodurch die Gummipartikel dicht zusammengequetscht werden. Es entsteht eine wasserundurchlässige Membran. In dieser Weise geschützt sind beispielsweise die Wände des Ärmelkanaltunnels. Vergleichbar zusammengesetzt ist ein flexibles Band zum Abdichten defekter Wasserrohre.

Geschlossene Räume wie Garderoben oder Schränke lassen Feuchtigkeit muffig riechen; in feuchten Mülleimern vermehren sich Mikroben. Abhilfe schaffen hier Superabsorber-Granulate. Voll gesogen lassen sie sich durch einfaches Erhitzen mehrfach regenerieren. Im Gartenbau erfüllt das Granulat den gegenteiligen Zweck: Blumenerde, mit etwas Superabsorber versetzt, hält das Gießwasser besser, Samen keimen schneller, und Setzlinge wachsen besser an. Mit Fertigprodukten dieser Art kann man sich behelfen, wenn man Pflanzen nur unregelmäßig oder nicht ausreichend gießen kann, beispielsweise in Balkonkästen und Hängetöpfen. Im Vergleich zur Wegwerfwindel sind solche Erzeugnisse aber eher unwichtig.

Eine Einwegwindel besteht aus vier Lagen, nämlich

- einem der Haut zugewandten, weichen Polypropylenvlies mit Auslaufsperren an den Beinabschlüssen,
- einem Polster aus Zellstoff oder Kunststofffasern, das den Urin verteilt,
- dem wichtigen Kern, bestehend aus Superabsorber-Körnchen, eingebettet in Zellstoffflocken und umhüllt von einem Zellstofftuch, sowie

- der Außenseite, bestehend aus wasserdichter Polypropylenfolie mit gewebeähnlichem Griff. An dieser Schicht sind auch die Klebe- oder Klettbänder zum Befestigen der Windel sowie elastische Bündchen angebracht, die das Auslaufen verhindern sollen. Millionen winziger Poren sorgen für Luftdurchlässigkeit und helfen so, den Babypo trocken zu halten.

Das Funktionsprinzip der Superabsorber ist die *Osmose*: Wasser ist so lange bestrebt, aus einer weniger konzentrierten Lösung durch eine Membran in eine konzentriertere Lösung zu wandern, bis die Konzentration auf beiden Seiten der Membran gleich ist. In den Superabsorber hinein diffundiert das Wasser in dem (zum Scheitern verurteilten) Bestreben, die Konzentration von Natrium- und Acrylat-Ionen herabzusetzen. Das Polymer kann auf diese Weise bis zum 3000fachen seines Eigengewichts an reinem Wasser aufnehmen, wobei ein farbloses Gel entsteht. Urin ist natürlich kein reines Wasser, sondern eher eine rund 1%ige Salzlösung. Je mehr Wasser von dem Superabsorber gebunden wird, desto konzentrierter ist der verbleibende Urin. Wenn schließlich ein Gleichgewicht erreicht ist, hat das Polymer maximal das 50fache seines Gewichts an Wasser aufgesogen – was zweifellos noch immer ausreicht.

Wie nicht anders zu erwarten, brachten Umweltschützer Einwände gegen die Wegwerfwindel vor, insbesondere hinsichtlich der Müllbeseitigung; aber auch in anderem Zusammenhang geriet die Windel in die Schlagzeilen. »Wegwerfwindeln machen unfruchtbar« wurde im September 2000 befürchtet, gestützt auf einen Artikel in der Zeitschrift *Archives of Disease in Childhood*. Wolfgang Sippell, Professor für pädiatrische Endokrinologie und Leiter einer Arbeitsgruppe an der Universität Kiel, hatte in einer Studie an 48 kleinen Jungen festgestellt, dass in Wegwerfwindeln eine durchschnittlich um ein Grad höhere Temperatur am Hoden herrscht als in einer waschbaren Mullwindel.

Bekanntermaßen sind Qualität und Menge der Spermien der Hodentemperatur umgekehrt proportional: Je wärmer die Hoden sind, desto weniger beweglich sind die Spermien und desto häufiger treten Entwicklungsverzögerungen auf. Deshalb könnten, so wurde spekuliert, mit Höschenwindeln aufgezogene Jungen im späteren Leben Probleme haben, Kinder zu zeugen. Die Medien verknüpften diesen Hypothese umgehend mit dem oft diskutierten Abnehmen der Fruchtbarkeit in den westlichen Ländern im Laufe der zweiten Hälfte des 20. Jahrhunderts. Wäre die

Theorie richtig gewesen, hätte man Wegwerfwindeln aus den Regalen verbannen müssen – je eher, desto besser.

Für die Medien war Sippells Studie ein gefundenes Fressen. Natürlich ist die Zeugungsfähigkeit ihrer männlichen Sprösslinge allen Eltern wichtig. Eine Arbeit, die von einer angesehenen Zeitschrift veröffentlicht worden war, musste zudem von anderen erfahrenen Kindermedizinern geprüft worden sein und konnte nicht einfach als Panikmache abgetan werden. Ohne Zweifel war die Temperatur in der Hodengegend bei Jungen, die Wegwerfwindeln trugen, ein Grad höher als bei ihren mit Mull gewickelten Altersgenossen. Das verwundert auch kaum, denn die Innenschicht einer Windel war zur Zeit der Studie nicht nur wasserundurchlässig (wie heute), sondern sie schloss die feuchtwarme Atmosphäre am Körper ziemlich dicht ab. Baumwollwindeln können dies nicht (vorausgesetzt, man zieht nicht noch eine Plastikhose darüber); sie lassen die Luft zirkulieren, wodurch die Haut ständig gekühlt wird.

Der zweite Vorwurf, der Wegwerfwindeln gemacht wird, ist vielleicht sogar noch ernster zu nehmen. Er betrifft die biologische Abbaubarkeit: Auf Deponien wachsen Windelberge zum Himmel, die sich erst nach Jahrhunderten zersetzen. Aus diesem Grund seien, so wird argumentiert, die abfallarmen Stoffwindeln zu bevorzugen. Dass Eltern hier und da wieder zum Gebrauch von waschbaren Windeln ermutigt werden, ist auch durchaus nicht unsinnig, obwohl die Ökobilanz bei Berücksichtigung aller Energie- und Rohstoffaufwendungen für eine Stoffwindel höchstens minimal günstiger ausfällt als für eine Einwegwindel. Zu bedenken ist aber, dass Letztere einen nicht geringen Anteil von Produkten der petrochemischen Industrie enthält, Substanzen also, die letztlich aus fossilen Brennstoffen hergestellt werden und den Anspruch der Nachhaltigkeit nicht erfüllen können.

Diesen Herausforderungen müssen sich Forscher und Vermarkter stellen. Gibt es Wegwerfwindeln, die biologisch abgebaut werden können und aus nachwachsenden Rohstoffen bestehen? Prinzipiell lautet die Antwort ja, obwohl die ersten kommerziellen Experimente nicht völlig überzeugen konnten.

Die 42 Jahre alte schwedische Anwältin Marlene Sandberg, Mutter zweier Jungen, meinte die Akzeptanz von Wegwerfwindeln durch die Verwendung umweltfreundlicher Materialien verbessern zu können. Ihre Windel, die unter dem Markennamen Nature Boy & Girl in den Handel kam, bestand zu 70 % aus kompostierbaren, nachwachsenden Rohstoffen, Baumwolle für die Saugschicht und einem Polymer auf Maisstärkebasis für die Außenhüllen. Sie enthielt zwar noch etwas Superabsorber, aber wesentlich weniger als die gebräuchlichen Windeln. Diese begrüßenswerte Entwicklung wurde vom Women's Environmental Network gleichwohl abgelehnt. Eine Sprecherin wurde zitiert mit der Bemerkung, jede Wegwerfwindel – aus was für Rohstoffen auch immer hergestellt – trage zum Müllproblem bei. Auch die etablierten Windelproduzenten versuchen Sandbergs Erfindung abzuwerten. »Nature«-Windeln, so argumentieren sie, würden sich auf Deponien keineswegs in Luft auflösen, und ihr Erfolg habe mehr mit cleverem Marketing zu tun als mit wissenschaftlicher Erkenntnis. Bis zu einem gewissen Grad ist das richtig.

Warum sollten eines Tages nicht alle Komponenten einer Wegwerfwindel aus nachwachsenden Ressourcen hergestellt werden können? Nach dem Gebrauch werden sie in Biogasanlagen zur Methanerzeugung abgebaut, zur Düngemittelgewinnung kompostiert oder in Müllverbrennungsanlagen in Wärme verwandelt (was aufgrund des hohen Wassergehalts allerdings nicht besonders geschickt ist). Eine andere Methode wird in der kalifornischen Stadt Santa Clarita getestet: Benutzte Windeln werden eingesammelt, sterilisiert und in einer Anlage mit einem Durchsatz von einer Tonne pro Stunde in Papier- und Plastikbestandteile getrennt. Aus den Faserstoffen stellt man Papier her, aus dem Kunststoff Gartenbänke und Paneele.

Das mexikanische Unternehmen Absormex wirbt mit einer angeblich vollständig biologisch abbaubaren Windel »Natural Baby Supreme«. Erreicht worden sei dies durch Zusatz einer Substanz zu den Plastikfolien, die deren Zersetzung durch Sonne, Wärme oder mechanische Beanspruchung fördere. Offenbar sind die Windeln tatsächlich so UV-empfindlich, dass sie in speziellen Lichtschutzverpackungen ausgeliefert werden müssen.

Inzwischen versuchen die Chemiker, die traditionelle Wegwerfwindel weiter zu verbessern. Ein Problem bestand zum Beispiel darin, dass sich an der Oberfläche der Superabsorber-Körnchen gelegentlich eine wasserundurchlässige Schicht bildet, wodurch das Korn nicht weiter aufquellen kann. Durch eine gezielte Abwandlung der Oberflächenstruktur fand man eine Lösung. Möglicherweise kommt bald ein völlig neuer Superabsorber auf den Markt: Polymethacrylat-Gel nimmt nicht nur wesentlich mehr Feuchtigkeit auf als gewöhnliches Polyacrylat, es wirkt zudem geruchsbindend. Besonders wichtig ist diese Eigenschaft bei Artikeln zur Pflege alter Menschen. Auch andere Ansätze zur Neutralisierung der Thiole, die Urin und Stuhl ihren charakteristischen üblen Geruch verleihen, werden verfolgt.

Der Kunststoff des Informationszeitalters: Polycarbonat

Polycarbonat ist der Kunststoff des Informationszeitalters. In Form von CDs, DVDs und Bauteilen von Mobiltelefonen oder Satellitenempfängern haben wir ihn ständig vor Augen. Der Erfolg des Polymers beruht auf seiner unglaublichen Festigkeit und Haltbarkeit sowie der schier unbegrenzten Mischbarkeit mit Farbstoffen und anderen Polymeren. Manche allerdings bezweifeln die Ungefährlichkeit des Materials.

Wer Wegwerfwindeln ablehnt, hat vielleicht auch Einwände gegen Nuckelflaschen aus Plastik. Soweit sie Flaschen aus Polycarbonat betreffen, schien ein in der Mai-Ausgabe 1999 der amerikanischen Zeitschrift *Consumer Reports* erschienener Artikel die Vorbehalte zu rechtfertigen. Diesem mit »Baby Alert« überschriebenen Aufsatz folgte eine Fernsehdokumentation des Senders ABC. Beide Beiträge warnten vor Bisphenol A (BPA), einer Substanz, die in Spuren in Plastikmaterial von Babyflaschen gefunden worden war und die nachweislich in den Flascheninhalt gelangen konnte. Bisphenol A wirkt ähnlich wie das weibliche Geschlechtshormon Östrogen und könnte, so vermutete man, als »gender bender« (deutsch etwa »Geschlechtsverdreher«) die sexuelle Entwicklung betroffener Kinder beeinflussen.

Polycarbonat wurde erstmals 1898 von dem deutschen Chemiker Gunther Einhorn hergestellt. Einhorn berichtete, bei Versuchen zur Synthese organischer Carbonate habe sich im Reaktionsgefäß eine unlöslicher Feststoff abgeschieden. 1902 stellten zwei Kollegen, Bischoll und Hedenstrom, größere Mengen der Substanz her, die an sich zwar interessant, offenbar aber zu nichts zu gebrauchen war. Dieser Meinung schloss sich der große Polymerchemiker Wallace Carothers an, der für das Chemieunternehmen Du Pont arbeitete und in den 1930er-Jahren Nylon und Synthesekautschuk erfunden hatte. Erst 1953 gelang es in den Labors von Bayer, eine Probe Polycarbonat zu synthetisieren, die für kommerzielle Anwendungen in Frage kam. In den 1960er-Jahren erschien das Polymer unter Handelsnamen wie Xantar (vom holländischen Chemieunternehmen DSM) oder Lexan (von General Electric, USA) auf dem Markt. Zu den wichtigsten Produzenten zählen heute die Unternehmen Bayer und Dow, die momentan darum kämpfen, General Electric von der Spitze der weltweiten Rangliste der Polycarbonathersteller zu verdrängen.

Polycarbonat ist widerstandsfähig, verschleißarm und hart. Der Werkstoff lässt sich, ohne zu erweichen, bis auf 140 °C erhitzen, selbst bei –20 °C ist er noch elastisch. Schon in reiner Form schwer entflammbar, erfüllt Polycarbonat nach Zusatz Flammen hemmender Stoffe auch strenge Kriterien zur Feuersicherheit. Kaum eine Chemikalie greift Polycarbonat an. Das Polymer lässt sich gut mit anderen Polymeren Stoffen mischen, die Mischung mit Acrylnitril-Butadien-Styrol (ABS) ist noch fester als Polycarbonat selbst. Der von Natur aus durchsichtige Stoff kann problemlos eingefärbt oder mit Prägemustern versehen werden.

Ausgangsstoffe der Polycarbonatsynthese sind BPA und Carbonylchlorid ($COCl_2$, auch als Phosgen bekannt). Zwei Drittel der BPA-Produktion fließen in die Polycarbonatsynthese, der Rest wird vorrangig für Kunstharze und Flammschutzmittel verwendet. Produktionsanlagen (im 50 000-Tonnen-Maßstab) stehen in Europa, dem Fernen Osten und den Vereinigten Staaten.

Das Bisphenol-A-Molekül besteht aus einem zentralen Kohlenstoffatom, an das zwei Phenolringe und zwei Methylgruppen ($-CH_3$) gebunden sind. Bei der Reaktion von BPA mit Carbonylchlorid in Lösung bilden sich Polymerketten, in denen Carbonateinheiten ($-CO_3$) mit BPA-Bausteinen abwechseln. Über 99,9 % des synthetisierten BPAs wird an Ort und Stelle zu Folgeprodukten umgewandelt. Kleine Mengen Dampf, die aus der Produktionsanlage austreten können, werden rasch von der Sonnenstrahlung zerstört; im Wasser oder im Boden wird die Substanz innerhalb von ein bis zwei Tagen abgebaut. Das Risiko für Mensch und Umwelt ist also offenbar gering. Trotzdem regten sich Bedenken, sobald die hormonähnliche Aktivität der Substanz nachgewiesen worden war.

BPA, so wurde behauptet, störe das endokrine System, also die Produktion und Regulation von Hormonen, insbesondere des weiblichen Geschlechtshormons Östrogen. (Nicht alle Hormone haben mit der sexuellen Entwicklung zu tun, in dieser Richtung vermutet man aber meist die Gefahr.) Bestimmte Chemikalien, beispielsweise die Pestizide Lindan und Tributylzinn, wirken tatsächlich in dieser Weise. Einige früher verwendete derartige Stoffe wurden aus diesem Grund bereits verboten, und zwar zu Recht. Anderen hingegen konnte man eine Störung des endokrinen Systems von Mensch oder selbst von Tieren niemals nachweisen. Dazu gehört BPA. Die Proteste waren jedoch so lautstark, dass das US-amerikanische Nationale Institut für Umweltmedizin gemeinsam mit dem Nationalen Toxikologischen Programm der USA eine Kommission bildete, die sich tiefer greifend mit dem Thema befassen sollte. Die Kommission kam zu dem Schluss, dass BPA in geringen Dosen wohl keine Wirkung hat.

Kein Zweifel besteht hingegen am endokrinen Potenzial von BPA, wie Mediziner an der Stanford-Universität in Palo Alto, Kalifornien, zufällig bewiesen. Verunreinigungen mit einem unbekannten Stoff verursachten ständig Probleme bei Forschungsarbeiten an Hefezellen. Schließlich fanden die Forscher heraus, dass die Polycarbonatflaschen, in denen die Kulturen gezüchtet wurden, Spuren von BPA in die Nährlösungen abgaben. Die Konzentration von BPA in den Medien betrug zwar nur 5 ppb, aber die östrogene Wirkung auf die Hefezellen war zweifelsfrei nachzuweisen. BPA wirkt etliche tausend Mal schwächer als Östrogen selbst. Dass die Substanz unser Hormonsystem theoretisch beeinflussen kann, reichte in den Augen mancher Leute bereits aus, um BPA grundsätzlich zu verurteilen. Nachzulesen sind die Argumente in dem Buch *Our Stolen Future* von Theo Colborn, Dianne Dumanoski und John Myers. Auch der WWF (World Wildlife Fund for Nature) bringt Bedenken gegen BPA zum Ausdruck.

Umweltschützer behaupteten, in der Umgebung der Produktionsanlagen enthalte das Trinkwasser messbare Mengen BPA, und die Öffentlichkeit reagierte mit Besorgnis. Nachgewiesen wurden Konzentrationen unterhalb von 1 ppb; in einigen Flüssen, für die ein besonderes Risiko vermutet wurde, fand man nicht einmal Spuren von BPA. Der NOEC-Wert (*No Observed Effect Concentration:* Konzentrationsbereich, in dem ein Stoff gerade noch keine Wirkung auf einen Organismus hat) bei lebenslanger Exposition von Wasserflöhen, die zu den empfindlichsten Süßwasserbewohnern zählen, liegt bei mehr als 1000 ppb. Negative Auswirkungen von BPA auf aquatische Systeme konnten bislang in keinem Fall belegt werden.

Die Befürchtungen, BPA beeinflusse das Hormonsystem, fanden weitere Nahrung durch Arbeiten von Frederick Vom Saal und seinen Mitarbeitern von der Universität Missouri in Colombia. Bei einem kleinen Teil einer Gruppe männlicher Mäuse, die niedrige Dosen BPA erhalten hatten, waren Fortpflanzungsstörungen aufgetreten. Vom Saal zufolge zeigten sich bei den Nachkommen dieser Männchen Langzeiteffekte: Weibliche Tiere nahmen schneller zu und wurden eher geschlechtsreif als ihre Altersgenossinnen. Kritisch beäugt wurden nun auch Zahnfüllungen aus Epoxidharz: In der ersten Stunde nach Fertigstellung der Füllung werde, so gab Vom Saal an, eine »signifikante« Dosis BPA in die Mundhöhle freigesetzt. Dieses Resultat war offenkundig beunruhigend, denn Polycarbonat ist ein beliebter Werkstoff zur Sanierung von Zähnen. Nachfolgende Untersuchungen zeigten allerdings, dass kein BPA in den Speichel gelangt. Der amerikanische Zahnärzteverband bestätigte dies.

Winzigste Mengen BPA finden sich tatsächlich in Flüssigkeiten, die in Polycarbonatgefäße gefüllt wurden. Die Größenordnung liegt bei 1 ppb, einem Milliardstel. Auch die fünffache Konzentration, die manche gefunden zu haben angeben, ist noch verschwindend klein (5 ppb entsprechen einer Sekunde in sechs Jahren!). Wird ein Kind ausschließlich mit Babynahrung gefüttert, die 5 ppb BPA enthält, so nimmt es täglich insgesamt rund ein Mikrogramm der verdächtigen Substanz auf – nur ein Fünfzigstel der Dosis, die allen Forschungsergebnissen zufolge als wirkungslos betrachtet wird. Wahrscheinlich hat der Autor des Beitrags in *Consumer Report* fälschlicherweise Dosen berechnet, die weit über dem als ungefährlich eingeschätzten Wert liegen.

BPA-Hersteller gehen inzwischen davon aus, dass die Substanz kein nachweisbares Risiko für den Menschen darstellt. Die durch die Nationale Akademie der Wissenschaften der USA festgelegten Testverfahren auf karzinogene und mutagene Wirkung blieben ohne Ergebnis. Die BPA-Dosen, denen Menschen ausgesetzt sein können, sind mehrere hundert Mal geringer als möglicherweise wirksame Mengen. Polycarbonat-Produkte, mit denen wir täglich in Kontakt kommen, nehmen wir in aller Regel nicht in den Mund: CDs, DVDs, Schilde für Polizisten, schwer zerstörbare Wartehäuschen, Ventilatoren, Flugzeugfenster, kugelsichere Fensterscheiben, Schutzdächer, Dachfenster, Wintergärten, Schutzhelme, Scheinwerfer, Straßenlampen, Mobiltelefone, Batteriegehäuse, Haushaltgeräte, Armaturenbretter, Geldautomaten, Steuergeräte für Satelliten, Karosserieteile und Stoßdämpfer. Polycarbonat ist der Kunststoff, nach dem die Nachfrage weltweit am schnellsten wächst. Das Produktionsvolumen übersteigt bereits 2 Millionen Jahrestonnen.

Nur einige wenige Produkte aus Polycarbonat kommen tatsächlich mit Lebensmitteln oder unmittelbar mit dem Organismus in Berührung: Babyflaschen und Trinklernbecher, manche Verpackungen, Trinkwasserspender und medizinische Gerätschaften. Die US-Zulassungsbehörde FDA bewertet die Mengen BPA, die dabei in den Stoffwechsel übertreten können, als ungefährlich. Auch die Umwelt wird von BPA nicht bedroht. Durch die OECD wird die schnelle, vollständige biologische Abbaubarkeit bescheinigt.

Trotz allem ließen sich die Forschungsarbeiten, die allem Anschein nach eine hormonelle Wirksamkeit des BPA bewiesen hatten, nicht einfach wegdiskutieren. Auch die Medien waren inzwischen auf das Thema aufmerksam geworden. Zwei Industrieverbände, die Society of Plastics Industry und die Europäische Behörde für die Chemische Industrie

(CEFIC), finanzierten eine umfangreiche Studie. In verschiedenen Labors wurde mit großen Versuchsgruppen weiblicher und männlicher Mäuse und Ratten und breiten Konzentrationsbereichen von BPA experimentiert. Selbst in Langzeitversuchen konnten keine Einflüsse der Chemikalie auf die Funktion der Prostata und der Hoden sowie die Spermienzahlen bei Männchen festgestellt werden. Bei den Weibchen zeigten sich keinerlei Veränderungen in Wachstum, Entwicklung, Empfängnis- und Gebärfähigkeit. Die über mehrere Generationen hinweg beobachtete Nachkommenschaft entwickelte sich normal. Selbst trächtige Nager, die toxische Mengen BPA erhalten hatten, brachten unauffällige Junge zur Welt.

Eine der Folgerungen aus allen diesen Arbeiten lautet, dass BPA leicht mit anderen Chemikalien verwechselt wird. In Bier und anderen Getränken, die in kunstharzbeschichtete Dosen abgefüllt werden, fand man kein BPA (zumindest nicht mehr als die Nachweisgrenze von 5 ppb). Andere Dosenkonserven enthielten zwar bis zu 35 ppb BPA, aber das ist wesentlich weniger, als zuvor behauptet worden war. Die auf solche Nahrungsmittel zurückzuführende tägliche BPA-Aufnahme beträgt ungefähr ein Fünfhundertstel des von der FDA als ungefährlich betrachteten Werts.

Unter den Mitgliedern der Society of the Plastics Industry riefen diese Resultate natürlich Erleichterung hervor. Offensichtlich ließ sich keiner der an der Universität von Missouri beobachteten Effekte reproduzieren. Die Diskussion über die Wirkungen von BPA gipfelte in einem unschönen Briefwechsel zwischen Forschern aus der Industrie und aus akademischen Einrichtungen. Gegenseitig warf man sich vor, irreführende Behauptungen verbreitet zu haben, die aus fehlerhaft geplanten Versuchen und deren mehrdeutigen Resultaten abgeleitet worden waren. Wer hat nun Recht? Unsere Sympathie liegt sicherlich bei Vom Saal; Motive und Ziele eines Akademikers sollten wohl über alle Vorwürfe erhaben sein. Die von der Industrie beauftragten Forscher waren aber zweifellos nicht schlechter ausgebildet, vielleicht verfügten sie sogar über bessere Ausrüstung und mehr Erfahrung. Einige von ihnen arbeiteten nachweislich unabhängig.

Diese Konstellation brachte die Behörden in eine schwierige Lage. Wem sollte man glauben? Auf Anforderung der US-Umweltschutzbehörde EPA veröffentlichte das amerikanische Nationale Toxikologische Programm im Mai 2001 einen vorläufigen Bericht. Die bislang nicht eindeutigen Ergebnisse, so hieß es darin, ließen weitere Untersuchungen erforderlich erscheinen. In der Zwischenzeit sollten die Richtlinien der EPA unverändert in Kraft bleiben.

Rochelle Tyl leitete eine der wichtigsten Studien zu Bisphenol A, die am Research Triangle Institute in North Carolina vorgenommen wurde. Beobachtet wurden die Auswirkungen hoher und niedriger Dosen BPA auf drei aufeinander folgende Generationen von Versuchstieren. Tyl bestätigte frühere Resultate: Die Chemikalie beeinflusste das Fortpflanzungssystem nicht. Die Arbeit wurde von der Bisphenol A Global Industry Group finanziert; Genehmigungen lagen vor vom Nationalen Institut für Umweltmedizin der USA, vom Nationalen Toxikologischen Programm sowie von der Umweltschutzbehörde EPA. Im Jahr 2000 fand die Studie statt. Drei Jahre später berichtet Patricia Hunt von der Case Western Reserve University, Eier von Mäusen, die niedrigen BPA-Konzentrationen ausgesetzt waren, hätten sich abnormal entwickelt. Alkalische Reinigungslaugen hatten aus Polycarbonatgefäßen nachweislich geringste Mengen BPA ausgewaschen. Sie genügten offenbar, um Chromosomenschäden hervorzurufen. Ist wieder alles offen?

Ein Auge auf die Zukunft

Neben dem eben besprochenen, aus Bisphenol A hergestellten Polymer gibt es ein zweites, ganz anders aufgebautes Polycarbonat. Seine Synthese geht von einer Verbindung mit zwei Carbonatgruppen aus, welche durch eine Kohlenwasserstoffeinheit ($-CH_2CH_2-$) miteinander verbunden sind; an jeder Seite des Moleküls befinden sich zudem Gruppen mit Doppelbindungen. Diese beiden Gruppen ermöglichen eine *radikalische Polymerisation* – eine Gruppe verbindet die Bausteine zu langen Ketten, die andere sorgt für die Verknüpfung der Ketten untereinander. Durch die Vernetzung wird das Polymer besonders fest. Es eignet sich hervorragend zur Herstellung von Brillen-»gläsern«, denn es hat einen höheren Brechungsindex als Mineralglas. Die Linse lässt sich deshalb dünner schleifen, und sie ist sehr leicht – ideal für alle, deren starke Sehfehler früher durch dicke Linsen ausgeglichen werden mussten, wodurch die archetypischen »Glotzaugen« des bebrillten »Professors« zustande kommen.

Vielleicht hilft Polycarbonat auf diese Weise, das Image des Naturwissenschaftlers, besonders des Chemikers, aufzufrischen. Junge Leute könnten sich wieder für ein Chemiestudium begeistern – und zweifellos wird der Bedarf an Chemikern im eben begonnenen Jahrhundert immens sein, wenn die Menschheit tatsächlich versuchen muss, ihren Wohlstand auf nachwachsende Rohstoffe zu gründen.

Chemie im Alltag

Angeklagt und freigesprochen: Phosphate

Phosphate genossen kein großes Ansehen. Viele Kampagnen gaben ihnen die Schuld an der Verschmutzung von Flüssen, Seen und Binnenmeeren. (Wenig gefährlich sind Phosphate dagegen für die Weltmeere, wo sie rasch in die Nahrungskette eingehen und schließlich auf den Grund absinken.) Ein kleinerer Teil dieser Phosphate stammte aus synthetischen Düngemitteln und kommunalen Abwässern, der größere jedoch aus Wasch-, Reinigungs- und Geschirrspülmitteln.

Natrium-tripolyphosphat (NaTPP), einst der Hauptinhaltsstoff der Reinigungsmittel, macht durch den Einschluss von Calcium das Waschwasser weich und hält die aus Textilien oder von Oberflächen entfernten Schmutzteilchen in der Waschlauge. Einige Waschpulver enthielten bis zu einem Drittel Phosphat. In den achtziger Jahren setzten die Waschmittelhersteller den Phosphatgehalt ihrer Produkte drastisch herab, manche sogar so konsequent, dass sie ihr Erzeugnis als »phosphatfrei« anpreisen konnten. Die Bemühungen der Umweltschützer ließen phosphathaltige Reinigungsmittel in vielen Teilen Europas völlig aus den Regalen der Supermärkte verschwinden – einzig die für Geschirrspülmaschinen verwendeten Pulver bauen noch immer auf NaTPP.

Der Ärger beginnt, wenn NaTPP in die Kanalisation gelangt und sich mit den Phosphaten aus Sanitäranlagen und Industrieabwässern vereinigt. Durch konventionelle Abwasserbehandlungsverfahren wurde nur ein geringer Teil dieses Phosphats entfernt, der Rest landete in den Flüssen. Viele Städte und Gemeinden investierten in eine Verbesserung der Kläranlagen, um mehr Phosphat aus den Abwässern zu eliminieren. Das mag theoretisch kein unsinniges Vorhaben sein, aber es kostet viel Geld. Neue Technologien der Abwasserbehandlung ermöglichen das Recycling von Phosphaten – man kann bereits Reinigungsmittel finden, die sich damit brüsten, (recyceltes) Phosphat zu enthalten. Eines Tages waschen

Liebe, Licht und Lippenstift. John Emsley

ISBN 978-3-527-31638-0

wir vielleicht sogar unser Geschirr wieder mit Hilfe von Phosphaten ab, die aus Abwässern zurückgewonnen wurden, halten unseren Geflügelsalat mit solchem Phosphat keimfrei (siehe unten) oder finden es in einer frisch eingekauften Flasche Cola (siehe Kapitel eins).

In vergangenen Jahren waren Flüsse wie der Rhein oder Binnengewässer wie die Großen Seen in Nordamerika von der Eutrophierung betroffen. Trotzdem ist Phosphat vielleicht nicht so umweltschädlich, wie damals angenommen wurde. So lautet die Schlussfolgerung aus *The Phosphate Report*, verfasst von Bryn Jones, einem früheren Kopf von Greenpeace, und Dr. Bob Wilson. Die beiden Autoren nahmen einen vollständigen Öko-Audit von NaTPP vor und verglichen diese Verbindung mit ihrer Alternative, dem Zeolith, einem als umweltfreundlich angesehenen Alumosilicat. Der Bericht untersucht sämtliche Lebensstadien der beiden Produkte und berücksichtigt alle umweltrelevanten Kosten und Vorgänge vom Abbau der Rohstoffe über die industrielle Herstellung, deren Energiebedarf, die Transportkosten, die Verwendung durch den Verbraucher und schließlich die Umweltbelastung. Keiner der beiden Stoffe, weder das verachtete Phosphat noch der gepriesene Zeolith, ist dem anderen vorzuziehen – so das Ergebnis der Untersuchung. Es ist gut möglich, dass die Entscheidung im nächsten Jahrhundert wieder zugunsten der Phosphate fällt, falls bis dahin die Methoden der Abwasserbehandlung hinreichend verbessert wurden.

In Schweden werden die Phosphate bereits aktiv gefördert, und in den Niederlanden gewinnt man Abfallphosphat als Calciumphosphat zurück, welches sich – wie ein Chemieunternehmen zeigte – wieder in NaTPP überführen lässt. Die Phosphatregeneration aus Abwasser hat außerdem andere Vorteile – beispielsweise werden gleichzeitig Schwermetalle wie Cadmium und Chrom aus dem Wasser entfernt, wodurch sich der zurückbleibende Klärschlamm problemlos als Dünger in der Landwirtschaft verwenden lässt.

Der überwiegende Teil des in der Erdkruste enthaltenen Phosphats liegt in Form riesiger Vorkommen von Calciumphosphat vor, einem Mineral, aus dem schon seit über 150 Jahren Düngemittel hergestellt werden. Ursprünglich verwendete man zu diesem Zweck Knochenmehl (auch das ist Calciumphosphat), das heutzutage nur noch in geringem Umfang von Gärtnern und im »organischen« Landbau eingesetzt wird. Die meisten Kulturen düngt man jetzt mit Calcium-Superphosphat, einer löslicheren Form, die durch Behandlung von Phosphatgestein mit Schwefelsäure entsteht.

Einige Phosphate aus Reinigungsmitteln sind mittlerweile in neuem Gewand wieder aufgetaucht. Trinatriumphosphat, viele Jahre lang wunderwirkender Inhaltsstoff eines Haushaltsreinigers, wird jetzt zur Entfernung gefährlicher Lebensmittelkeime von frisch geschlachteten Hühnchen verwendet: Durch das Besprühen der Tierkörper mit einer Lösung von Natriumphosphat wird die fetthaltige Oberflächenschicht abgespült, die Keime wie Salmonellen enthält und die Haftung dieser Mikroorganismen am Fleisch ermöglicht. 1992 wurde dieses Verfahren von der US-Zulassungsbehörde FDA genehmigt. Nicht wenige der Tausende von Fällen der Lebensmittelvergiftung durch Salmonellen, die täglich auftreten, lassen sich auf infiziertes Geflügelfleisch zurückführen, und viele davon könnten mit Hilfe von ein wenig Phosphat verhindert werden. (In Deutschland sind die Anforderungen an die Schlachthygiene so hoch, dass man sowohl auf den Einsatz von Phosphaten als auch auf alternative Methoden wie etwa eine Bestrahlung der Tierkörper mittlerweile vollkommen verzichtet.)

Kristallklar und sagenumwoben: Glas

In unserem modernen Haushalt besteht vieles aus Glas: Trinkgefäße, Geschirr, verschiedene Behältnisse. Einer der vielen Vorteile dieses Materials ist, dass man es leicht reinigen und mit kochendem Wasser sterilisieren kann; in der Regel ist Glas für unsere Zwecke hinreichend stoßfest, und man muss beim Abwaschen nicht allzu sehr aufpassen, dass nichts in Scherben geht. Anders war es in vergangenen Zeiten: Glas, das Zerbrechliche, Gefährliche, war besonderen Anlässen vorbehalten. Vielleicht wäre dies nicht nötig gewesen, wenn nicht einen frühen Erfinder eines gehärteten Glases ein trauriges Schicksal ereilt hätte. Seinen Namen kennen wir nicht. Wir wissen nur, dass er ein Zeitgenosse von Jesus Christus gewesen sein muss und sich, voller Stolz auf seine Idee, mit der Unzerbrechlichkeit seines Glases brüstete. Die Kunde von dieser bemerkenswerten Erfindung drang bis an den Hof von Tiberius, dem Imperator des römischen Reichs von 14 bis 37 n. Chr.

Die Regentschaft des Tiberius wurde durch politische Skandale um seinen obersten Diener Sejanus, den Präfekten der Prätorianer, getrübt. Der Imperator selbst war für seine perversen (pädophilen) sexuellen Neigungen berüchtigt, denen er sich in seinem Palast auf Capri hingab. Ungeachtet seiner geringen Popularität regierte Tiberius in einer Zeit großen Wohlstands – zumindest für die Bürger Roms, wenn auch nicht für ihre Gefolgsleute und Sklaven. Beweise für diesen Reichtum sind heute noch erhalten, nämlich Gegenstände aus Glas: Einige der unbeschädigt gebliebenen Gefäße gehören zu den schönsten je gefertigten gläsernen Kunstwerken, wie beispielsweise die aus blauen und weißen Schichten bestehende Portland-Vase, die sich im Besitz des Britischen Museums befindet. Eben diese Vase wurde 1845 von einem Jugendlichen mit Absicht zerschlagen, aber zweimal peinlich genau wieder zusammengefügt – und der Erfolg war die Mühe wert, denn die handwerkliche und künstlerische Qualität dieses Stückes sind tatsächlich überwältigend.

Das römische Glas zerbrach, wie die meisten historischen Gläser, sehr leicht. Vor der Erfindung des Pyrex-Glases bekam der Kaiserlich-Römische Hof nur eine einzige Ausnahme zu Gesicht, eine wunderschöne durchsichtige Vase, die der schon erwähnte unerschrockene Glasmacher dem Imperator brachte. Der Handwerker warf seine Vase auf den Boden, und zum Erstaunen der Anwesenden zersplitterte sie nicht. Die Zuschauer waren fassungslos, manche auch erschrocken, und andere äußerten den Verdacht, Zauberei sei im Spiel. Der Imperator ließ sich nicht aus der Ruhe bringen und befragte den Glasmacher nach seinem wunderbaren neuen Material: Woraus war es hergestellt, wer kannte außerdem das Geheimnis seiner Fertigung? Der Handwerksmann antwortete, das Glas sei aus Martiolum gemacht, und er allein wisse um das Mysterium der Herstellung. Sofort ordnete der Imperator die Hinrichtung des Mannes an, dessen Geheimnis mit ihm starb, und befahl, die Werkstatt zu zerstören – Entscheidungen, die er aus seiner Sicht völlig verständlich mit dem Wert der Glaskunstwerke und Tafelgeräte im Besitz des kaiserlichen Palasts erklärte. Diese Motive erinnern uns an diejenigen der Bekämpfung des Mannes im weißen Mantel im oben angesprochenen Film von 1951.

Plinius und Petronius, die Geschichtsschreiber des Altertums, die uns von dem eben erzählten Ereignis berichten, nannten das Glas *vitrium flexibilis* (biegsames Glas) und behaupten, es sei aus Martiolum gemacht gewesen, einem Material, das uns heute unbekannt ist. Vielleicht können wir seine Natur erraten – ich vermute, es handelte sich um eine Art Natriumborat, eine komplexe Verbindung aus Natrium, Bor und Sauerstoff. Dies ist auch der wichtigste Inhaltsstoff von Borosilicat- oder Pyrex-Glas, der das Material sehr schlagfest und widerstandfähig gegen plötzliche Temperaturänderungen oder den Angriff von Chemikalien macht. Die Boratkomponente ist dabei essenziell, denn sie kann durch eine besondere Art der chemischen Bindung sprunghafte Energieänderungen absorbieren.

Erfunden – oder wiederentdeckt, falls meine Theorie richtig ist – wurde das Pyrex-Glas 1880 in Deutschland von Otto Schott, Carl Zeiss und Ernst Abbé. Die Corning Glass Company brachte 1912 das feuerfeste Pyrex-Glas auf den Markt, das die Haushalte im Sturm eroberte und bis heute das wichtigste Material für chemische Laborgefäße ist. Normales, nicht gehärtetes Glas stellt man aus Sand (Siliciumdioxid), Kalk (Calciumcarbonat) und Soda (Natriumcarbonat) her. Es besteht typischerweise aus 70 Prozent Siliciumoxid, 15 Prozent Natriumoxid, zehn Prozent Calciumoxid und fünf Prozent anderen Oxiden. Der Zusatz von ein wenig Natriumborat ändert die Eigenschaften des Produktes jedoch grundlegend. Borosilicatglas erhält man, wenn Boroxid etwa zehn Prozent des Materials ausmacht.

Sollte unser unbekannter Glasmacher auf eine Art Pyrex-Glas gestoßen sein? Eines ist sicher: Wenn die Berichte über die bruchfeste Vase den Tatsachen entsprechen, muss er der Glasschmelze Borat zugegeben haben, denn kein anderes Element als Bor kann Glas diese Widerstandsfähigkeit gegenüber mechanischen und thermischen Schocks verleihen. Vielleicht verwendete der Mann Borax, das häufigste natürliche Natriumborat-Mineral. Aber woher hatte er es?

Die einzige Quelle von Borax war im Altertum das ferne Tibet, wo das Mineral aus dem südlich von Lhasa gelegenen See Yamdok Cho auskristallisiert. Von dort aus wurde der Stoff bis zum Ende des achtzehnten Jahrhunderts in den Nahen Osten und nach Europa exportiert. Goldschmiede benutzten das Salz als Flussmittel, aber die Mengen, die diese Entfernung zurücklegen mussten, waren so gering, dass sich das Geschäft durchaus lohnte. Es gibt keinen Beweis dafür, dass auch griechische und römische Goldschmiede Borax zu diesem Zweck verwendeten; obwohl schriftliche Aufzeichnungen aus dem alten Babylonien, Ägypten und Rom Hinweise auf Borax enthalten, wissen wir nicht, ob es sich dabei tatsächlich um Natriumborat oder um ein anderes Salz handelte. Möglicherweise war ein Teil davon Borax, und unser unerschrockener Handwerker mag ein bisschen davon in die Hände bekommen haben. Vielleicht ist er sogar auf eine eigene Quelle gestoßen.

Den Römern damals unbekannt waren die großen Boraxvorkommen innerhalb der Grenzen ihres eigenen Reiches, zum Beispiel in Kleinasien (der Türkei), heutzutage eines der wichtigsten Exportländer des Minerals. Rom noch viel näher liegt ein anderer Fundort, Maremma in der Toskana. Dort wurde das Salz im neunzehnten Jahrhundert abgebaut, und Italien war bis 1850 30 Jahre lang der größte Boraxhersteller weltweit. Vorstellbar ist, dass unser Glasmacher mit Borsäure experimentiert hat, die er vielleicht in der Umgebung der Fumarolen (Heißdampfquellen) bei Maremma sammelte und die sich, wenn man sie einer Glasschmelze zugibt, ähnlich verhält wie Borax. Er nannte seinen Stoff Martiolum, möglicherweise nach dem Fundort – ein weiterer Hinweis darauf, dass es sich in der Tat um eine borhaltige Verbindung aus der Region Maremma gehandelt haben kann.

Leider nahm der frühe Glaschemiker sein Geheimnis mit ins Grab, und die Welt musste nahezu zweitausend Jahre warten, bis andere auf die Idee kamen, mit Borax in Glasschmelzen zu experimentieren. Hätte Tiberius dem Handwerker einen angemessenen Forschungsetat zur Verfügung gestellt, um weitere Entdeckungen zu fördern, dann wäre vielleicht die Kaiserlich-Römische Pyrex-Fabrik gegründet worden und ein Industriezweig entstanden, der nicht nur Wohlstand hätte schaffen, sondern Teilen der Bevölkerung auch zu mehr Gesundheit hätte verhelfen können. Die Römer der oberen Schichten verwendeten damals Tischgerät und Pokale aus bleihaltigen Zinnlegierungen, welche, so nimmt man an, zum Niedergang Roms beigetragen haben: Sie erhöhten den Bleigehalt der Nahrung so stark, dass die Fruchtbarkeit beeinträchtigt worden sein kann. In Kapitel acht werden wir diese Theorie noch einmal aufgreifen.

Selbst wenn die Römer eine bruchfeste Glasart entwickelt hätten – diese hätte ihren Haushalt nicht so stark verändert, wie neuartige Materialien es in unserem Jahrhundert vollbracht haben.

Kommentar des Autors: Glas entwickelt sich schnell zu einer der meistverwendeten Baumaterialien, da Solarzellen in das Glas integriert werden können. So lassen sich die Wände von Gebäuden zur Stromerzeugung nutzen. Bei einigen Bürogebäuden kann damit der gesamte Stromverbrauch der darin arbeitenden Menschen gedeckt werden. Doch damit nicht genug, Fensterglas kann sich dank einer ultradünnen (50 Nanometer dünnen) Beschichtung mit Titandioxid mittlerweile selbst reinigen. Die Schicht wird dabei mit dem Glas verbunden, solang es sich noch im geschmolzenen Zustand befindet. Das Titandioxid absorbiert das Sonnenlicht und erzeugt dann aus dem Luftsauerstoff reaktive Moleküle, die jeden organischen Schmutz in Kohlendioxid verwandelt. Außerdem läuft das Regenwasser besser an der beschichteten Scheibe herunter, so dass anderweitige Schmutzpartikel einfach mitgeschwemmt werden.

Element des Himmels: Zirconium

Vielleicht haben Sie, wenn Sie dieses Kapitel lesen, Zirconium-Hydroxychlorid unter Ihren Achseln – insbesondere, wenn Sie ein Deodorant verwenden. (Das trifft laut Angabe verschiedener Hersteller der Kosmetikbranche auf Deutschland allerdings nicht zu: Zirconiumhaltige Deos werden hier momentan nicht produziert.) Zirconium-Hydroxychlorid, eine recht ausgefallene Verbindung, enthält ein weitgehend unbekanntes Element, dessen Bedeutung zunimmt.

Mit der Jahreszahl 1789 verbindet man spontan den Beginn der Französischen Revolution. Aber in diesem Jahr fand in Deutschland ein anderes Ereignis statt, und zwar eines, das unser Leben im nächsten Jahrhundert entscheidend verändern wird. Es handelte sich um die Entdeckung des Elementes Zirconium, eines der ungefährlichsten aller chemischen Elemente. Produkte, die Zirconium enthalten, begegnen uns im täglichen Leben in allerlei ungewöhnlicher Gestalt – als Keramikbesteck, Diamantimitation und neuartige Farben. Auch in der Industrie wurden interessante Anwendungsmöglichkeiten des Zirconiums erschlossen, besonders für sein »Zirconerde« genanntes Oxid, das erst oberhalb von 2500 Grad Celsius schmilzt.

Der Chemiker Martin Heinrich Klaproth (1743–1817) entdeckte Zirconium in Halbedelsteinen aus Ceylon. Klaproth begann sich nach einer Apothekerlehre für die analytische Chemie zu interessieren und wurde schließlich, als er sechzig Jahre alt war, zum ersten Professor für Chemie der Universität Berlin berufen. Uran entdeckte der Chemiker im gleichen Jahr wie Zirconium. Wie wir noch sehen werden, sind die späteren Schicksale der beiden Elemente miteinander verflochten.

Zirconiumhaltige Edelsteine waren schon zu biblischer Zeit unter den Namen Hyacinth, Jacinth, Jargon und Zircon bekannt. Die farblosen Varietäten hielt man für minderwertige Diamanten. dass dies nicht richtig war, zeigte Klaproth, indem er einen Zircon durch Erhitzen mit Lauge zersetzte und aus dem Reaktionsprodukt ein neues Oxid isolierte, das er Zirconerde (Zirconia) nannte und korrekterweise einem neuen Element, Zirconium, zuordnete. Der Name leitet sich vom arabischen *zargúm*, »goldfarben«, ab.

Klaproth konnte das Metall nicht in reiner Form darstellen und erlebte leider auch nicht mehr, dass dies einem Kollegen gelang. Der Erfolgreiche war 1824 Jöns Jacob Berzelius. Eine Verwendung für das Element wurde in den darauf folgenden 120 Jahren jedoch nicht gefunden: Das Metall selbst wurde kommerziell nicht verwertet, und von seinen Verbindungen kannte man keinerlei bemerkenswerte Eigenschaften. Die verborgenen Werte des Elements kamen erst in den vierziger Jahren unseres Jahrhunderts schlagartig zum Vorschein, als es erstmals gelang, Kernenergie freizusetzen: Zirconium erwies sich als ideales Material für die Innenauskleidung von Kernreaktoren – weder korrodiert es bei hohen Temperaturen, noch absorbiert es die im Reaktor gebildeten Neutronen, die andere Metalle in gefährliche radioaktive Isotope verwandeln würden. Noch heute ist die Atomkraftwerksindustrie der wichtigste Abnehmer der 7000 jährlich gewonnen Tonnen Zirconiummetall.

Zirconium ist kein besonders seltenes Element: Es kommt fast dreimal so häufig vor wie Kupfer und zehnmal so häufig wie Blei, und die Erdkruste birgt 80 Mal so viel Zirconium wie Zinn. Riesige Vorkommen von Zircon (Zirconiumsilicat) und Zirconerde (Zirconiumdioxid) lagern in Australien, Südafrika, Indien und den USA. Weltweit werden mittlerweile fast 25 000 Tonnen reine Zirconerde pro Jahr hergestellt, das als Ausgangsmaterial für die verschiedenartigsten Verbindungen – vom Deodorant bis zur Brillantimitation (Zirkonia) dient.

Glücklicherweise geht vom Zirconium keinerlei biologische Gefahr aus, weder für die Gesundheit des Menschen noch für dessen Umwelt. Ganz im Gegenteil: Nicht wenige Unternehmen stellen ihre Produktion auf Zirconiumverbindungen als sichere Alternativen um. Selbst die winzigsten Mengen Blei, die man manchen Farben noch zugibt, um die Trocknung zu verbessern, werden durch Zirconiumsalze ersetzt. Die Papier- und Verpackungsindustrie schätzt Zirconiumverbindungen aufgrund ihrer Festigkeit und wasserabweisenden Eigenschaften zur Beschichtung von Oberflächen. Von keinesfalls geringerer Bedeutung ist die Ungiftigkeit dieser Verbindungen: Zirconiumcarbonat ist sogar zur Behandlung von Einwickelpapier für Lebensmittel zugelassen. Das bereits erwähnte Zirconium-Hydroxychlorid ersetzt schrittweise die früher als Antitranspirant in Deorollern verwendeten Aluminiumverbindungen.

Jährlich werden über 600 000 Tonnen Zirconsand abgebaut. Das Mineral selbst dient zur hitzebeständigen Auskleidung von Öfen und zur Herstellung riesiger Schöpfkellen für Metallschmelzen. Hohe Temperaturen greifen das Mineral nicht an, das sich bei Erwärmung auch nicht ausdehnt. Die zweifellos beeindruckendste Anwendung von Zirconium in Form seines Dioxids sind jedoch superfeste Keramikwerkstoffe, die ursprünglich als Materialien für Motoren von Panzerfahrzeugen entwickelt wurden, welche ohne Schmiermittel und Kühlsystem auskommen können. Aus diesen Forschungsarbeiten ging eine ganze Generation harter, hitzebeständiger Keramiksorten hervor, die fester sind als jedes Metall. In Japan werden diese Werkstoffe zu Hochgeschwindigkeits-Schneidwerkzeugen für die Industrie, zu Messern, Scheren und Golfschlägern für den einheimischen Markt verarbeitet. Nicht zuletzt schützt uns Zirconerde vor schädlicher Röntgenstrahlung aus Fernsehbildschirmen.

Kommentar des Autors: Zirconiumsalze schienen einer großen Zukunft als Ersatz für Aluminiumsalze entgegenzusehen, die im Verdacht standen, die Alzheimer-Erkrankung hervorzurufen. In Deodorants wurden Aluminium- gegen Zirconiumsalze ausgetauscht, doch dann wurde das Aluminium vom krankmachenden Verdacht freigesprochen. Eigentlich hätte die Karriere der Zirconiumsalze damit beendet sein können, doch sie erwiesen sich als deutlich hautfreundlicher und werden immer häufiger in Achseldeodorants eingesetzt.

Das Metall Zirconium ist heute ein wichtiger Bestandteil in Legierungen – es härtet den Stahl und verbessert seine Bearbeitbarkeit. 1998 wurde die weltgrößte Fertigungseinheit aus rostfreiem Stahl von einer petrochemischen Firma bei Houston, Texas, aufgestellt. Sie misst 3 m im Durchmesser, ist 50 m hoch und kostete 6 Millionen US-Dollar. Die Einheit besteht aus einer Zirconiumlegierung und wird dank dieses Metalls eine über 30-jährige Lebensdauer haben.

Der Feldzug gegen die Keime: Quartäre Ammoniumsalze (Quats)

Quartäre Ammoniumsalze enthalten ein positiv geladenes Stickstoffatom, das mit einer langen Kohlenwasserstoffkette verknüpft ist; diese Kette kann die Membran eines Bakteriums durchstoßen und der Zelle das Lebenslicht auspusten.

Eine chemische Verbindung, mit der man Bakterien bekämpfen will, muss sich erstens an der Zellwand festsetzen, zweitens die Wand durchdringen und drittens im Inneren der Zelle so viel Schaden anrichten, dass die Mikrobe abstirbt oder sich wenigstens nicht mehr vermehren kann. Nach diesen Kriterien muss man Bausteine mit verschiedenen Strukturmerkmalen auswählen und zum gewünschten Molekül zusammenfügen. Eine alternative Methode, Bakterien zu töten, ist folgende: Das Molekül durchlöchert die Zellwand, und der Inhalt der Zelle läuft aus. Noch wartet das perfekte Desinfektionsmittel auf seine Entdeckung, aber *quartäre Ammoniumsalze,* so genannte Quats, kommen der Erfüllung der Wünsche schon sehr nahe.

Quats entsprechen der ersten oben genannten Forderung: Durch ihre positive Nettoladung werden sie von der (negativ geladenen) Außenseite bakterieller Membranen angezogen. Dabei verdrängen sie andere dort angelagerte positive Ionen, etwa Calcium und Natrium, was den Zellstoffwechsel vielleicht geringfügig behindert, das Bakterium jedoch bei weitem nicht tötet. Haben sich die Quats aber einmal festgesetzt, so durchlöchern sie die Membran. Zellflüssigkeit und Organellen dringen nach außen – das ist das Ende der Mikrobe. Der wirksame Baustein der Quats ist die Kohlenstoffkette, die wie ein Schwert in die Membran sticht und irreparable Schäden anrichtet. Um ihren Zweck zu erfüllen, muss die Kette mindestens 30 Nanometer lang sein.

Den Ausgangspunkt für die Erforschung antibakterieller Quats setzte der deutsche Biochemiker Gerhard Domagk (1895–1964) durch seine Arbeiten über Sulfonamide, die zu den ersten erfolgreichen Antibiotika gehörten. Die Stickstoffatome dieser aminartigen Verbindungen können leicht positiv geladen werden. Domagk interessierte sich auch für andere Verbindungen und beobachtete, dass eine antibakterielle Wirkung nur gegeben war, wenn mit dem Stickstoffatom Kohlenwasserstoffketten (zwischen 8 und 18 C-Atome lang) verknüpft waren. Viele derartige Verbindungen wurden untersucht. Nur wenigen war kommerzieller Erfolg vergönnt.

Die besten Quats – jene, die sich auch langfristig behaupten konnten – sind Benzalkoniumchlorid und Cetrimid, die beide in den 1960er-Jahren auf den Markt kamen. Benzalkoniumchlorid verbirgt sich hinter zahlreichen Markennamen (Sephiran, Germinol, Sagrotan). Im Zentrum des Moleküls befindet sich ein Stickstoffatom, verknüpft mit zwei Methyl- (CH_3^-) und einer Benzylgruppe (einer Methylgruppe, an die ein Benzolring gebunden ist). Der vierte Substituent des Stickstoffatoms ist besagte Kohlenwasserstoffkette mit einer Länge von 8 bis 18 Kohlenstoffatomen. Wie der Name der Verbindung besagt, ist das Gegenion ein Chlorid-Ion Cl^-. Benzalkoniumchlorid ist hervorragend wasserlöslich, was für die Anwendung als Desinfektionsmittel unerlässlich ist.

Als Cetrimid bezeichnet man eine Mischung verschiedener quartärer Ammoniumsalze. Mit den Stickstoffatomen sind je drei Methylgruppen und eine Kohlenwasserstoffkette (12, 14 oder 16 C) verknüpft. Der 1946 erstmals hergestellte Wirkstoff wird noch heute in verschiedenen Hautsalben verwendet, er fördert bemerkenswert die Wundheilung.

Sind Epidemien ausgebrochen, so wünscht man sich, alle häufig angefassten Flächen im öffentlichen Bereich – Türklinken, Schalter, Ladentische, Stuhllehnen, Speisekarten und so weiter – können antiseptisch ausgerüstet werden. Dazu müsste man spezielle Quats so an Oberflächen anlagern, dass diese dauerhaft bakterizid wirken. Mit solchen Materialien wird bereits experimentiert, und die genannten Verwendungen liegen vielleicht nicht mehr allzu weit in der Zukunft.

Immungeschwächte oder unter starken Verbrennungen leidende Patienten werden von Bakterien angegriffen, die einem gesunden Menschen kaum Schaden zufügen können. Man isoliert die Betroffenen auf Intensivstationen, um das Risiko von Sekundärinfektionen zu minimieren. Ungeachtet aller Bemühungen von Ärzten und Pflegepersonal fallen einzelne Patienten aber immer wieder antibiotikaresistenten Bakterienstämmen, so genannten Superkeimen, zum Opfer. 1996 konnte man in der Zeitschrift *Annals of Internal Medicine* nachlesen, dass solche Keime auf der Arbeitskleidung des Personals lange Zeit überleben können und wahrscheinlich auch auf diesem Weg übertragen werden. Dass Textilien mit verschiedenen, direkt an die Fasern gebundenen Chemikalien (Farbstoffe, UV-Filter, Flammschutzmittel) für spezielle Zwecke ausgerüstet werden können, ist bekannt. Warum sollte man mit bioziden Verbindungen nicht ebenso verfahren können? In der Vergangenheit hat man Gewebe bereits mit antibakteriellen Substanzen behandelt. Die Wirkung hielt allerdings nicht lange an, da der Wirkstoff nur wenige Waschgänge überstand. Erst vor kurzer Zeit wurde ein Verfahren entwickelt, biozide Stoffe permanent in das Gewebe einzubauen, sodass der gewünschte Effekt auch nach vielen Wäschen erhalten bleibt.

In den frühen 1970er-Jahren brachte das US-amerikanische Chemieunternehmen Dow die erste Faser mit dauerhaft gebundenen Quat-Molekülen auf den Markt. Um unangenehme Gerüche zu unterbinden, verwendete man diese Gewebe verbreitet in Japan, China und anderen asiatischen Ländern.

Eine Gruppe von Chemikern am Massachusetts Institut of Technology (USA) fand kürzlich einen Weg, Quats mit Oberflächen aller Art – Glas, Polyethylen, Polypropylen, Nylon und Polyester – zu verknüpfen. Die Produkte erwiesen sich als keimtötend.

Inzwischen ist es anderen amerikanischen Chemikern gelungen, Quats an Materialen auf Kohlenhydratbasis (Baumwollgewebe, Holz, Papier) zu binden. Die Kohlenwasserstoffkette der Quats ist 16 Kohlenstoffatome lang. Man kann sich gut vorstellen, dass aus solchen Rohmaterialien zukünftig Arbeitskleidung für Mediziner (etwa OP-Kittel) angefertigt werden könnte. Beim Waschen werden die Quats nicht abgespalten, und die Stoffe verhinderten im Laborversuch Vermehrung und Verbreitung vieler Bakterienstämme.

Das deutsche Unternehmen Degussa entwickelte ein Polymer auf der Grundlage von Polyaminen, das aktiv gegen eine ganze Reihe von Bakterien (darunter *E. coli* und *Staphylococcus aureus*), Hefen, Pilzen und Algen wirkt. Ungewöhnlich ist, dass nur das Polymer antimikrobielle Eigenschaften aufweist, die monomeren Bausteine hingegen nicht. Im Makromolekül sind die partiell negativ geladenen Aminogruppen an einer Kette aufgereiht und stechen aus der Polymerhelix hervor. Diese geladenen Polymerketten greifen jeden Mikroorganismus an, mit dem sie in Kontakt kommen. Grampositive und gramnegative Bakterien werden gleichermaßen effektiv vernichtet wie Schimmel, Hefen und Algen. Denkbare Anwendungsgebiete für solche Polymere sind Holzschutzmittel, fäulnishemmende Unterwasseranstriche für Schiffe, Anlagen zur Nahrungsmittelherstellung und zur Wasserbehandlung sowie Mittel zur Konservierung historischer Gegenstände.

Peng! Sie leben noch! Natriumazid

Den ästhetischen Beitrag von Alleen zur Gestalt der Landschaft mögen Sie eher kritisch bewerten, wenn Sie Ihr Auto gegen einen Baum gefahren haben. Wenn Sie aber aus dem Wrack klettern, wissen Sie vielleicht die Vorzüge der letzten Verbindung zu schätzen, die wir in diesem Kapitel besprechen wollen. Natriumazid hat etwas Bedrohliches an sich, zweifellos: Es ist sehr giftig und explosiv. Aber wenn seine Zeit kommt, kann es Ihr Leben retten.

Das moderne Auto ist ein Triumph der Ingenieure, nicht zuletzt aufgrund der Sicherheitssysteme, die das Leben der Insassen im Falle eines Unglücks schützen: Stoßdämpfer und Stoßstangen, gepolsterte Armaturenbretter, Seitenaufprallschutz, Kopfstützen, Sicherheitsgurte, Antiblockiersystem, verstärkte Dachkonstruktionen ... Trotz alledem sterben Menschen bei Autounfällen; am höchsten ist das Risiko für Fahrer und Beifahrer. Die US-Behörde für Sicherheit im Straßenverkehr gibt an, dass 20 000 Passagiere auf den Vordersitzen von Autos jährlich getötet werden und 300 000 weitere Verletzungen davontragen, die einer stationären Behandlung bedürfen.

Einige dieser Leben kann man retten, indem man ungefähr ein halbes Pfund Natriumazid, der gefährlichen Chemikalie, mit ins Auto packt und bei einem Aufprall explodieren lässt – um die Airbags aufzublasen. Dadurch entstehen Kissen, die die Köpfe der vorne sitzenden Passagiere auffangen und davor bewahren, gegen das Lenkrad, das Armaturenbrett oder die Windschutzscheibe geschleudert zu werden. Allein in den USA haben Airbags bisher 1200 Todesfälle verhindert – andererseits aber auch 50 Passagieren das Genick gebrochen. Die meisten der letztgenannten Opfer hätten die anderen erlittenen Verletzungen ohnehin nicht überlebt. Fast alle Neuwagen werden heutzutage mit Fahrer- und Beifahrerairbag ausgerüstet, einige neuerdings sogar mit Seitenairbags, um die Passagiere bei Zusammenstößen von der Seite zu schützen. Letztere verschulden rund ein Drittel der Unfalltoten.

Der Airbag wurde bereits in den fünfziger Jahren patentiert; damals war vorgesehen, ihn mit Hilfe eines Gases aus einem Druckbehälter aufzublasen. Diese Technologie war jedoch unzuverlässig, da das Verhalten des Kanisters und der Druck des Gases darin nicht genau vorhergesagt werden konnten, und setzte sich nicht durch. Die Lösung war Natriumazid, bei dessen Explosion große Mengen von Gasen freiwerden – und eine bestimmte Menge Natriumazid erzeugt ohne Verzögerung eine exakt berechenbare Menge Stickstoff.

Im Detail funktioniert ein Airbag folgendermaßen. Stellen Sie sich vor, sie sitzen in Ihrem Auto und stoßen mit einem anderen Fahrzeug oder harten Gegenstand zusammen. Liegt die Aufprallgeschwindigkeit über 15 km/h, so spricht ein elektronischer Sensor an und sendet ein Signal zu einer Steuereinheit, die entscheidet, ob der Airbag entfaltet wird. Diese Steuereinheit kann an der Front des Fahrerhauses, im Fußbereich oder im Airbag selbst installiert sein. Der Sensor analysiert das Bremsverhalten des Autos und kann damit zwischen einen lebensbedrohlichen Unfall und einem leichten Stoß unterscheiden. Im ersteren Fall aktiviert er einen Zünder (eine Art Knallfrosch), der das Natriumazid zur Explosion bringt. Dadurch entsteht eine große Gasmenge, die während des Einströmens in die Nylonhülle gefiltert wird. Das Kissen fängt Fahrer und Beifahrer ab, wenn sie nach vorne geschleudert werden, und bewahrt sie so vor tödlichen Verletzungen. Die Analyse des Aufpralls und die Entfaltung des Airbags dauern insgesamt nur 25 Tausendstel Sekunden, das ist ein Fünftel der Dauer eines Lidschlages. Einige Millisekunden später trifft der Passagier auf das Kissen, das sofort zu erschlaffen beginnt, da das heiße Gas durch ein Ventil an der Seite hinausgeleitet wird.

In den USA fasst ein Fahrer-Airbag 70 Liter Gas, ein Beifahrer-Airbag nahezu das Doppelte, da der auszufüllende Raum größer ist. Die Airbags sind so groß, weil sie auch Personen schützen müssen, die nicht angeschnallt sind. In Europa ist das Anlegen des Sicherheitsgurtes vorgeschrieben, daher kommt man hier mit kleineren Airbags aus (rund 30 Liter Inhalt auf der Fahrerseite), die allen voran Kopf und Nacken vor Verletzungen bewahren sollen.

Die Chemikalienmischung, die der Airbag enthält (der Treibsatz), besteht aus Natriumazid, Kaliumnitrat und Siliciumdioxid. Die chemische Reaktionskette beginnt mit der Entzündung einer kleinen Menge Natriumazid durch einen elektrischen Impuls. Dabei steigt die Temperatur lokal auf 300 Grad Celsius an, was zur raschen Zersetzung der Hauptmenge an Natriumazid führt. Bei der Verbrennung dieser Verbindung entsteht geschmolzenes metallisches Natrium und Stickstoffgas. Das Natrium reagiert mit dem Kaliumnitrat, wobei weiterer Stickstoff freigesetzt und Kalium- und Natriumoxide gebildet werden, welche sich umgehend mit dem Siliciumdioxid zu ungefährlichem Silicatglas verbinden. Nur Stickstoff gelangt in die Kissen.

Natriumazid (NaN_3), ein weißes, kristallines Pulver, setzt sich aus positiv geladenen Natrium- und negativ geladenen Azid-Ionen zusammen. Für die Wirkung ist das Azid-Ion verantwortlich. Diese merkwürdige chemische Einheit besteht aus drei miteinander verknüpften Stickstoffatomen. Es mag nicht überraschen, dass das Azid-Ion jede Chance nutzen möchte, um sich in das stabilere Stickstoffmolekül (N_2) zu verwandeln. Erfolgt dies im Labor, so bleibt metallisches Natrium zurück – in der Tat ist das ein Weg zur Darstellung hochreinen Natriums für Forschungszwecke.

Industriell stellt man Natriumazid aus Natriumamid und Lachgas (N_2O) her. Seine Anwendungsgebiete gehen weit über den Airbag hinaus. So kann man es zu Stickstoffwasserstoffsäure (HN_3) umsetzen und diese weiter zu Salzen wie Bleiazid, einem Sprengstoff. Natriumazid ist hochgiftig und wurde in der Landwirtschaft zur Bekämpfung von Nematoden, Unkraut und Fäulnis eingesetzt. Auch für den Menschen ist das Salz gefährlich, gefährlicher sogar als Cyanid (Cyankali). Das Einatmen des Staubes führt zu schweren Irritationen von Nase, Kehlkopf und Lungen. Als Stoffwechselgift hemmt Natriumazid Enzyme wie die Cytochromoxidase und die Katalase und schädigt das kardiovaskuläre System, wodurch es zu Bluthochdruck, Atmungsproblemen, Herzrhythmusstörungen, Hypothermie, Krämpfen und möglicherweise zum Tod kommt.

Zweifellos wäre es besser, auf Natriumazid zu verzichten. In Europa und Asien sind auch andere Explosivstoffe wie Aminotetrazole und Aminoguanidinnitrat zur Gaserzeugung für Airbags im Einsatz. Bei der Verbrennung der genannten Stoffe entstehen zwar geringe Mengen Kohlenmonoxid, die aber für die Insassen des Autos keine Gefahr bedeuten, wenn die Gase aus dem aufgeblasenen Kissen ausströmen.

Airbags lösen ein Problem, aber sie schaffen ein neues: das ihrer Entsorgung bei der Verschrottung des Autos. Wohin mit dem knappen halben Pfund Chemikalien des Treibsatzes? Eine Möglichkeit, diesen unschädlich zu machen, ist die kontrollierte Verbrennung, aber eine andere Idee ist besser: Bei Oxidation des Explosivstoffes mit überkritischem Wasser (siehe Abschnitt 8 in Kapitel 6) bilden sich ausschließlich harmlose Gase wie Stickstoff und Kohlendioxid.

Natürlich kann man das Problem der Entsorgung auch umgehen, indem man eine andere Gasquelle benutzt. Hier kommt man wieder auf die Frühzeit des Airbags zurück und erwägt, einen Behälter mit komprimiertem Gas (beispielsweise Argon) an das Kissen anzuschließen. In diesen so genannten »Hybrid-Airbags« wird das Argon durch einen kleinen Treibsatz schnell erhitzt, dadurch der Behälter gesprengt, und das Gas kann in die Nylonhülle ausströmen. In vielen Autos wird der kompaktere Azid-Airbag für den Fahrer in das Lenkrad eingebaut, auf der Beifahrerseite, wo unter dem Armaturenbrett mehr Platz zur Verfügung steht, montiert man einen Hybrid-Airbag.

Den Treibsatz kann man sich völlig sparen, wenn man eine explosive Mischung in den Druckbehälter füllt, beispielsweise Wasserstoff/Luft oder Butan/Lachgas. Bei der Entzündung durch einen Funken explodieren diese Gemische und füllen das Kissen – schneller als im Fall eines Azid-Treibsatzes, was besonders für Seitenairbags, die weniger Platz zur Entfaltung haben, ein Vorteil ist.

Populäre Ängste im Zusammenhang mit dem Airbag sind, dass man durch den Knall ertauben oder, bewusstlos in das Kissen gedrückt, ersticken könnte. Beide Befürchtungen sind unbegründet. Die meisten Leute, die in einen Unfall verwickelt waren, bei dem sich der Airbag entfaltete, überhörten den Knall im allgemeinen Lärm des Zusammenstoßes völlig. Die Erstickungsgefahr ist dadurch gebannt, dass das Kissen innerhalb einer Sekunde, nachdem Ihr Gesicht es berührt hat, zu erschlaffen beginnt.

Etwa die Hälfte der Personen, die einen Unfall erlebt haben, bei dem der Airbag in Aktion trat, erlitten andere, allerdings im allgemeinen leichte Verletzungen. Einige besonders Unglückliche tragen Gehirnerschütterungen und Brüche als Folge des Aufpralls davon. Susan Ferguson vom Versicherungsinstitut der Highway Safety, Arlington (Virginia), stellte auf der Konferenz »Airbag 2000« im November 1996 in Karlsruhe eine sehr sorgfältige Analyse der von Airbags verschuldeten Todesfälle vor. Die Opfer waren überwiegend Babys, Kleinkinder und ältere Passagiere, die zu nah am Lenkrad gesessen hatten, wodurch ihre Köpfe im Moment der Explosion der Airbags gewaltsam nach hinten geschleudert wurden. Babys in Kindersitzen, die mit dem Rücken zur Fahrtrichtung auf den Vordersitzen installiert sind, sind am meisten gefährdet. (Diese Anordnung ist in Autos mit Beifahrerairbag zumindest in Deutschland generell verboten.) Ein Airbag, der sich schnell füllt, kann einem Opfer den Todesstoß versetzen, wenn er in einem ungünstigen Winkel auftrifft. Auf dem Parkplatz eines Einkaufszentrums in Idaho wurde 1996 ein kleines Mädchen, das in einem Kindersitz mit Blick zu Fahrtrichtung angeschnallt war, förmlich enthauptet, als seine Mutter gegen ein parkendes Auto fuhr und der Airbag ansprach. Der Schrecken eines solchen Unglücks mag den Nutzen des Airbags generell in Frage stellen – aber vielleicht müssen einige wenige Unglückliche diesen hohen Preis zahlen, damit alle anderen besser geschützt sind und viele Leben gerettet werden können.

Gesundes Leben

Cholesterin

Jeder Mensch hat eine ganz beträchtliche Menge Cholesterin im Blut, und das hat einen guten Grund: Cholesterin ist eine essenzielle chemische Substanz, die der Körper braucht, um ordnungsgemäß zu funktionieren. Nur ein kleiner Teil des Cholesterins wird mit der Nahrung aufgenommen, den größten Teil produziert der Körper selbst. Dennoch ist es nicht gut, wenn der Cholesterinspiegel zu hoch ist. Die Veranlagung dafür kann erblich bedingt sein; ungefähr 25 von 10 000 Menschen sind davon betroffen. Diese Patienten müssen ständig unter ärztlicher Beobachtung bleiben, denn sie sind stark herzinfarktgefährdet. Ihre Cholesterinaufnahme muss daher streng überwacht werden. Der Rest der Bevölkerung ist vergleichsweise besser dran (was allerdings denjenigen wenig Trost gibt, die glauben, nur durch Vermeiden von Cholesterin könne das Herzinfarktrisiko unter Kontrolle gehalten werden). Ein zu hoher Cholesterinspiegel kann unter diätetischer Überwachung gesenkt werden, was im allgemeinen bedeutet, dass die betreffenden Patienten angehalten werden, weniger Fett und mehr Ballaststoffe zu essen, und zwar insbesondere lösliche Ballaststoffe. Auch Alkohol kann – maßvoll genossen – die Cholesterinwerte senken (diese Art der Therapie wird von Patienten meist gern angewandt).

Cholesterin ist kein lebensbedrohendes Gift, sondern vielmehr ein mittelgroßes Molekül, das ein unverzichtbarer Baustein für viele Organe des Körpers ist. Insbesondere ist es ein unentbehrlicher Bestandteil von Zellmembranen. Außerdem stabilisiert es die Zellen gegen Temperaturschwankungen. Im Gehirn, im Rückenmark und in den peripheren Nerven finden sich größere Mengen Cholesterin; dort ist es ebenfalls bevorzugt in den Zellmembranen anzutreffen, aber auch in der Myelinschicht, die die Nervenzellen vom umliegenden Gewebe trennt. Daneben ist Cholesterin eine Vorstufe in der Biosynthese von wichtigen Hormonen – sowohl dem weiblichen Sexualhormon Östradiol wie auch dem männlichen Testosteron

Liebe, Licht und Lippenstift. John Emsley

ISBN 978-3-527-31638-0

– und von Vitamin D, das für die Aufnahme von Calcium zum Aufbau von Knochenmasse benötigt wird. Zwar ist nahezu jede Art von Körpergewebe in der Lage, Cholesterin zu produzieren, doch tragen Leber und Verdauungstrakt den Hauptanteil bei. Cholesterin ist eine Vorstufe des Gallensekrets, das benötigt wird, um Fette zu verdauen. Sein Name leitet sich übrigens von den griechischen Bezeichnungen für Galle *(cholos)* und starres Fett, Talg *(stear)* ab.

Auch wenn Cholesterin ein lebensnotwendiger Stoff ist, kann ein Zuviel schädlich sein. Dann kann es nämlich Ablagerungen in den Arterien bilden und deren Durchmesser verengen. Dieser Prozess kann bis zum Verschluss der Blutgefäße führen. Und schlimmer noch: wenn sich ein solcher Pfropf löst, kann er mit dem Blutstrom an eine andere Stelle geschwemmt werden, dort eine lebenswichtige Arterie blockieren und dadurch die Blutzufuhr beispielsweise des Herzens oder des Gehirns unterbrechen. Die Folge kann ein Herzinfarkt oder ein Schlaganfall sein.

Die Ursachen, die heute für einen überdurchschnittlich hohen Cholesterinspiegel genannt werden, sind vielfältig: am wichtigsten sind erbliche Faktoren, danach folgen hoher Blutdruck, Stress, Rauchen, Übergewicht, Kaffee* und schließlich eine überhöhte Cholesterinzufuhr mit der Nahrung. Den zuerst genannten Faktor können wir nicht beeinflussen, er ist in unseren Genen festgeschrieben. Auch beruflicher und privater Stress lassen sich nicht immer ausschalten. Doch kann man das Rauchen aufgeben, und oft gelingt es auch, mittels einer Umstellung der Ernährungsgewohnheiten das Gewicht zu reduzieren. Der Effekt einer Gewichtsabnahme auf den Cholesterinspiegel ist deutlich größer als der einer ausgesprochen cholesterinarmen Ernährung. Der Zusammenhang zwischen Cholesterin in der Nahrung und Cholesterin im Blut ist nämlich keineswegs so direkt, wie es auf den ersten Blick scheint. Ein zu hoher Cholesterinspiegel kann schließlich auch mit Hilfe von Medikamenten gesenkt werden. Allerdings wäre für viele Menschen, die diese Medikamente nehmen, eine Schlankheitskur die wirksamere Therapie.

Dennoch hat sich bei den meisten Menschen die Auffassung festgesetzt, Cholesterin sei grundsätzlich schlecht. Das überrascht nicht, treten doch bei Menschen mit zu hohen Cholesterinwerten nachweislich mehr Herzkrankheiten auf als beim übrigen Teil der Bevölkerung. Die scheinbar zwingende Schlussfolgerung, cholesterinhaltige Nahrungsmittel seien zu meiden, ist aber unzutreffend. Das auf diesem Wege aufgenommene

* Dieser Effekt tritt aber nur bei Kaffee auf, der über eine längere Zeit auf einer Heizplatte warmgehalten wurde.

Cholesterin liefert nur einen äußerst geringen Beitrag. Der Cholesterinspiegel wird vielmehr von den Fetten und Ölen in der Nahrung in die Höhe getrieben. Wie kommt das?

Je mehr Fett verdaut werden soll, um so mehr Gallensäuren werden benötigt, und um so mehr Cholesterin muss der Körper für deren Produktion bereitstellen. Gallensäuren bewirken, dass sich Fett und Wasser zu einer Emulsion verbinden, was eine wichtige Voraussetzung dafür ist, dass die fettverdauenden Enzyme angreifen können. Wenn aber die Gallensäuren ihre Aufgabe im Verdauungstrakt erledigt haben, werden sie nicht ausgeschieden, sondern wieder aufgenommen und in ihren Ausgangsstoff – nämlich Cholesterin – zerlegt. Dieses sammelt sich im Blutkreislauf an und wartet dort auf den nächsten Einsatz (sofern es nicht zwischenzeitlich in der Leber wieder abgebaut wird). Und nicht genug damit. Fette erhöhen auch noch auf eine andere Weise den Cholesterinspiegel: Sie selbst sind die nötigen Vorstufen für den Aufbau von Cholesterin.

Aufgrund der Nachfrage der Verbraucher bieten viele Nahrungsmittelhersteller cholesterinfreie oder cholesterinarme Lebensmittel an, aber ist das wirklich notwendig? Cholesterin selbst verursacht weder Herzinfarkt noch hohen Blutdruck. Der Körper produziert pro Tag etwa ein Gramm Cholesterin, und das ist mindestens viermal mehr, als bei noch so einseitiger Ernährung (mit vielen Eiern, viel Sahne und anderen »Cholesterinbomben«) aus der Nahrung aufgenommen werden könnte. Es ist ein so wichtiger Stoff, dass der Körper eines Erwachsenen insgesamt etwa 150 Gramm enthält: das ist ein ganzes Weinglas voll. In einer Mischkost mit Eiern, Fleisch, Fisch und Milchprodukten sind etwa ein halbes Gramm pro Tag enthalten. Wie viel der Körper davon aufnimmt (bei weitem nicht alles!), hängt entscheidend von den weiteren Bestandteilen der Nahrung ab. Vieles spricht dafür, dass lösliche Ballaststoffe die Aufnahme des Cholesterins behindern.

Wie hoch soll aber der Cholesterinspiegel nun eigentlich sein? In den USA wird ein Idealwert von 200 Milligramm pro 100 Milliliter Blut empfohlen. In Europa ist 5,2 die magische Zahl für den Cholesterinspiegel, der hier in Millimol pro Liter Blut gemessen wird.* Beide Zahlen bedeuten ziemlich genau dasselbe. Weil Cholesterin ein Molekül ist, das fast nur aus

* Falls Sie nachrechnen möchten: Ein Millimol Cholesterin wiegt 386 Milligramm, ein Mol also 386 Gramm. Wenn Sie die Massen aller Atome zusammenzählen, die in der chemischen Formel des Cholesterins enthalten sind (die nicht gezeichneten Wasserstoffatome nicht vergessen), erhalten Sie ebendiesen Wert.

Kohlenstoff und Wasserstoff besteht, sind seine kohlenwasserstoffartigen Eigenschaften recht ausgeprägt. So ist es in Wasser unlöslich. Und doch muss es mit dem Blutstrom transportiert werden. Zu diesem Zweck lagert es sich mit so genannten Lipoproteinen zusammen. Das sind Moleküle, die einen Fett- und einen Proteinteil haben und in wässrigen Lösungen kleine Kügelchen bilden. Dabei sind die wasserlöslichen Protein-Teile nach außen, die wasserunlöslichen Fett-Teile ins Innere der Kügelchen gerichtet. Im Inneren dieser Kügelchen ist genug Platz für Cholesterin-Moleküle, die in diesem wasserabstoßenden Milieu eine geeignete Umgebung finden und von den Lipoprotein-Kügelchen überallhin transportiert werden. Es gibt zwei Sorten von Lipoproteinen. Am häufigsten sind die so genannten Lipoproteine niedriger Dichte (low density lipoproteins, LDL). Diese haben die unangenehme Eigenschaft, Ablagerungen an den Gefäßwänden bilden zu können. Die andere Sorte, die Lipoproteine hoher Dichte (high density lipoproteins, HDL), sind weitaus weniger gefährlich. Man hält sie im Gegenteil für nützlich, denn sie können derartige Ablagerungen wieder auflösen und das Cholesterin zurück zur Leber transportieren.

Bei Menschen mit einem erblich bedingt erhöhten Cholesterinspiegel erreicht dieser Werte von 300 mg (8 mmol), in schweren Fällen bis zu 800 mg (20 mmol). Die Ursache liegt in einer Funktionsstörung der Rezeptoren in der Leber, welche überschüssiges Cholesterin aus dem Blutkreislauf entfernen und abbauen. Zusätzlich zu einer kontrollierten Ernährung brauchen diese Menschen eine Behandlung mit Medikamenten.

Im Rahmen einer solchen Behandlung können zwei Typen von Wirkstoffen eingesetzt werden. Der eine bindet Cholesterin im Verdauungstrakt noch wesentlich effektiver als lösliche Ballaststoffe und verhindert so, dass es aufgenommen wird. Ein Nachteil ist, dass der Patient Tag für Tag größere Mengen davon zu sich nehmen muss (bis über 50 Gramm). Entscheidend ist aber nicht, dass während dieser Behandlung kein Cholesterin mit der Nahrung aufgenommen wird, sondern ein Folgeeffekt: Der vollständige Entzug des Cholesterins aus dem Verdauungstrakt stimuliert den Körper, mehr Gallensekret zu produzieren, wodurch Cholesterin dem Blutkreislauf entzogen wird. Bei Medikamenten dieser Art kann es sich z. B. um modifizierte Formen von Holzcellulose handeln; solche Präparate können eine Senkung des Cholesterinspiegels um bis zu 33 % innerhalb von zwei Wochen bewirken. Ein besonders wirksames Medikament ist HPMC (kurz für Hydroxypropylmethylcellulose). Es wurde ursprünglich von Dow Chemicals als Verdickungsmittel für Cremes und Kuchen entwickelt.

Mehr durch Zufall entdeckte man bei der für die Zulassung erforderlichen klinischen Prüfung, dass es den Cholesterinspiegel, und insbesondere den LDL-Spiegel, um bis zu 50 % absenken kann.

Die andere Gruppe von Wirkstoffen hemmt die Produktion körpereigenen Cholesterins. Mit anderen Worten, derartige Medikamente können den Cholesterin-Nachschub schlagartig abstellen. Sie sind bei Ärzten und Patienten so beliebt, dass sich ihr Marktvolumen weltweit auf über eine Milliarde Dollar jährlich beläuft, mit stark steigender Tendenz. Die gängigsten Wirkstoffe, die von einem in bestimmten Pilzen vorkommenden Naturstoff abgeleitet sind, heißen Lovastatin und Mevastatin. Ihre Wirkungsweise beruht darauf, dass sie ein Enzym blockieren, welches für die Produktion von Mevalonsäure benötigt wird. Dieses Molekül ist seinerseits eine Vorstufe von Cholesterin. Auf diese Weise kann der Cholesterinspiegel um bis zu 50 % reduziert werden.*

Allerdings braucht man solche Medikamente nur dann, wenn ein hoher Cholesterinspiegel erblich bedingt ist. Alle anderen Patienten können ohne großen Aufwand den gewünschten Erfolg erzielen, indem sie Ihre Ernährung auf weniger Fett und mehr Ballaststoffe umstellen. Darüber hinaus gibt es einige Nahrungsmittel, die den Cholesterinspiegel aktiv senken können, etwa Knoblauch, Alkohol, Hafer und rote Bohnen. Die beiden letztgenannten enthalten größere Mengen an löslichen Ballaststoffen, und wenn man sie regelmäßig zu sich nimmt, kann dadurch der Cholesterinspiegel um 10 % gesenkt werden. Wie bereits erwähnt, hilft es dagegen wenig, cholesterinreiche Nahrungsmittel zu verbannen und z. B. auf Eier und Milchprodukte zu verzichten, zumal sich Cholesterin auch dort verbirgt, wo kaum jemand es vermutet. So enthält ein Kilo mageres Hühnerfleisch davon immerhin so viel wie ein halbes Pfund Butter. In Tabelle 2 ist der Cholesteringehalt einiger verbreiteter Lebensmittel aufgeführt, doch von keinem braucht aus diesem Grund abgeraten zu werden. Und der geringe Effekt cholesterinreicher Nahrungsmittel kann durch die Kombination mit löslichen Ballaststoffen nochmals verringert werden.**

* Auf die Leber wirken diese Wirkstoffe allerdings schwach giftig.

** Vielleicht werden zukünftige Generationen von Köchen Gerichte erfinden, in denen beide Aspekte auf neue, raffinierte Art kombiniert sind: Da Kaviar viel Cholesterin enthält und rote Bohnen viele lösliche Ballaststoffe, läge es also nahe, diese beiden in einem Gericht zusammenzubringen – schaudern Sie nicht, die Haute Cuisine hat schon merkwürdigere Schöpfungen kreiert.

Tabelle 2 Der Cholesteringehalt einiger Nahrungsmittel (in Gramm pro 100 Gramm Nahrungsmittel).

Nahrungsmittel	**Cholesteringehalt**
Hirn	3,10
Eigelb	1,26
Nieren	0,70
Kaviar	0,50
Butter	0,23
Huhn	0,07
Cheddarkäse	0,07
Fisch	0,05
Brot	0
Gemüse	0
Obst	0
Margarine	0

Im Gegenteil, eine streng cholesterinarme Diät kann auch Risiken bergen, wie im Jahre 1992 die Auswertung einer breit angelegten Untersuchung in Schweden ergab. Gunnar Lindbergh vom Zentrum für medizinische Forschung in Karlstad hatte die Patientendaten von 50 000 Männern und Frauen aus Värmland (das ist eine schwedische Provinz) über 20 Jahre verfolgt. Das Ergebnis bestätigte nicht unbedingt die Erwartungen: Bei den Männern unterschied sich die Sterblichkeit der Gruppe mit niedrigen Cholesterinwerten nicht allzu sehr von der der Gruppe mit hohen Werten. Die Sterblichkeit durch Herzkrankheiten war zwar merklich geringer, doch dieser Effekt wurde durch eine höhere Sterblichkeit aus anderen Gründen teilweise wieder ausgeglichen. Interessanterweise fand man bei Frauen keinen entsprechenden Zusammenhang.

Wenig Fett, viele Ballaststoffe: das ist die Formel, die man bei der Zusammenstellung der Ernährung beachten sollte. Viele Schlankheitskuren folgen demselben Prinzip, und da man heutzutage einen Zusammenhang zwischen Übergewicht, hohem Cholesterinspiegel und Herzkrankheiten erkennen kann, ist die oben genannte Regel richtig, auch wenn sie ursprünglich aus falschen Gründen formuliert wurde. Am Ende dieses Kapitels werde ich zeigen, wie man mit ein wenig Kenntnis der Chemie die wirksamste Schlankheitskur der Welt zusammenstellen kann – und zugleich die ödeste.

Kommentar des Autors: Als ich Mitte der neunziger Jahre dieses Kapitel schrieb, waren die cholesterinsenkenden Medikamente Lovastatin und Mevastatin erst wenige Jahre auf dem Markt, wurden aber bereits in großer Zahl verschrieben. Heute gibt es zahlreiche andere »Statine«, die so effektiv und unbedenklich sind, dass sie in vielen Ländern rezeptfrei erhältlich sind. Es waren jedoch nicht alle Statine erfolgreich und das Medikament Cerivastatin musste 2001 sogar vom Markt genommen werden, als die Einnahme mit 31 Todesfällen in Verbindung gebracht wurde. Andere Statine, wie etwa Atorvastatin, Fluvastatin, Pravastatin, Rosuvastatin und Simvastatin haben inzwischen seinen Platz eingenommen. Sie alle wirken durch die Störung eines Enzyms, das die Leber zur Bildung von Cholesterin benötigt.

Der Körper produziert Cholesterin als Baustein für Zellmembranen und um Nahrungsfette verdauen zu können, doch es kann auch eine Gefahr für die Gesundheit darstellen. Deshalb ist es nach wie vor empfehlenswert, den Fettgehalt unseres Essens zu reduzieren.

Eine andere Aufgabe des Naturstoffs wurde kürzlich von Forschern des Southwestern Medical Centers der Universität Texas, USA, entdeckt. Sie berichteten 2005, dass Cholesterin an der Zusammenlagerung von Eiweißmolekülen beteiligt ist, mit denen sich Zellen untereinander verständigen können.

Schutz des Ungeborenen: Folsäure

Folsäure findet sich in Pflanzen, Tieren und Mikroorganismen wie Pilzen und Hefezellen – in Gras ebenso wie in Schmetterlingsflügeln oder Fischschuppen. Auch für den menschlichen Stoffwechsel ist die Verbindung unentbehrlich – schon für den Fötus im Mutterleib, der sich ohne diese Säure besonders in den ersten Wochen der Schwangerschaft nicht richtig entwickeln kann: Ein Folsäuremangel kann zum so genannten »offenen Rücken« (Spina bifida) führen. Babys mit Spina bifida haben ein offenliegendes Rückenmark, dessen Schädigung eine Lähmung der Beine zur Folge haben kann. Die Krankheit lässt sich bereits während der Schwangerschaft durch den Nachweis eines abnormen Proteins im Fruchtwasser oder durch Ultraschall diagnostizieren – für die Mutter kann dies ein Grund sein, die Schwangerschaft abzubrechen. Leider erkennt man nicht alle diese Fälle frühzeitig, so dass auch Kinder mit Spina bifida auf die Welt kommen. Allerdings kann ihnen die moderne Chirurgie unter Umständen durchaus zu einem erfüllten Leben verhelfen.

Ein ausreichend hoher Folsäuregehalt der Nahrung der Schwangeren kann das Auftreten eines offenen Rückens verhindern. Das Kind bezieht die für seine Entwicklung unerlässliche Säure aus der mütterlichen Leber, und die werdende Mutter kann für eine ständige Auffüllung der Vorräte sorgen. Besonders reich an Folsäure sind Leber (200 ppm), Rosenkohl (100 ppm), Spinat (90 ppm), Brokkoli (65 ppm), Orangen (50 ppm), außerdem Spargel, Linsen, weiße Bohnen, Erdnüsse, Pilze, Hefe und Kleie. Inzwischen werden auch manche Brotsorten, Cornflakes und Kleieflocken mit Folsäure (bis zu 250 ppm) angereichert. Die ergiebigsten Quellen sind zweifellos Fleisch- und Hefeextrakte (über 1000 ppm).

Von den vielfältigen Auswirkungen der Folsäure auf unseren Organismus sind einige bisher noch nicht aufgeklärt, zum Beispiel der nachgewiesene Einfluss auf die Schmerzempfindlichkeit. Wir brauchen die Verbindung für die Synthese von Nucleinsäuren, für Wachstum und Blutbildung. Ein Folsäuremangel hemmt die Produktion von Antikörpern. Früher nannte man die Säure auch Vitamin M; inzwischen weiß man, dass sie zur Vitamin-B-Gruppe zählt. Die wichtigste Aufgabe der Folsäure besteht ohne Zweifel in der Mithilfe bei der Synthese anderer Moleküle – ihr Spezialgebiet ist die Beisteuerung einer einzelnen Kohlenstoffeinheit: Emsig sammelt die Säure solche Bausteine aus anderen Quellen ein und gibt sie, wenn benötigt, an Zellkomponenten wie die DNA oder Aminosäuren wie Methionin weiter.

In der Leber können wir einen Folsäurespeicher anlegen, der allerdings schnell erschöpft ist, wenn wir schwanger oder alt sind oder an Durchfall leiden und den Vorrat nicht aus der Nahrung ergänzen. Folsäure können wir auch von manchen Bakterien beziehen, die in unseren inneren Organen leben und die Verbindung herstellen. Diese winzigen Mengen decken unseren Bedarf allerdings nur teilweise. Durch Messung der Folsäurekonzentration in den roten Blutkörperchen oder im Blutplasma kann man Rückschlüsse auf die Vorräte des Körpers ziehen. Ein Mangel an der Verbindung führt zur megaloblastischen Anämie, von der schätzungsweise ein Viertel aller Schwangeren betroffen ist. Zum Schutz ihres Babys braucht jede Frau einen ausreichenden Folsäurevorrat, sobald sie empfangen hat – auch wenn sie noch nicht einmal weiß, dass sie schwanger ist. Von den Neuralrohrdefekten des Kindes, die durch einen Mangelzustand hervorgerufen werden können, ist der eingangs erwähnte offene Rücken der häufigste. Ärzte raten Frauen, die schwanger werden möchten, zusätzlich Folsäurepräparate einzunehmen; man kann sie in Apotheken kaufen, und sie enthalten die empfohlene tägliche Wirkstoffdosis von 400 Mikrogramm. Frauen im gebärfähigen Alter können diese Dosis natürlich auch aus der Nahrung beziehen, vorausgesetzt, sie stellen diese bewusst zusammen. In der Leber wird ein Vorrat angelegt, der gut und gerne einige Wochen lang reicht, wenn der Speiseplan vorübergehend zuwenig Folsäure enthält.

Aus ihren molekularen Bausteinen – Glutaminsäure, *p*-Amino-benzoesäure und Pteridin – stellt man Folsäure im Labor her. Die reine Verbindung wächst in dunkelgelben Kristallen aus warmem Wasser; durch kochendes Wasser wird sie zerstört, ebenso durch Licht. So überrascht es nicht, dass viel von dem in unseren Nahrungsmitteln enthaltenen Vitamin beim Garen verloren geht, und leider sind es die folsäurereichsten Gemüsesorten, die wir in der Regel am längsten kochen: Spinat, Blumenkohl, Rosenkohl. Idealerweise sollte dieses Gemüse nur knapp gegart werden.

Folsäure gehört zu den Vitaminen. Das bedeutet, sie ist eine lebenswichtige Verbindung, die wir aus unserem Essen beziehen müssen. Andere Lebewesen, zum Beispiel Bakterien, können ihren Folsäurebedarf vollständig aus eigener Herstellung decken und bieten uns damit einen Angriffspunkt: Die ersten bekannten Antibiotika, die Sulfonamide, blockieren ein Enzym, das die Folsäuresynthese der Bakterien hemmt, so dass die Mikroorganismen sich nur noch langsam vermehren können – auf diese Weise gewinnt das menschliche Immunsystem Zeit zur Produktion von Antikörpern und zur Abwehr der Angreifer.

Die Rolle der Folsäure bei der Vorbeugung gegen Neurahlrohrdefekte wurde 1983 von Richard Smithells, University of Leeds (England), erkannt. Es folgte eine groß angelegte Studie an 1800 Frauen, die bereits ein an Spina bifida leidendes Baby geboren hatten und sich ein weiteres Kind wünschten. Sie alle erhielten Vitaminpräparate, die Hälfte von ihnen Folsäure. 1200 Frauen brachten im Anschluss noch ein Kind zur Welt. Ein 1991 veröffentlichter Bericht besagt, dass darunter in 27 Fällen ein offener Rücken auftrat; 21 von diesen Kindern wurden von denjenigen Frauen geboren, denen keine Folsäure verabreicht worden war.

Folsäuregaben allein reichen nicht aus, um das Auftreten von Spina bifida vollständig zu verhindern. So lautet die Schlussfolgerung einer Forschungsgruppe vom Trinity College, Dublin (Irland), die 1993 in der Zeitschrift *Quarterly Journal of Medicine* über eine Studie an 56 000 schwangeren Frauen berichtete. Laut Aussage von Ann Molloy, einer beteiligten Ärztin, sind sowohl ein Mangel an Folsäure als auch an Vitamin B_{12} Risikofaktoren. Molloy plädierte dafür, die Nahrung mit beiden Vitaminen und nicht, wie bisher, nur mit Folsäure zu ergänzen. Das Team vertrat auch die Ansicht, dass die empfohlene tägliche Dosis beider Vitamine zu niedrig angesetzt ist. Damals riet die Weltgesundheitsorganisation WHO noch zu einer Aufnahme von 200 Mikrogramm Folsäure am Tag. In den Studien an werdenden Müttern wurden jedoch Dosen von 500 Mikrogramm täglich verabreicht, und heute lautet die Empfehlung auf mindestens 400 Mikrogramm. Jede junge Frau sollte versuchen, dieser Empfehlung nachzukommen.

Das fehlende Kettenglied: Zink

Manche Ernährungsberater sind der Ansicht, der moderne westliche Speiseplan enthalte zu wenig Zink. Tatsächlich verbreitet sich die Erkenntnis, dass wir wahrscheinlicher an Zink- als an Eisenmangel leiden können. So ist es durchaus denkbar, dass unsere Frühstücksflocken zukünftig auch mit Zink angereichert werden. Zwei wichtige Aufgaben übernimmt Zink in unserem Körper: Zum einen ist es in vielen Enzymen – bekannt sind über hundert Arten – enthalten, und zum anderen ist es Bestandteil von den anscheinend noch vielfältigeren Proteinen, die als so genannte Transkriptionsfaktoren wirken. (Unter Transkription versteht man den Prozess der Synthese der RNA nach einem DNA-Muster.)

Die Rolle von Zink als Baustein, in den meisten Fällen Herzstück, von Enzymen war die erste Aufgabe des Metalls, die man herausfand. Es handelt sich insbesondere um Enzyme, die Wachstum, Entwicklung, Lebensdauer und Fruchtbarkeit regulieren; aus diesem Grund äußert sich ein Zinkmangel bei Menschen, die in Teilen der Welt Leben, wo der Boden zinkarm ist (besonders im Mittleren Osten und in Ägypten), in Symptomen wie Minderwuchs.

Die Bedeutung des Zinks für das Enzymsystem wurde bereits im frühen zwanzigsten Jahrhundert entdeckt. Erst 1968 wurden jedoch die ersten Fälle von Zinkmangel bekannt: Ein 21 Jahre alter männlicher Patient gab Dr. Ananda Prasad im Iran Rätsel auf, denn er hatte das Gewicht und die Sexualentwicklung eines zehnjährigen Jungen. Er ernährte sich hauptsächlich von ungesäuertem Brot, Milch und Kartoffeln. Dieses Beispiel blieb nicht das einzige; Prasad fand weitere ähnliche Fälle von Minderwuchs. Dem Arzt waren Zinkmangel und dessen Auswirkungen auf Tiere bekannt, und so riet er, dass sein Patient ebenfalls unter dieser Mangelerscheinung litt, obwohl desgleichen bis dahin noch nie bei Menschen diagnostiziert worden war. Prasad zog später nach Ägypten und untersuchte das Problem dort eingehender; seine Studienobjekte waren junge Männer, die aufgrund ihrer geringen Körpergröße vom Militärdienst befreit worden waren. Mit Hilfe von Doppelblindversuchen mit Zinksulfat oder einem Placebo zeigte Prasad, dass ein zu geringer Zinkgehalt der Nahrung tatsächlich die Ursache des Krankheitsbildes war, und veröffentlichte seine Ergebnisse 1972. Er wurde die weltweit anerkannte Autorität auf dem Gebiet des Zinkstoffwechsels und schrieb ein Buch, *The Biochemistry of Zinc*, das maßgebliche Werk zu diesem Thema. Der Band enthält auch eine Beschreibung der möglicherweise genetisch bedingten Krankheit Akrodermatitis enteropathica, die lange Zeit tödlich für alle Babys war, die damit auf die Welt kamen; heute behandelt man sie mit Zinkgaben.

Für die meisten Menschen ist eine regelmäßige ausreichende Zinkzufuhr kein Problem. Ein durchschnittlicher Erwachsener enthält etwa 2,5 Gramm Zink, vor allem im Muskelgewebe, und nimmt täglich fünf bis 40 Milligramm zu sich; die genaue Menge hängt generell von der Vorliebe für Fleisch ab. Männer sollten etwa 7,5 Milligramm, Frauen 5,5 Milligramm Zink am Tag aufnehmen. Besonders zinkreich sind Rind- und Lammfleisch sowie Leber, außerdem Austern, Heringe und die meisten Käsesorten. Strenge Vegetarier können ihre Dosis Zink aus Sonnenblumen- und Kürbiskernen, Bierhefe, Ahornsirup und Kleie beziehen.

Neben unserem Muskelgewebe enthalten Prostata, Nieren, Leber und besonders Sperma viel Zink. Es häufen sich die Hinweise darauf, dass sogar in den Industrieländern einige Menschen nicht genug Zink aufnehmen, womit die geringe Spermienzahl bei Männern in einigen Gegenden erklärt werden könnte. Äußerst reich an Zink sind Austern: ein Pfund davon enthält 120 Milligramm. Casanova, der berühmte Liebhaber des achtzehnten Jahrhunderts, schwelgte oft in Austern, obgleich er nicht wusste, dass er damit seinen Zinkvorrat auffüllte, der durch seine zahlreichen berüchtigten Affären gut und gerne erschöpft gewesen sein kann.

Zink spielt auch eine Rolle dafür, wie unser Körper mit Alkohol umgeht. Alkohol wird in der Leber von einem Enzym, der Alkohol-Dehydrogenase, abgebaut, dessen Zentralatom Zink ist. Übermäßiger Alkoholkonsum schädigt die Leber, und seit langem schon ist bekannt, dass eine Leberzirrhose mit abnorm niedrigen Zinkspiegeln in diesem Organ einhergeht. Ist der Schaden noch nicht zu groß, lässt er sich durch Zinkgaben beheben.

Glücklicherweise sind Zinksalze für den Menschen ungiftig und in Reformhäusern und Apotheken frei verkäuflich. Ernährungsberater empfehlen Zink häufig dann, wenn Standardbehandlungen nicht anschlagen – beispielsweise bei Anorexia nervosa (Magersucht), prämenstruellen

Tabelle 3 Der Metallgehalt von Kleie (Angaben in Milligramm).

Metall	Empfohlene tägliche Aufnahme*	100 g Kleie enthalten
Kalium	3500	1160
Magnesium	300	520
Calcium	700	110
Natrium	1600	28
Zink	7,5 / 5,5**	16
Eisen	9 / 15**	13
Kupfer	2	1

* für einen durchschnittlichen Erwachsenen
** die erste Zahl gilt für Männer, die zweite für Frauen

Depressionen, Mutterschaftsschwermut, Akne und ganz gewöhnlichen Erkältungskrankheiten. Wenn diese Krankheitsbilder durch Zinkmangel verschlimmert werden, ist bei Zinkgaben zweifellos eine Besserung zu erwarten.

Was kann der normale, gesunde Mensch tun, um vernünftige Mengen von Eisen, Zink und Magnesium zu sich zu nehmen? Sind Sie eine Frau, brauchen Sie sich nur um Eisen zu kümmern, als Mann nur um Zink. Für beide Geschlechter ist es sinnvoll, auf Großmutters Rat zu hören und den Tag mit einer Schüssel kleiehaltigen Getreides zu beginnen. Nahrungsmittel dieser Art sind aufgrund ihres Ballaststoffgehalts ohnehin empfehlenswert; dazu enthalten sie noch eine Menge nützliche Metalle, wie die obenstehende Tabelle 3 zeigt.

Kleie ist die schützende Hülle, die Hülse, die Getreidekörner umgibt. Bei der Mehlherstellung wird sie stets entfernt, denn sie besteht im Wesentlichen aus Cellulose, die wir nicht verdauen können, obwohl diese Faser uns bei der Verdauung hilft (genauer gesagt, einen regelmäßigen Stuhlgang fördert). In der Tabelle sind die empfohlenen täglichen Mengen der sieben für unseren Körper wichtigsten Metalle aufgeführt, und jeweils daneben finden Sie die Menge, die in 100 Gramm Kleie enthalten ist. Kleieprodukte streut man zum Frühstück meist auf Milchprodukte wie Quark oder Joghurt, die ihrerseits Mineralien wie Natrium und Calcium liefern – dies sichert einen ebenso gesunden wie wohlschmeckenden, nahrhaften Start in den Tag.

Kommentar des Autors: Seit der Zeit, als ich diesen Beitrag schrieb, hat die Mode, Zinkpräparate einzunehmen, nachgelassen. Stattdessen hat sich die

Aufmerksamkeit der Bevölkerung auf andere mögliche Ernährungsdefizite gerichtet, etwa auf Selen und Omega-3-Fettsäuren. Dennoch ist Zink besonders für die Stoffwechselprozesse wichtig, die eine schnelle Reaktion des Körpers erfordern. Dazu zählen Immunreaktionen, die Bildung von Blut im Knochenmark und die Reparatur der Darmschleimhaut. Kürzlich konnte dem Zink auch eine aktivierende Wirkung auf die für Geruch- und Geschmacksinn verantwortlichen Hirnregionen nachgewiesen werden.

Zink wird durch den Darm aufgenommen, doch bei vegetarischer Ernährung nimmt man üblicherweise viele Nahrungsmittel zu sich, die reich an Phytinsäure sind, wie Bohnen und Getreide. Phytinsäure verhindert die Aufnahme von Zink, da es zu Zinkphytat reagiert, das nicht vom Körper absorbiert werden kann. Etwa die Hälfte der Weltbevölkerung hat mit Zinkmangel zu kämpfen, in einigen Ländern wie Mexiko, Indonesien und Peru werden deshalb Nahrungsmittel künstlich mit Zink angereichert.

Der Zinkabbau in Bergwerken wird mittlerweile auch zur Gewinnung von Indium betrieben, das in Mengen von bis zu 1 % in Zinkerzen enthalten ist. Von diesem seltenen Element gibt es keine Erzlagerstätten, es wird jedoch für die Herstellung von Solarzellen benötigt.

Rätselhaftes Nitrat

In den 1980er-Jahren häuften sich alarmierende Meldungen über Nitrat in Trinkwasser. Nitrat verursache, so hieß es, Zyanose (»Blue-Baby-Syndrom«) bei Säuglingen, bei älteren Leuten hingegen Magenkrebs. Inzwischen scheint es, dass keine der beiden Behauptungen stichhaltig war; stattdessen hat man Hinweise darauf gefunden, dass dieser als gefährlich verdächtigte Stoff Teil der natürlichen Abwehrmechanismen unseres Körpers ist.

Alle Lebewesen benötigen Proteine. Diese bestehen aus *Aminosäuren*, welche wiederum Stickstoff enthalten. Die einzelnen Aminosäuren sind durch Peptidbindungen –NH–CO– miteinander verknüpft, es entstehen Polypeptide (wie man Proteine oder Eiweiße auch nennen kann). Stickstoff ist deshalb lebenswichtig, was unter anderem darin zum Ausdruck kommt, dass der Körper eines durchschnittlichen Erwachsenen immerhin etwa zwei Kilogramm des Elements enthält.

Auf unserem Planeten steht reichlich Stickstoff zur Verfügung – in Form des gasförmigen Elements, das rund 80 % der Atmosphäre ausmacht und als Nährstoff leider völlig nutzlos ist. Frühe Agrochemiker im 19. Jahrhundert nahmen an, Pflanzen könnten Stickstoff in irgendeiner Weise direkt aus der Luft aufnehmen. Ihre ersten Versuche mit Universaldüngern waren folgerichtig zum Scheitern verurteilt, denn diese enthielten keine physiologisch nutzbare Form des Stickstoffs. Erst nachdem man erkannt hatte, dass Pflanzen das Element nicht über die Blätter, sondern über die Wurzeln beziehen, begann man, den Boden mit Stickstoffdüngern anzureichern. Man verwendete entweder die nitratreichen Ablagerungen von Vogelmist (Guano), die sich im Laufe unzähliger Generationen auf den Pazifischen Inseln angesammelt hatten, oder Nitratminerale aus Chile.

Nur wenige Mikroorganismen und Pflanzen können Luftstickstoff »fixieren«; ihre Tätigkeit sorgt seit Jahrmillionen für die Aufrechterhaltung des ökologischen Gleichgewichts eines ganzen Planeten. Bei richtiger Planung lässt sich mit diesem Stickstoffvorrat sogar eine intensive, kontinuierliche Landwirtschaft betreiben, wobei der Bevölkerungsdichte allerdings Grenzen gesetzt sind. Von den Erträgen eines Hektars Land lassen sich, wendet man Fruchtfolgesysteme kombiniert mit »natürlichen« Düngemitteln wie Kompost, Mist, Jauche und Abwasser an, zehn Menschen (im Wesentlichen vegetarisch) ernähren. Bringt man dagegen stickstoffhaltigen »Kunstdünger« aus, so reicht die Nahrung für viermal so viele Menschen aus und ist zudem mannigfaltiger.

Eine riesige Stickstoffreserve in der Atmosphäre ständig vor Augen zu haben, ohne sie in etwas physiologisch Nützliches wie etwa Ammoniak (NH_3) überführen zu können, ließ den Chemikern des 19. Jahrhunderts keine Ruhe. Stickstoff mit Wasserstoff reagieren zu lassen gelang nicht, wie sehr man das Gemisch auch aufheizte. Dabei winkte ein hoher Preis: Als man die Reaktion im 20. Jahrhundert endlich beherrschte, sollte sie die Landwirtschaft revolutionieren und in ungeahntem Maße intensivieren.

Jahrelang hatte der deutsche Chemiker Fritz Haber an der Ammoniaksynthese gearbeitet, bis er den gangbaren Weg fand – mit Eisen als Katalysator. Der Ingenieur Carl Bosch entwickelte das großtechnische Verfahren, und am 3. Juli 1909 ging bei BASF die erste Haber-Bosch-Anlage in Betrieb. Heute werden jährlich 150 Millionen Tonnen Ammoniak weltweit auf diese Weise produziert. Der Hauptteil davon wird in Form von Düngemitteln verwendet, weshalb der künstliche Stickstoffeintrag auf landwirtschaftliche Flächen mittlerweile den natürlichen übersteigt.

Leider sah man die erste Haber-Bosch-Anlage nicht als Mittel zur Bekämpfung des Hungers auf der Welt, sondern als Ausgangspunkt für die Herstellung von Explosivstoffen, die Deutschland zur Führung des Zweiten Weltkriegs benötigte. Ammoniak wurde dazu in Salpetersäure umgewandelt, einem Rohstoff für Sprengmittel. Erst nach 1945 setzte man das Ammoniak zu Ammoniumnitrat-Düngemitteln um. Zwei Milliarden Menschen auf der Welt beziehen ihre Nahrung in der Hauptsache von damit angereicherten Böden.

Seit über 50 Jahren ist Ammoniumnitrat eines der Massenprodukte der chemischen Industrie. Trotzdem birgt die Verbindung Gefahren, die bis heute nicht endgültig beherrscht werden. Bei der Lagerung oder dem Transport großer Mengen Ammoniumnitrat drohen Explosionen. Das erste solche Großunglück fand am 21. September 1921 auf dem BASF-Gelände in Oppau statt: 4000 Tonnen Ammoniumnitrat flogen in die Luft, die Haber-Bosch-Anlage wurde zerstört, 430 Werksarbeiter und Anwohner kamen um. Am 15. April 1947 explodierte im amerikanischen Texas City ein Schiff mit 5000 Tonnen der Chemikalie; es gab 552 Tote, über 3000 Verletzte, und weite Teile der Stadt wurden verwüstet. Erst vor relativ kurzer Zeit, am 21. September 2001, tötete die Explosion von 300 Tonnen Ammoniumnitrat in Toulouse zwar »nur« 29 Menschen und verletzte 650 weitere, aber die Auswirkungen des Unfalls waren in weitem Umkreis spürbar. Die Hälfte der Fenster der Millionenstadt wurde durch die Druckwelle herausgeschleudert.

Ohne Nitrat können Pflanzen nicht leben. Indem Mikroben und andere Lebewesen die Überreste abgestorbener Pflanzen und Tiere verwerten, füllen sie den natürlichen Nitratvorrat im Boden ständig wieder auf. In Regenwasser lösen sich Stickstoffoxide, die bei Gewittern entstehen, und gelangen als Nitrat (in geringen Mengen) zur Erde. Manche Mikroorganismen können Stickstoff aus der Luft aufnehmen. Sie leben in Symbiose mit Leguminosen wie Bohnen oder Klee. Rhizome, die sich an den Wurzeln dieser Arten entwickeln, wandeln gasförmigen Stickstoff in Ammoniak um und leiten dieses – im Austausch für Kohlenhydrate – an die Pflanze weiter.

Mit Ammoniumnitrat-Düngemitteln lassen sich die Ernten verdreifachen oder vervierfachen. Es besteht jedoch die Gefahr, dass das sehr gut wasserlösliche Nitrat durch Regen aus dem Boden ausgewaschen wird und in Flüsse oder Seen gelangt. Die unmittelbare Wirkung besteht in einer Förderung des Wachstums der Wasserpflanzen, wodurch Gewässer unansehnlich werden und die Schiffbarkeit beeinträchtigt wird. Erhöhte Nitratkonzentrationen im Grundwasser belasten die Qualität des Trinkwassers. Ursprünglich wurde nitrathaltiges Trinkwasser primär als Gefahr für Säuglinge betrachtet, die mit Babynahrung gefüttert wurden, denn es kann eine ernährungsbedingte Methämoglobinämie (Comly-Syndrom,

»Blue-Baby-Syndrome«; siehe unten) verursachen. 1972 wurde durch die Vermutung, Nitrat löse Magenkrebs aus, eine umfangreiche Medienkampagne in Gang gesetzt, in deren Folge der Nitratgehalt des Trinkwassers in der EU und den USA gesetzlich beschränkt wurde. Wie weitere Nachforschungen ergaben, stammt jedoch nur ein kleiner Teil des aus dem Boden ausgewaschenen Nitrats aus Kunstdünger.

In den 1950er-Jahren wurden in der Vereinigten Staaten gehäuft Fälle von Zyanose – bläulich verfärbter Haut infolge eines Sauerstoffmangels im Blut – bei Säuglingen festgestellt. Als Ursache wurde Leitungswasser ausgemacht, das hohe Nitratkonzentrationen enthielt und zur Zubereitung der Flaschennahrung verwendet worden war. Eindeutig stellte Nitrat ein Gesundheitsrisiko dar; die WHO legte später einen ADI-Wert* von 3,65 mg pro Kilogramm Körpergewicht fest.

Als potenzieller Krebsauslöser genauer unter die Lupe genommen wurde Nitrat, nachdem 1970 eine epidemiologische Studie in Chile hohe Nitratgehalte des Trinkwassers mit dem Auftreten von Tumoren der Mundschleimhaut, der Speiseröhre und des Magen-Darm-Trakts in Zusammenhang gebracht hatte. Nachfolgende Untersuchungen in Europa und Nordamerika schienen die Resultate zunächst zu bestätigen, wenngleich sich in manchen Fällen gerade das Gegenteil ergab: Von zwanzig epidemiologischen Studien zur Verbindung zwischen Krebs und Nitrat belegten schließlich nur zwei eine positive Korrelation (höhere Nitratgehalte bedeuten höhere Krebshäufigkeit), elf überhaupt keinen und sieben einen negativen Zusammenhang (höhere Nitratgehalte bedeuten geringere Krebshäufigkeit).

Eine Gruppe von Epidemiologen um Sir Richard Doll am John Radcliffe Hospital in Oxford (England) kam in den 1980er-Jahren zu dem Schluss, der Nitratgehalt der Nahrung habe keinen Einfluss auf die Bildung von Tumoren. Auch eine Studie an Arbeitern in Düngemittelfabriken, die stark nitratbelasteten Stäuben ausgesetzt sind, ergab kein höheres Krebsrisiko. Möglicherweise wurden die frühen Untersuchungen durch unbekannte Faktoren verfälscht, etwa den natürlichen Nitratgehalt vieler Nahrungsmittel, der überhaupt nicht in Betracht gezogen worden war. 80 % des täglich aufgenommenen Nitrats stammen in der Tat aus Gemüse (besonders

* Der ADI-Wert *(Acceptable Daily Intake)* gibt die Menge eines Stoffes in Milligramm pro Kilogramm Körpergewicht an, welche ein Mensch lebenslänglich täglich verzehren kann, ohne gesundheitliche Schäden davonzutragen. (Anm. d. Übers.)

aus Kopfsalat, Spinat, Roter Bete und Sellerie), nur 20 % hingegen aus dem Trinkwasser. 100 g Sellerie enthalten 230 mg Nitrat; bei Spinat sind es 160 mg, bei Roter Bete 120 mg und bei Kopfsalat 105 mg. Natürlich nimmt man diese Gemüse normalerweise nicht in großen Mengen zu sich. In Kartoffeln, unzweifelhaft einem Hauptbestandteil unserer Ernähung, finden sich aber immerhin noch 15 mg Nitrat pro 100 g.

1985 entdeckte man, dass unser Stoffwechsel selbst täglich 70 mg Nitrat produziert, welches dem von außen zugeführten völlig identisch ist. Zellen setzen Nitrat als Reaktion auf Infektionen oder bei großer physischer Anstrengung frei, etwa beim Radfahren oder Joggen. Die Tatsache, dass der Einsatz stickstoffhaltiger Dünger von Jahr zu Jahr zunimmt, ließ sich zudem schlecht mit der allmählich abnehmenden Häufigkeit von Krebs des Verdauungstraktes vereinbaren. Ob Nitrat überhaupt Krebs auslösen kann, ist schwer nachzuweisen. Wahrscheinlich schützt die Verbindung den Körper aber vor verschiedenen pathogenen Keimen; nicht umsonst verwendete man es im 19. Jahrhundert vor der Entdeckung des Aspirins zur Behandlung von Fieber.

Diese Schutzfunktion des Nitrats beruht auf folgendem Mechanismus: Ein Teil des Nitrats (NO_3^-) aus der Nahrung wird von spezialisierten, die Zunge besiedelnden Bakterien in Nitrit (NO_2^-) umgewandelt. Im stark sauren Milieu des Magens wird aus Nitrit Stickstoffmonoxid (NO), welches pathogene Bakterien wie *Salmonella* oder *Escherichia coli* abtötet, die allein durch die Magensäure nicht unschädlich gemacht werden. Anfänglich hatte man gedacht, das gebildete Nitrit sei Krebs erregend, da es mit Aminen zu den im Tierversuch nachweislich kanzerogenen N-Nitrosaminen reagieren kann. Inzwischen erscheint es eher unwahrscheinlich, dass dieser Prozess im menschlichen Organismus tatsächlich stattfindet.

Obwohl, wie wir gesehen haben, keine Verbindung zwischen der Nitratbelastung des Trinkwassers und Häufungen von Krebsfällen bewiesen werden konnte, wurde die maximal zulässige Nitratkonzentration in Oberflächengewässern – insbesondere Trinkwasserreservoirs – bei 50 ppm* in der EU bzw. 45 ppm in den Vereinigten Staaten festgelegt. Klärwerke wurden mit zusätzlichen Behandlungsstufen zur Nitratentfernung ausgerüstet, und die Ausbringung von Stickstoffdüngern auf »empfindliche« Flächen wurde beschränkt, obwohl sich inzwischen herausgestellt hat, dass der Hauptteil des Nitrateintrags in Flüsse und Seen nicht aus Düngern stammt, sondern ganz natürlich durch Bodenmikroorganismen erzeugt

* ppm bedeutet *parts per million*, »Teile in einer Million (Teile)«.

wird. Aus jedem Hektar Ackerland, ob bebaut oder nicht, werden jährlich 40 kg Nitrat ausgewaschen.

Seit über 100 Jahren untersucht man nitrathaltige Düngemittel in der berühmten Versuchsstation Rothamsted rund 30 km nördlich von London. Die Forscher verfolgen hier den Stickstoffgehalt naturbelassener und kultivierter Böden, wobei sie sich besonders für die Nitrataufnahme durch Feldfrüchte und Bodenmikroben interessieren und die Auswaschung der Verbindung abschätzen. Damit ein Acker möglichst wenig Nitrat an das Grundwasser abgibt, muss man – so ergaben die Studien – die Menge ausgebrachten Düngers exakt an den Bedarf der Kultur anpassen, außerdem darf man die Nährstoffe nur zu bestimmten Jahreszeiten zuführen. Flüsse und Trinkwasser werden auf diese Weise nur mit sehr geringen Mengen zusätzlichen Nitrats belastet.

Die Gesetzgebung zum Nitratgehalt von Trinkwasser gründet sich auf Daten, die wissenschaftlich nicht ausreichend belegt sind. Der wissenschaftliche Lebensmittelausschuss bei der EU-Kommission fasste seine Meinung zum Nitrat im September 1995 in dem Dokument *Opinion on Nitrate and Nitrite* zusammen und kam zu dem Schluss, epidemiologische Studien hätten »bislang keinen kausalen Zusammenhang zwischen der Nitratexposition und dem Krebsrisiko beweisen« können. Fachleute stimmten ein: Dr. Jean-Louis L'Hirondel vom regionalen Krankenhauszentrum in Caen, Frankreich, ein anerkannter Experte für die physiologische Wirkung des Nitrats, hält die 1962 von der WHO und FAO *(Food and Agricultural Organisation)* herausgegebenen Direktiven für »überflüssig« und ihre baldige Aufhebung für »unvermeidlich«.

Tom Addiscott (IACR-Rothamsted) und Nigel Benjamin (St. Bartholomew's Hospital, London) gehen in ihrer Arbeit, die 2000 in der Zeitschrift *Food Science and Technology* veröffentlicht wurde, noch einen Schritt weiter. Nitrat sei, so argumentieren sie, für den menschlichen Körper *nützlich* als Teil eines wichtigen Abwehrmechanismus gegen Gastroenteritis. Deshalb enthalte der Speichel von Natur aus Nitrat. Möglicherweise nahmen die Fälle von Lebensmittelvergiftungen in den 1980er- und 1990er-Jahren so dramatisch zu, weil versucht wurde, das Nitrat möglichst aus der Nahrung zu entfernen. Addiscott und Benjamin folgern: »Vermutlich sollte die EU dafür sorgen, dass alle Menschen ausreichend mit Nitrat versorgt sind, anstatt unsere Nitrataufnahme weiterhin einschränken zu wollen.«

Nicht alle sind jedoch von der Harmlosigkeit des Nitrats überzeugt. Peter Weber vom amerikanischen Zentrum für die gesundheitlichen Auswirkungen der Umweltverschmutzung kämpft im Hintergrund für

Die Düngung eines Ölfeldes

Eines der Probleme der Erdölgewinnung besteht darin, dass die tief in der Erdkruste liegenden Öl führenden Schichten bestenfalls die Hälfte des enthaltenen Bodenschatzes freigeben. Manchmal bleiben zwei Drittel des Öls fest an poröses Gestein (wie Sandstein) gebunden zurück.

In Norwegen fand man eine Lösung dieses Problems: Natriumnitratlösung wird in die Erdöllagerstätten gepumpt, wo es die Vermehrung Nitrat reduzierender Bakterien fördert. Diese wiederum lösen die Ölvorräte aus dem Gestein. Bis zum Ende unseres Jahrzehnts könnte man aus dem Norne-Ölfeld unter dem Nordmeer vor Norwegen, dicht am Polarkreis, auf diese Weise rund 80 Millionen Kubikmeter Öl gefördert haben, mehr als das Doppelte dessen, was man bis vor kurzem für gewinnbar hielt.

die Aufrechterhaltung des von der Umweltschutzbehörde EPA festgelegten Grenzwerts von 45 ppm. Zwischen Nitrat und einer Reihe von Krankheiten wie Diabetes, Magenkrebs, Blasenkrebs bei älteren Frauen und Non-Hodgkin-Lymphomen besteht, so Weber, ein Zusammenhang. Die Schwierigkeit, über die Nahrung aufgenommenes und im Körper erzeugtes Nitrat getrennt voneinander zu messen, erschwert den Beweis solcher Behauptungen ungemein.

Für bestimmte Personengruppen, beispielsweise Senioren, kann es trotzdem durchaus sinnvoll sein, die Nitrataufnahme zu begrenzen. Wenn wir älter werden, geht die Produktion von Hypochlorsäure im Magen zurück; das bedeutet, der Körper kann das Nitrat weniger effektiv verarbeiten. Ein solches Säuredefizit tritt auch bei Mangelernährung auf. Gefährdet sind deshalb insbesondere ältere Menschen aus ärmeren Schichten, und tatsächlich gibt es epidemiologische Hinweise darauf, dass Magenkrebs bei alten Leuten in weniger guten Wohngegenden mit gleichzeitig hohen Nitratkonzentrationen im Trinkwasser häufiger auftritt, zumindest in Großbritannien.

Schlechte Angewohnheit: Nikotin

Die Droge Nikotin wirkt sowohl geistig anregend als auch emotional entspannend. Sie ist legal, ohne weiteres erhältlich, schmerzlos anzuwenden und erregt keinen Krebs. Aber die Sache hat einen Haken: Um unsere Dosis Nikotin zu bekommen, müssen wir Tabak rauchen, und Tabakrauch birgt sehr wohl Gefahren. Zwar gibt es andere Wege, Nikotin aufzunehmen, die aber nicht so sehr als Möglichkeit der Einnahme, sondern eher als Hilfe zur Abgewöhnung propagiert werden. Dazu gehört die neuartige

Variante der Aufnahme über die Haut: Wasserfeste, mit dem Wirkstoff getränkte Pflaster setzen eine kontrollierte Menge davon frei, die vom Körper absorbiert wird. Diese Pflaster sind teuer, aber immer noch billiger als 20 Zigaretten täglich, und über einen langen Zeitraum betrachtet können sie Ihnen das Leben retten. Bis jetzt gibt es auch noch keinen Beweis dafür, dass der alleinige Gebrauch der Pflaster abhängig macht.

Nikotin stammt aus der Tabakpflanze, *Nicotiana tabacum*, die nach Jean Nicot benannt wurde, einem französischen Botschafter in Portugal, der 1550 einige Samen der Pflanze nach Paris schickte. Nikotin ist ein entfernter Verwandter der Nikotinsäure, besser bekannt als Vitamin Niacin, die kommerziell durch Umsetzung von Nikotin mit Salpetersäure hergestellt wird. Im Unterschied zum Niacin kann Nikotin als tödliches Gift wirken; früher verwendete man Nikotinsulfat als äußerst wirksames Insektizid.

Rauchen ist der schnellste Weg, um an die gewünschte Dosis Nikotin zu gelangen: Ein Zug, tief inhaliert, wirkt innerhalb von sieben Sekunden. Der Wirkstoff gelangt aus den Lungen in die Arterien und von dort geradenwegs zum Gehirn; seine Wirkung dort ist jedoch nicht von langer Dauer. Forschungsergebnisse belegen, dass die Halbwertszeit von Nikotin im Körper zwar zwei Stunden beträgt, der Spiegel im Gehirn jedoch viel schneller absinkt – womit erklärt ist, warum Gewohnheitsraucher etwa eine Zigarette pro Stunde brauchen. Dieselben Verhältnisse werden beim Tabakschnupfen beobachtet, einer im achtzehnten und frühen neunzehnten Jahrhundert populären Form der Nikotinaufnahme, ebenso beim Tabakkauen, beliebt im neunzehnten und frühen zwanzigsten Jahrhundert, oder wenn man einen Beutel mit feuchtem Schnupftabak im Mund behält, was in unserem Jahrhundert hier und da üblich ist. Im Schlaf fällt der Nikotinspiegel ab, und auch die Toleranz gegenüber dem Wirkstoff verringert sich. Daher ist die erste Zigarette des Tages für viele Raucher die beste: Ihre Effekte sind am dramatischsten.

Bis etwa 1980 ging man davon aus, dass Nikotin nicht süchtig macht. Man sah das Rauchen vielmehr als eine angenommene Gewohnheit an, etwa wie das Teetrinken, die sich leicht wieder ablegen lässt – in anderen Worten, man dachte, dass jeder, der sich entschied, nicht mehr zu rauchen, einfach aufhören konnte. Inzwischen weiß man, dass das Nikotin alles andere als ein Mittel zum angenehmen Zeitvertreib ist: Der Wunsch nach Nikotin wird bei jedem Raucher, der auch nur einige Stunden ohne Zigarette aushalten muss, zum starken Verlangen. Wenn die Nikotineinnahme keine Sucht ist, dann zumindest eine Gewohnheit, von der man sich schwer lösen kann.

Trotz allem hat Nikotin seine verlockenden Seiten: Es heitert auf, verbessert die Konzentrationsfähigkeit, wirkt dem Verlangen nach Süßigkeiten entgegen (und reduziert damit das Risiko, zu dick zu werden) und baut Stress ab. Die Zigarettenwerbung stellt diese Effekte gern als Nutzen des Rauchens dar. Alle diese Behauptungen leiten sich von der wichtigsten Wirkung des Nikotins ab, der Steigerung der Ausschüttung von Dopamin. Ein solcher Dopamin-Stoß reduziert Ängste bei Personen, die unter Stress stehen. Aber die positiven Effekte haben ihren Preis: Durch wiederholte Dosen von Nikotin steigt die Anzahl der Nikotinrezeptoren im Gehirn Schritt für Schritt an, wodurch abgewöhnungswillige Raucher noch Wochen nach ihrer letzten Zigarette ein intensives Verlangen danach quält.

Ungeachtet dessen, dass Nikotin täglich von Hunderten Millionen Menschen auf der ganzen Welt konsumiert wird, ist der Stoff stark giftig. Irving Sax beschreibt ihn in *Dangerous Properties of Industrial Materials* als farb- und geruchlose, scharf schmeckende Flüssigkeit, die bei oraler Einnahme, beim Einatmen oder der Aufnahme durch die Haut Erbrechen, Durchfall und Krämpfe verursacht. Für einen durchschnittlichen Erwachsenen sind 60 Milligramm (zwei Tropfen) reinen Nikotins tödlich. Die erste Zigarette kann schon Vergiftungssymptome hervorrufen, wenn der Konsument ein Milligramm Nikotin aufnimmt.

Wie viel Nikotin braucht nun ein Raucher, um sein Bedürfnis zu befriedigen? Die tägliche Schachtel Zigaretten (20 Stück) enthält bis zu 30 Milligramm, ungefähr die Hälfte der tödlichen Dosis. Der Raucher nimmt zwar nicht die gesamte Menge auf, aber doch den größten Teil. Pflaster enthalten 50 Milligramm, von denen der Anwender 20 Milligramm absorbiert. Die Geschwindigkeit der Aufnahme zu steuern und gleichzeitig den Verlust von Nikotin zu verhindern, erfordert eine spezielle, ausgefeilte Technologie: Eine Deckschicht aus Polyester (dem Kunststoff, aus dem auch Flaschen für Sprudelgetränke hergestellt werden) und ein Innenfilm aus Aluminium sorgen dafür, dass kein Nikotin verdampft oder ausgewaschen wird, wenn der Träger des Pflasters badet. Darunter befindet sich eine Schicht nikotingetränkter Kunstseide; die Abgabe des Wirkstoffs an die Haut wird durch eine Polyester-Beschichtung und drei Lagen Kunststoffkleber reguliert. Die Pflaster werden in kindersicheren Verpackungen verkauft.

Sobald sich die Menschen daran gewöhnen, Nikotin über die Haut aufzunehmen, verlangen sie immer weniger nach Zigaretten. Man kann dann schrittweise die Dosis des im Pflaster enthaltenen Nikotins senken, bis man sich das Rauchen völlig abgewöhnt hat. Eine Reihe von Doppelblindversuchen bewies, dass die Pflaster tatsächlich in der gewünschten Weise wirken: Raucher, die ihre Angewohnheit aufgeben wollten und die Pflaster benutzten, hatten nach drei Monaten mit doppelt so hoher Wahrscheinlichkeit nicht wieder angefangen zu rauchen wie eine Kontrollgruppe, die ein Placebo erhalten hatte. Außerdem nahmen die Pflasterbenutzer nicht zu, im Gegensatz zur Kontrollgruppe, die mit Gewichtszunahmen von bis zu fünf Kilogramm zu kämpfen hatte.

Kommentar des Autors: Nikotin wird mittlerweile als eines der stärkeren Suchtgifte eingestuft und in einigen europäischen Staaten, z. B. Irland und Großbritannien, wurden Anti-Nikotingesetze verabschiedet. Menschen, die trotzdem nicht auf den schnellen Kick des Nikotins verzichten wollen, finden vielleicht eine Alternative im skandinavischen Snus, einem kleinen Zellulosebeutel mit Tabak, den man sich unter die Oberlippe steckt. Das Nikotin gelangt über die Mundschleimhaut in die Blutbahn, allerdings dauert es länger, bis die Wirkung eintritt.

Vitamin B_6 (chemischer Name: Pyridoxin)
Empfohlene tägliche Aufnahme: 1,4 mg (Männer), 1,2 mg (Frauen)

Vitamin B_6 spielt eine wichtige Rolle bei der Verdauung von Fetten, Kohlenhydraten und Eiweißen. Nur selten beobachtet man toxische Effekte zu hoher Dosen; ein Mangel dagegen äußert sich in fettiger, schuppiger Haut, einer entzündeten, geröteten Zunge, Gewichtsverlust, Reizbarkeit und Muskelschwäche. Bei Kindern können Mangelzustände zu Durchfall, Anämie und Anfallsleiden führen. Relativ große Mengen des Vitamins werden in der Leber gespeichert. Um diese Vorräte ständig wieder aufzufüllen, sollte man täglich Vitamin B_6 zu sich nehmen. Tabelle 4 zeigt Ihnen, welche Nahrungsmittel sich dazu besonders eignen.

Bestimmte Personenkreise benötigen besonders viel Vitamin B_6: Schwangere, Stillende, Ältere sowie Frauen, die mit der »Pille« verhüten. Auch wenn man sich sehr eiweißreich ernährt, sollte man auf eine ausreichende Zufuhr von Vitamin B_6 achten. Die Hälfte der im Rahmen der Selbub-Studie untersuchten Personen nahm erheblich zu wenig Vitamin B_6 auf. Dies ist besonders besorgniserregend, wenn man die Rolle der Substanz bei der Regulierung des Homocysteinspiegels bedenkt.

Tabelle 4 Vitamin B_6 in Nahrungsmitteln.

Lebensmittel (Portionsgröße)	**Vitamin B_6 (mg)**
Müsli (1 Portion, 95 g)	1,5
Kleieflocken (1 Portion, 45 g)	0,8
Sonnenblumenkerne (50 g)	0,6
Makrele (100 g)	0,6
Kartoffeln (150 g)	0,5
Avocado (halbe Frucht)	0,4
Thunfisch, Konserve (100 g)	0,3
Banane (1 Stück, mittelgroß)	0,3
Erdnüsse (100 g)	0,3

Das geheimnisvolle Verschwinden von Vitamin B_6

Anfang Dezember 1952 erhielt die US-Gesundheitsbehörde FDA einen Brief von einer Frau aus Arkansas. Die ausgebildete Kinderschwester hatte ein 3 Monate altes Kind, das an Krampfanfällen litt. In einem ausführlichen und aufschlussreichen Bericht schilderte die Mutter, ihr Kind habe von Geburt an »SMA liquid« – Babynahrung einer bekannten Marke – erhalten. Der Kinderarzt habe einen Zusammenhang zwischen dieser Milchnahrung und der Anfallsneigung vermutet und das Baby auf Kondensmilch umgestellt, woraufhin es sich vollständig erholt habe.

Im Laufe des Januars und Februars 1953 erhielt die FDA von zahlreichen Fällen dieser nun »SMA-Krämpfe« genannten Erkrankung Kenntnis. Die schwächenden Anfälle konnten bis zu 5 Minuten lang anhalten, die betroffenen Säuglinge waren überreizt und geräuschempfindlich, bekamen Durchfall und erbrachen sich. Verschiedene Medikamente hatten keine Wirkung gezeigt. Nur eine Umstellung auf eine andere Nahrung schaffte Abhilfe.

Besonders verwirrend war, dass anscheinend nur Babynahrung dieser einen Sorte die Störungen auslöste; Kinder, die mit SMA-Pulvernahrung gefüttert wurden, blieben gesund. Dabei wurden beide Produkte aus den gleichen Zutaten hergestellt! Die Untersuchungskommission der FDA konnte den Fall nicht aufklären und übergab die Akten im März 1953 der Abteilung für Ernährungsfragen beim Ministerium. Dort fand sich bald eine Erklärung.

Die Antwort lag in Forschungsarbeiten, die in den Labors der Abteilung seit einiger Zeit vorgenommen worden waren. Reizbarkeit und Krampfanfälle ähnelten den Symptomen von Rattenbabys, deren Mütter eine an Vitamin B_6 arme Diät bekommen hatten. Erhielten die jungen Ratten das Vitamin, erholten sie sich rasch – ebenso wie die Säuglinge nach dem Wechsel der Milchnahrung. Aus irgendeinem Grund fehlte in SMA liquid das Vitamin B_6. Aber warum?

Bei der Analyse des Herstellungsverfahrens der Nahrung fand man schließlich die Ursache: Die Milch wurde stark erhitzt, ursprünglich mit dem Ziel, alle krankmachenden Keime abzutöten. Nicht beabsichtigt war jedoch, dass dabei das enthaltene Vitamin B_6 mit Aminosäuren und Zucker zu Verbindungen reagierte, die der Stoffwechsel von Säuglingen nicht verarbeiten kann.

Daraufhin setzten die Hersteller von SMA liquid ihrem Produkt Vitamin B_6 zu. Innerhalb weniger Monate verschwand das Krankheitsbild.

Diese Episode zeigt, was bei der Verarbeitung von Milch mit den enthaltenen Vitaminen geschehen kann. Andere Prozesse führen ebenfalls zu Vitaminverlusten: Über 75 % des Vitamins B_6 gehen beim Mahlen von Weizen zu weißem Mehl verloren, und bisher gibt es keine Bestrebungen, dem Mehl das Vitamin anschließend wieder zuzusetzen. Das Einfrieren von Fleisch und Geflügel schont die Vitamine – dies trifft allerdings nicht auf das Gefrieren und Konservieren von Gemüse zu. Während der weiteren Lagerung scheint das Vitamin aber nicht weiter abgebaut zu werden. Beim Kochen werden bis zu 50 % des in Obst, Gemüse und Fleisch enthaltenen Vitamins B_6 zerstört.

Wie Sie Tabelle 4 entnehmen können, gibt es viele preiswerte Quellen von Vitamin B_6 wie zum Beispiel Kartoffeln und Thunfisch.

Vitamin-B_6-Überschuss: Viele Menschen nehmen täglich aus verschiedensten Gründen hohe Dosen Vitamin B_6 ein. Kann dies gefährlich werden? 1998 wandte sich eine britische Regierungskommission an die Kommission für Giftstoffe in Nahrungsmitteln, Konsumgütern und in der Umwelt mit dem Vorschlag, den Vitamin-B_6-Gehalt frei verkäuflicher Präparate herabzusetzen, da die Bevölkerung zu hohe Dosen dieses Vitamins einnehme. Empfohlen werden maximal 10 mg pro Tag. Zur Behandlung des prämenstruellen Syndroms, der Morgenübelkeit und des Karpaltunnelsyndroms (Druckschaden an einem Nerv im Handgelenk durch ständige mechanische Reizung) setzt man jedoch teilweise wesentlich höhere Dosen ein. Nach Auskunft von Verbraucherverbänden sind tägliche Mengen von 200 mg keine Seltenheit. In die Diskussion schalteten sich verschiedene Institutionen ein, ohne dass ein endgültiger Konsens gefunden wurde. Die US-amerikanische Akademie der Wissenschaft beispielsweise vertritt die Auffassung, es gebe keinerlei Beweise für eine schädliche Wirkung von täglich 200 mg Vitamin B_6.

Allerdings beobachtete man bei Frauen nach der Einnahme von Riesendosen – bis zu 2 g am Tag! – sensorische Neuropathien (Nervenleiden), die sofort verschwanden, nachdem die Dosen auf ein normales Niveau verringert worden waren.

Vitamin B_{12} (chemische Namen: Cobalamin, Cyanocobalamin)
Empfohlene tägliche Aufnahme: 1,5 µg

Vitamin B_{12} wird benötigt für die Bildung roter Blutkörperchen, die Aufrechterhaltung der Funktionsfähigkeit des Nervengewebes sowie zur Gewinnung von Energie durch die Verstoffwechselung von Kohlenhydraten, Fetten und Proteinen. Von therapeutischem Nutzen ist die Verbindung zur Behandlung der perniziösen Anämie, einer Blutkrankheit, die mit niedrigen Vitamin-B_{12}-Spiegeln einhergeht.

Das Vitamin wird in der Leber gespeichert. Der dort angelegte Vorrat kann den Bedarf des Organismus bis zu fünf Jahre lang decken, doch trotzdem ist es notwendig, die Reserven laufend aufzufüllen. Strenge Vegetarier (Veganer) leiden ernährungsbedingt häufig an B_{12}-Mangel, denn größere Mengen des Vitamins sind hauptsächlich in Fleisch- und Milchprodukten enthalten.

Toxische Effekte großer Dosen Vitamin B_{12} sind bisher nicht bekannt. Zu den Mangelerscheinungen gehören Schwäche, Gewichtsverlust, mentale und nervöse Störungen, Rückenschmerzen und eine gerötete, schmerzende Zunge.

Eine allgemeine Faustregel besagt, dass alles, was schwimmt, fliegt oder läuft, Vitamin B_{12} benötigt (siehe Tabelle 5); alles, was aus dem Boden wächst, kommt hingegen ohne die Verbindung aus. Vitamin B_{12} ist lichtempfindlich – daher sollte man alle Nahrungsmittel, die das Vitamin enthalten, nur kurze Zeit und möglichst dunkel lagern. Alle Formen der Lagerung führen allerdings mit der Zeit zu einem Abbau des Vitamins. Schützend wirkt die Anwesenheit von Vitamin C, das aber leider beim Einkochen und Trocknen frischer Lebensmittel weitgehend verloren geht. Beim Kochen nimmt der Vitamin-B_{12}-Gehalt aller Speisen um rund 40 %

Tabelle 5 Vitamin B_{12} in Nahrungsmitteln.

Lebensmittel (Portionsgröße)	Vitamin B_{12} (µg)
Muscheln (100 g)	98,2
Leber vom Rind (100 g)	80,1
Bückling (100 g)	10,0
Makrelen (100 g)	9,0
Thunfisch (100 g)	4,2
Braten (100 g)	1,9
Eier (2 Stück)	1,5

ab. Milch verliert infolge der Pasteurisierung etwa 10 % des Vitamins; in Kondensmilch ist die Verbindung überhaupt nicht mehr vorhanden. Einige problemlos erhältlichen Nahrungsmittel bieten jedoch so viel Vitamin B_{12}, dass es nicht schwer fällt, den Bedarf einer Woche zu decken (zum Beispiel mit einer Dose Ölsardinen).

Nimm 5!

Frauen, die entweder in naher Zukunft schwanger werden möchten oder bereits ein Kind erwarten, müssen besonders sorgfältig auf die Einnahme ausreichender Mengen Folsäure achten. Da die Chemikalie das Risiko der Entwicklung von Neuralrohrdefekten beim Fetus um 70 % reduziert, sollten diese Frauen täglich 400 µg Folsäure zu sich nehmen. Alle anderen – gleich welchen Alters und Geschlechts – müssen sich nicht so streng an diese Vorgabe halten. Wahrscheinlich leiden viele Menschen an einem Folsäuremangel, ohne es zu bemerken.

Es gibt eine einfache Methode, die tägliche Versorgung mit Vitaminen zu sichern. Schon vor vielen Jahren empfahlen die Ernährungswissenschaftler allen voran, jeden Tag Obst und Gemüse zu essen. Wir sind gut beraten, uns heute noch (oder wieder) danach zu richten.

Um einen hohen Homocysteinspiegel zu vermeiden, sollte man täglich fünf Portionen Obst oder Gemüse verspeisen, was überdies vorbeugend gegen Darmpolypen und -krebs sowie Gebärmutterhalskrebs wirken kann.

Wie groß ist nun eine solche »Portion«? Aufschluss darüber gibt Tabelle 6. Wie Sie bemerken werden, sind Kartoffeln nicht aufgeführt, denn wir betrachten sie primär als Stärkelieferanten. Zu einem Teller Pommes frites oder Bratkartoffeln sollte daher selbstverständlich stets eine Portion eines anderen Gemüses gehören. Ölreiche Früchte (Oliven, Avocados) sind von der »Nimm 5«-Regel ebenfalls ausgeschlossen.

Wer sich an diese Empfehlung hält, benötigt keine Vitaminpräparate zur Nahrungsergänzung. Eigentlich sollte es auch nicht schwierig sein, nach jeder Mahlzeit eine Portion Obst zu genießen – schon kommt man auf die magische Zahl 5. Die meisten Menschen essen jedoch zu wenig Obst und Gemüse. Insbesondere Älteren und Frauen im gebärfähigen Alter sei dann zumindest die zusätzliche Einnahme von Folsäure angeraten.

Da in der Bevölkerung ein weitgehender Folsäuremangel herrscht, setzt man zum Beispiel in den USA manchen Lebensmitteln das Vitamin zu.

Tabelle 6 Portionsgrößen bei Obst und Gemüse.

Lebensmittel	Portionsgröße
Apfel, Birne, Banane, Orange	1 Stück
Ananas, Melone	1 große Scheibe
Pflaumen, Kiwis, Satsumas	2 Stück
Trauben, Kirschen, Erdbeeren, Himbeeren	1 Tasse
Obstkonserven, Kompott, Obstsalat	3 Esslöffel
Trockenfrüchte (Rosinen, Korinthen, Feigen, Datteln etc.)	1 Esslöffel
Fruchtsaft	1 Glas (150 ml)
Gemüse* (roh, gekocht, gefroren, Konserve)	2 Esslöffel
Salat	1 Salatschüsselchen
Tomaten	1 große, 2 mittlere oder 4 kleine

* außer Kartoffeln – siehe Text

1993 erließ die amerikanische Regierung ein Gesetz, das den Folsäurezusatz zu Getreideprodukten (Brot, Nudeln, Frühstücksflocken) vorschreibt. Forschern der Universität Washington zufolge bergen solche Aktionen ein enormes Potential der Vorbeugung gegen Herz-Kreislauf-Erkrankungen. Wie eine Gruppe vom Regional Primate Research Center in Beaverton (Oregon, USA) herausfand, senkt der Folsäurezusatz in Frühstücksflocken den Homocysteinspiegel immerhin um bis zu 14 %. Nach Angaben eines Artikels im *Journal of the American Medical Association* kann man aus solchen Quellen täglich jedoch nur ungefähr 100 µg Folsäure täglich aufnehmen – wesentlich weniger als die empfohlenen 200–400 µg.

Im Verlaufe der landwirtschaftlichen Produktion, des Transports und der Lagerung roher Lebensmittel können Nährstoffe und Vitamine verloren gehen. Ein Übriges tut die Nahrungsmittelherstellung – angefangen beim Mahlen und Konservieren bis hin zur Lagerung und Zubereitung im eigenen Haushalt. Dabei werden weniger die Makronährstoffe (Fette, Proteine, Kohlenhydrate) angegriffen, obwohl deren Verhältnis von der Zubereitungsart abhängen kann. Am schlimmsten betroffen sind jedoch die Mikronährstoffe. Dazu gehört zum Beispiel Selen, das für die Gesunderhaltung unseres Herzens wichtig ist.

Kommentar des Autors: Nach wie vor schafft die Folsäure es immer wieder in die Schlagzeilen, mittlerweile mahnen jedoch einige Leute zur Vorsicht bei der Anreicherung von Nahrungsmitteln. Seit 1950 ist bekannt, dass die Einnahme von zuviel Folsäure einen Vitamin B_{12}-Mangel verschleiern kann, der zu einer Nervenentzündung (periphere Neuritis) führt, die als Kribbeln der Finger wahrgenommen wird. Obwohl man deshalb gegenüber der Beimischung von Folsäure zu Nahrungsmitteln wie Mehl zurückhaltend war, ist genau das seit 1998 in den USA gesetzlich vorgeschrieben. Die empfohlene Dosis liegt hier bei 240 Mikrogramm Folsäure pro 100 g Mehl.

2004 kamen weitere Bedenken gegenüber der Folsäure auf, als 3000 Frauen untersucht wurden, die 1966 an einem medizinischen Test teilgenommen hatten. Damals nahmen sie jeden Tag 5 mg (= 5000 Mikrogramm) Folsäure zu sich. 30 Jahre später zeigte sich in dieser Gruppe eine doppelt so hohe Wahrscheinlichkeit, an Brustkrebs zu erkranken, wie bei der Normalbevölkerung. Die Zahl der überdurchschnittlichen Todesfälle lag allerdings nur bei sechs und die Verantwortlichen der Studie bezeichneten ihre Ergebnisse als statistisch möglicherweise nicht relevant. In jedem Fall stehen sie im deutlichen Widerspruch zu anderen Forschungsprojekten in den Vereinigten Staaten, die zu dem Ergebnis kamen, dass Folsäure vor Brustkrebs schützen kann.

Bei einer weiteren Studie im Jahr 2005 wurden 800 Freiwillige über Fünfzig untersucht. Hier zeigten diejenigen, die ihre Nahrung mit Folsäure anreichern, eine niedrigere Wahrscheinlichkeit, an Alzheimer zu erkranken und ihr geistiges Alter lag durchschnittlich fünf Jahre unter ihrem tatsächlichen Alter.

Ungewöhnliche Moleküle in gewöhnlichen Nahrungsmitteln

Unzählige Legenden ranken sich um das, was wir essen: Schokolade macht (fast) süchtig, Coca-Cola ist ein Cocktail aus Chemikalien, Knoblauch wirkt gegen Herzkrankheiten und Krebs, und das tägliche Aspirin verhilft zu eiserner Gesundheit. Keine dieser Aussagen ist wahr – aber ein Körnchen Wahrheit enthalten sie alle. In diesem Kapitel schauen wir uns natürliche und synthetische Chemikalien genauer an, die eines gemeinsam haben: Sie kommen in unseren gewohnten Nahrungsmitteln vor.

Süß sind die Freuden des Essens, aber vergänglich – die Warnungen vor dem Essen dagegen bitter und anscheinend endlos. Die Warnungen, die wir beachten sollten, sind die der Diätfachleute, die an vorderster Front gegen Mangelernährung und unausgewogene Speisepläne kämpfen. Wer an diese Spezialisten verwiesen wird, dem kann geholfen werden; wir anderen dagegen hören die Empfehlungen nur aus zweiter Hand, und selbst dann richten wir uns nicht nach ihnen – das erklärt vielleicht, warum jeder fünfte US-Bürger und jeder zehnte Brite inzwischen mehr als 33 Prozent Übergewicht auf die Waage bringt.

Hinter den Frontkämpfern der Ernährung sitzt ein Regiment von Schreibtischtätern, die ihren Rat jedem anbieten, der ihn hören will. Oft sind die Hinweise ganz vernünftig: Man erfährt, wie man Gewicht abbauen kann, ohne sich falsch zu ernähren. Aber ebenso häufig werden Behauptungen aufgestellt, die keineswegs weiterhelfen – etwa werden einige populäre Nahrungsmittel als »Junk food« oder »Fast food« abqualifiziert, ohne zu erklären, warum. Auch in Deutschland haben sich die beiden Begriffe für Nahrungsmittel eingebürgert, die zuviel Salz, gesättigte Fettsäuren, Zucker und Zusatzstoffe enthalten; Beispiele dafür sind Schokolade, Cola, Hamburger und Pommes frites. Die gesunden Alternativen wie roher Sellerie, Mineralwasser und Linsen sind leider wenig anziehend, insbesondere für Kinder.

Liebe, Licht und Lippenstift. John Emsley

ISBN 978-3-527-31638-0

Zu diesen Warnungen vor Fast food kommen in letzter Zeit Horrormeldungen über Chemikalien, die in anderen Nahrungsmitteln enthalten sind – besonders, wenn sie nur zugegeben wurden, um die Speisen verlockender aussehen oder schmecken zu lassen, oder wenn es sich um Rückstände von Pestiziden oder aus Verarbeitungsprozessen handelt. Überraschenderweise verursachen diese Chemikalien keineswegs die meisten durch Nahrungsmittel ausgelösten Krankheiten. Die größten Gefahren gehen vielmehr von Mikroorganismen wie Bakterien und Pilzen aus, die in der Regel durch falsche Lagerung oder Zubereitung in die Speisen gelangen. Idealerweise sollte unsere Nahrung überhaupt keine gefährlichen Verunreinigungen enthalten, weder Bakterien und Pilze noch synthetische Chemikalien.

Auch die Natur verwendet Chemikalien. Einigen bringen wir gemischte Gefühle entgegen, wie Coffein und Phenylethylamin. Andere versuchen wir zu meiden, wie Oxal- und Phosphorsäure, und von manchen sollten wir mehr zu uns nehmen, wie Salicylat und Selen. Dieses Kapitel enthält Porträts von Molekülen, die in unserer gewöhnlichen Nahrung vorkommen und alle vollkommen natürlich sind – mit Ausnahme der Phthalate, die wir der Kunststoffindustrie verdanken. Wir lernen Moleküle kennen, die unser Befinden verbessern, solche, die uns schaden können, und solche, die Körpergeruch verursachen.

Drei der Verbindungen findet man in Schokolade, einem Nahrungsmittel, das die Emotionen anheizt wie kaum ein zweites: Für manche ist sie das Sinnbild des Junk foods schlechthin und eine nahezu teuflische Versuchung. Warum ist sie eigentlich so unwiderstehlich? Die meisten Menschen mögen sie, einige können der Verlockung widerstehen, und einige Unglückliche müssen sie meiden. Manche stopfen sich mit Schokolade voll, bis ihnen schlecht wird – andere behaupten, sie bräuchten nur an einem Stückchen zu lecken, um einen allergischen Anfall auszulösen. Schokoladehersteller werben auf verschiedenste Weise für ihr Produkt. Sie loben die Bekömmlichkeit, den Nährwert und den Energiegehalt; sie schlagen vor, Schokolade an liebe Mitmenschen zu verschenken oder sich sogar selbst damit zu belohnen und zu verwöhnen. Welche Vorzüge der süße Stoff auch immer haben mag, die Risiken lassen sich ebenso wenig verleugnen, und manche Leute verdammen die Schokolade, weil der Zucker die Zähne angreift, das Fett das Herz schädigt, die Kalorien das Gewicht in die Höhe treiben und der Kakao gar Migräneattacken hervorrufen kann.

Eine Käuferanalyse in Großbritannien ergab, dass die meiste Schokolade – etwa 40 Prozent – von Frauen gekauft wird, gefolgt von Kindern (35 %)

und Männern (25 %). Schokolade führt die Liste der Speisen an, denen man schwer widerstehen kann: Mehr als die Hälfte derer, die nach einem bestimmten Nahrungsmittel verlangen, sehnt sich nach Schokolade. Es gibt sogar Frauen, die sich selbst als »Schokoholiker« bezeichnen und behaupten, sie könnten sich gegen ihr Verlangen überhaupt nicht wehren, insbesondere nicht an den Tagen vor der monatlichen Regel. Ganz klar: Schokolade ist für sie mehr als nur eine wohlschmeckende Speise oder eine kleine Freude. Chantal Coady, Autorin des Buches *Chocolate*, geht der Frage des »Schokoholismus« genauer nach. Sie schreibt, dass Schokolade zwar zahlreiche aktive Verbindungen enthält, von denen einige natürliche Hormone imitieren können, dass aber keiner dieser Stoffe ein Suchtpotential birgt. Coady glaubt eher, dass Frauen in der Schokolade Trost suchen, sich einfach etwas Gutes tun möchten, und dass dieses Bedürfnis durch die intensive Süße, den wundervollen Geschmack und das angenehme Gefühl im Mund befriedigt wird.

Schokolade ist ein recht ausgewogen zusammengesetztes Nahrungsmittel: Sie enthält acht Prozent Eiweiß (Protein), 60 Prozent Kohlenhydrate und 30 Prozent Fett (wenngleich der Fettgehalt an der Obergrenze des Wünschenswerten liegt). Eine der üblichen 100-Gramm-Tafeln liefert zwar 520 Kilokalorien, aber auch einige essenzielle Mineralstoffe und Vitamine:

Mineralstoffe (Milligramm)		**Vitamine (Milligramm)**	
Kalium	420	A	0,008
Chlor	270	B_1	0,1
Phosphor	240	B_2	0,24
Calcium	220	B_3	1,6
Magnesium	55	E	0,5
Eisen	1,6		
Kupfer	0,3		
Zink	0,2		

Nach einem Blick in die Tabelle ist es vielleicht nicht mehr überraschend, dass Schokoladentafeln hervorragende Notrationen sind, beispielsweise für Soldaten und Forscher. Allerdings fehlen einige wichtige Substanzen wie die Vitamine C und D – Schokolade ist daher bei weitem nicht als »vollkommenes« Nahrungsmittel anzusehen. Sie enthält auch etliche andere Stoffe, zum Beispiel Phenylethylamin, Oxalsäure und Coffein, die zwar keinen Nährwert haben, aber in anderer Weise auf uns wirken;

zwei von ihnen kommen in anderen Speisen ebenfalls häufig vor. Den drei genannten Verbindungen sind die ersten Abschnitte dieses Kapitels gewidmet.

Kommentar des Autors: In diesem Kapitel dreht sich alles um das Essen und Trinken, insbesondere um Naturstoffe, die in unseren Lieblingsspeisen enthalten sind – Chemikalien, die wir vielleicht gar nicht bemerkt haben oder die uns gewisse Sorgen bereiten. Einige Nahrungsmittel werden nun von Ernährungswissenschaftlern für die bedenkliche Zunahme der Fettleibigkeit bei Millionen von Amerikanern verantwortlich gemacht. Und auch im Rest der Welt scheint Übergewicht in allen Entwicklungsgesellschaften immer mehr zum Normalzustand zu werden.

Vor 25 Jahren sorgte sich die Welt über die fortschreitende Nahrungsmittelknappheit, die mit der Zunahme der Weltbevölkerung einhergehen sollte. Diese Befürchtungen haben sich glücklicherweise als grundlos herausgestellt, nicht zuletzt dank der Forschungsergebnisse von Chemikern und Biologen. Heute ist Nahrung in den entwickelten Ländern und auch in den meisten Entwicklungsländern im Überfluss vorhanden und Agrochemikalien und genetisch veränderte Pflanzen sorgen für üppige Ernten.

Aztekenträume: Phenylethylamin (PEA)

Der einzige Bestandteil der Schokolade, der annähernd in der Lage ist, in unserem Gehirn ein Wohlgefühl auszulösen, ist Phenylethylamin (PEA). Entdeckt haben diese Wirkung die Mayas, Angehörige einer mittelamerikanischen – genauer gesagt, mexikanischen – Kultur, deren Blütezeit von 250 bis 900 n. Chr. dauerte. Die Mayas tranken die Schokolade; sie war allein der herrschenden Oberschicht vorbehalten. Als die Spanier gegen Ende des fünfzehnten Jahrhunderts in Mexiko landeten, dominierten dort die Azteken, deren Wirtschaft teilweise auf Kakaobohnen beruhte: In dieser Währung mussten beispielsweise eroberte Stämme ihren Tribut entrichten.

Auch die aztekischen Edlen behielten die Schokolade für sich selbst. Sie sahen sie als Aphrodisiakum an – und verboten den Frauen ihren Genuss. Der Ruf der triebsteigernden Wirkung begleitete die Kakaobohne auf ihrer Reise nach Europa, und er verbreitete sich schnell. Schokolade wurde hier von Menschen beiderlei Geschlechts konsumiert, und 1624 widmete ein John Roach ihrer Verdammung ein ganzes Buch, in dem er sie mit puritanischer Missbilligung als »gewaltigen Schürer von Leidenschaften« anprangerte. Casanova, der berühmte Liebhaber des achtzehnten Jahrhunderts, bezeichnete Schokolade als sein Lieblingsgetränk.

Kakaobohnen wachsen auf dem Kakaobaum, der im warmen, feuchten Klima innerhalb von 20 Breitengraden um den Äquator am besten gedeiht. Zwei Millionen Tonnen Kakaobohnen werden jährlich weltweit produziert, und zwar in Brasilien und Mexiko für den nordamerikanischen und in Westafrika für den europäischen Markt.

Nach der Ernte der Kakaofrüchte werden die Bohnen herausgelöst und in die Sonne gelegt, wo sie fermentieren. Sie werden dabei braun, und ein Teil ihres Zuckers wandelt sich zunächst in Alkohol und dann in Essigsäure (wir kennen sie als Speiseessig) um. Die Essigsäure zersetzt das Pflanzenmaterial und setzt andere Aromastoffe frei. Auch Phenylethylamin (PEA) wird während des Fermentationsprozesses gebildet. Man röstet die Bohnen anschließend, um die Essigsäure größtenteils zu entfernen, und mahlt sie, wobei das Kakaofett schmilzt. Die Feinheit des Mahlens bestimmt die verschiedenen Qualitätsstufen der Schokolade.

Wenn wir heutzutage von Schokolade sprechen, denken wir an ein Stück von einer Tafel. Ursprünglich war Schokolade jedoch ein Getränk: Der Name leitet sich vom aztekischen *xocalatl*, »bitteres Wasser«, her. Man mischte den schaumigen Trunk aus Kakao, Maismehl und Zimt – um dem europäischen Geschmack näher zu kommen, süßte man später mit Zucker und gab Vanille hinzu.

Was auch immer Casanova geglaubt haben mag – Schokolade ist kein Aphrodisiakum, aber es ist nicht völlig von der Hand zu weisen, dass sie das Hirn in gewisser Weise beeinflusst. Analytiker haben über 300 verschiedene Schokoladenbestandteile gefunden, von denen zwei anregend wirken: Coffein, dem wir in diesem Kapitel noch begegnen werden, und sein chemischer Verwandter Theobromin, das nach dem Kakaobaum benannt wurde. *Theobroma cacao*, dessen botanischer Name, wird mit »Götterspeise« übersetzt. Auch Tee enthält Theobromin.

Die Verbindung, die am wahrscheinlichsten für ein Wohlgefühl verantwortlich ist, das sich nach dem Genuss von Schokolade einstellen mag, ist PEA. Eine 100-Gramm-Tafel enthält davon bis zu 700 Milligramm (0,7 %), in der Regel aber viel weniger; 50 bis 100 Milligramm sind typisch. Reines PEA ist eine ölige, fischartig riechende Flüssigkeit, die man im Labor aus Ammoniak herstellen kann. PEA hat die ungewöhnliche Eigenschaft, Kohlendioxid aus der Luft aufzunehmen. Injiziert man einer Versuchsperson

PEA, so steigt der Glucosespiegel im Blut ebenso wie der Blutdruck an, was ein Gefühl des Wohlbefindens und der Wachheit hervorruft. PEA kann auch die Ausschüttung von Dopamin veranlassen, der Chemikalie in unserem Hirn, die Glücksgefühle auslöst. In diesem Sinne wirkt PEA ähnlich wie Amphetamine, beispielsweise Ecstasy. In grober Näherung sind das PEA- und das Ecstasy-Molekül von ähnlicher Gestalt und Größe, und so vermutet man, dass auch die Wirkungsmechanismen ähnlich sind. Der wissenschaftliche Beweis dafür steht allerdings noch aus.

Unser eigener Körper stellt selbst winzige, aber durchaus nachweisbare Mengen PEA her, und zwar aus einer der so genannten essenziellen Aminosäuren, Phenylalanin. Wie viel PEA natürlicherweise in unserem Körper vorhanden ist, variiert; in Stresssituationen ist es mehr. Erhöhte Spiegel findet man auch bei Schizophrenen und hyperaktiven Kindern, aber dabei handelt es sich wahrscheinlich nicht um Auslöser, sondern um Symptome dieser Krankheitsbilder.

Nicht jeder Mensch wird mit einer plötzlichen PEA-Zufuhr fertig. Manche reagieren generell empfindlich auf Schokolade, andere bekommen heftige Kopfschmerzen, wenn sie zuviel davon essen. Ursache dafür ist, dass PEA eine Verengung der Blutgefäße im Gehirn bewirkt. Der menschliche Körper hat keine besondere Verwendung für PEA und beschäftigt ein Enzym, die Monoamin-Oxidase, unter anderem damit, es wieder loszuwerden. Wahrscheinlich können Menschen, die Schokolade nicht vertragen, nicht genug von diesem Enzym herstellen, so dass sich ein erhöhter Spiegel aufbauen kann, der schließlich zu Migräneanfällen führt.

Höchstwahrscheinlich macht Schokolade nicht süchtig, aber es gibt andere Gründe, sich das Vergnügen zu versagen. Das Fett des Kakaos, die so genannte Kakaobutter, enthält vornehmlich (60 %) gesättigte Fettsäuren – wie Schlagsahne. Dr. Hervé Robert behauptet allerdings in seinem Buch *Les vertus thérapeutiques du chocolat*, dass Kakaobutter – im Gegensatz zu Sahne – nicht zur Erhöhung des Cholesterinspiegels im Blut beiträgt.

Das Fett in der Schokolade ist auch in anderer Hinsicht etwas Besonderes. Normale Fette sind Gemische aus gesättigten und ungesättigten Komponenten, die in einem weiten Temperaturbereich erweichen und schmelzen. Bei Schokolade ist dies jedoch ganz und gar nicht erwünscht: Sie soll buchstäblich auf der Zunge zergehen, bei einer Temperatur von etwa 35 Grad Celsius, etwas weniger als die Körpertemperatur von 37 Grad. Aus diesem Grunde gibt es nur eine Art, Schokolade richtig zu genießen: Man lege sich ein Stückchen auf die Zunge, bis es schmilzt und sein reiches Aroma entfaltet.

Kakaobutter selbst kann zu einigen verschiedenen Formen erstarren, deren jede bei einer anderen Temperatur weich wird. Für feste Schokolade eignet sich nur eine Form; um sicherzugehen, dass sich diese bildet, muss man die Schokoladenmasse sorgfältig abkühlen. Wenn man Schokolade zu lange aufbewahrt, überzieht sie sich mit einer fettig-weißen Schicht: Man könnte denken, sie sei verdorben. Ist sie aber nicht: Hier hat sich kein Schimmel angesiedelt, sondern eine andere Kristallform der Kakaobutter ist ausgeblüht, die man durchaus essen kann.

Solange man Schokolade nur als Heißgetränk ansah, kümmerte man sich natürlich wenig um die Chemie seiner Fette. Konditoren aus Bristol in England, die Quäker J. S. Fry & Sons, boten 1847 erstmals eine feste Schokolade als Süßigkeit zum Essen an. Zu ihrer Herstellung pressten sie die Kakaobutter aus geschmolzener Schokolade und gaben sie zu weiterer Schmelze hinzu. So erhielten sie eine einfache Schokolade mit ziemlich intensivem Geschmack. Viel populärer wurde die Milchschokolade, die der schweizerische Chemiker Henri Nestlé 1876 als erster herstellte. Er gab Kondensmilch zur Schokoladenmasse, wodurch der Geschmack leichter, die Farbe heller und Kinder zur potenziellen Kundschaft wurden. Andere Quäkerfamilien – die Cadburys, die Rowntrees und die Hersheys – erschienen später auf der Bühne des Schokoladengeschäfts und bauten riesige Imperien auf, in Großbritannien ebenso wie in den USA.

Seit dieser Zeit ging es mit der Schokolade ständig weiter aufwärts. Aber sie birgt ihre versteckten Gefahren, wenn auch deren größte ist, zuviel davon zu essen – besonders, wenn man dick davon wird.

Kommentar des Autors: Phenylethylamin sorgt für die unschuldigen Freuden beim Genuss einer Schokoladentafel oder eines schokoladenüberzogenen Snacks, doch diese Art von Süßigkeiten wird derzeit als ungesund angesehen. Manche fordern genauere Kontrollen, wenn Kinder die Zielgruppe von Werbung und Verkauf darstellen. Vielleicht haben sie dabei ja Recht, aber wir anderen müssen uns den wohligen Genuss nicht versagen. Macht man sich Sorgen über den Fett- und Zuckergehalt der Schokoladenprodukte, ist man gut beraten, sich an Tafeln mit hohem Kakaoanteil zu halten.

Rhabarberkuchen: Oxalsäure

Schokolade enthält auch Oxalsäure, eine gefährliche Verbindung, die töten kann – wenngleich es selten dazu kommt. Wir nehmen Oxalsäure täglich mit einer Reihe von Nahrungsmitteln zu uns: Viele enthalten die Chemikalie in kleinen Mengen, manche in größeren, wie zum Beispiel Kakao mit 500 Milligramm in 100 Gramm. Die meiste Oxalsäure findet sich in Blatt- oder Stielgemüse wie Mangold (700 Milligramm in 100 Gramm), Spinat (600 Milligramm) und Rhabarber (500 Milligramm). Vielfach wird angenommen, Rhabarber enthalte gefährlich große Mengen, weil durch den Genuss dieses Gemüses schon Menschen umkamen. Wohl weniger bekannt sind die nicht geringen Oxalsäuregehalte von Roter Bete (300 Milligramm) und Erdnüssen (150 Milligramm).

Eine durchschnittliche Person nimmt täglich etwa 150 Milligramm Oxalsäure auf; allgemein höher ist die Menge in Ländern, wo viel schwarzer Tee getrunken wird, der 50 Milligramm je Tasse beisteuert. Erst eine Dosis von 1500 Milligramm am Tag kann jedoch gefährlich werden. Ist es überhaupt wahrscheinlich, dass wir derart viel davon aufnehmen, und können schon geringere Mengen eine Wirkung zeigen?

Die Popularität von Rhabarber, der einst verbreitet als Kompott (mit Zucker gekocht) genossen wurde, ist in letzter Zeit zurückgegangen. Berühmt war Rhabarber wegen seines Nutzens als Abführmittel. Er wirkt so, weil unser Darm angeregt wird, das natürliche Toxin Oxalsäure auszuscheiden. Mit einer Schüssel Rhabarberkompott kann man durchaus einen messbaren Anteil der toxischen Dosis aufnehmen, während es nahezu unwahrscheinlich ist, sich mit Milchschokolade zu vergiften, selbst, wenn man sich als »Schokoholiker« fühlt: Schokolade enthält so wenig Oxalsäure, dass man längst übersatt ist, bevor auch nur die abführende Wirkung einsetzen kann – ganz zu schweigen von der toxischen.

Berüchtigt ist Rhabarber seit dem Ersten Weltkrieg, als Menschen an Oxalsäurevergiftung starben, nachdem sie Rhabarberblätter als Gemüse gegessen hatten. Tatsächlich enthalten die Blätter viel mehr Oxalsäure als die Stiele, von denen in der Regel kein Risiko ausgeht.

Schon lange ist Rhabarber der Medizin bekannt. Der griechische Arzt und Botaniker Dioskorides empfahl ihn bereits im Jahre 70 n. Chr. als Mittel gegen eine Reihe verschiedener Leiden. Gemeint war damals der europäische Rhabarber, der bis zum zwölften Jahrhundert in unseren Breiten verwendet wurde; dann wurde eine bessere Art aus dem Osten eingeführt. Darüber, woher diese genau stammte, wurde viel spekuliert. Der größte

Anteil kam aus China, und über Jahrhunderte hinweg importierten die Europäer große Mengen davon in Form pulverisierter Wurzeln.

Die traditionelle chinesische Medizin verwendet die Rhabarberwurzel schon seit über viertausend Jahren. Die *Royal Society of Arts, Manufactures and Commerce* beschloss, den Anbau der neuen Rhabarberart im Britischen Königreich zu fördern, und vergab im achtzehnten und neunzehnten Jahrhundert Goldmedaillen für die besten Züchtungsergebnisse. 1784 fand der schwedische Apotheker Carl Wilhelm Scheele in den Wurzeln Oxalsäure (die er als Säure des Sauerampfers kannte) und zeigte, dass deren Menge in den Blättern groß genug ist, um diese ungenießbar zu machen. Man nimmt an, dass die Säure der Pflanze zum Schutz vor nahrungssuchendem Vieh dient. 1860 berichtete der viktorianische Bestseller *Mrs. Beeton's Book of Household Management*, dass Rhabarber in jedem Gemüsegarten angebaut wurde, und beschrieb Rezepte für Rhabarberkuchen, Rhabarbermarmelade und sogar Rhabarberwein. Die einfachste Art der Zubereitung besteht darin, die in Stücke geschnittenen Stangen mit Zucker zu kochen. Als Aluminiumtöpfe die Küchen eroberten, stieß man noch auf einen anderen Vorzug des Stielgemüses: Die Gefäße waren nach dem Kochen blitzblank, denn die Oxalsäure löst die oberste Metallschicht an. Es geht dabei allerdings so wenig Aluminium in Lösung, dass die Gesundheit keinen Schaden nimmt.

Diese Affinität der Oxalsäure zu Metallen erklärt noch eine andere interessante Erscheinung, die Ernährungswissenschaftlern Grund genug gibt, die Säure als Anti-Nährstoff zu bezeichnen. Oxalsäure tritt mit den essenziellen Mineralstoffen Eisen, Magnesium und besonders Calcium in Wechselwirkung. Zu Beginn dieses Jahrhunderts sah man Spinat als besonders ergiebigen Eisenlieferanten an. Tatsächlich enthält er mehr Eisen als die meisten anderen Gemüsesorten, nämlich vier Milligramm in 100 Gramm im Vergleich zu Bohnen (2 Milligramm), Rosenkohl (1 Milligramm) und Kohl (nur 0,5 Milligramm). Die Oxalsäure allerdings macht 95 Prozent des Eisens im Spinat für uns nutzlos, der Körper kann nur etwa fünf Prozent aufnehmen. Sie sehen, der Comic-Held Popeye ist falsch informiert, wenn er erklärt, Spinat sei das Geheimnis seiner Stärke! Essen Sie Spinat unbedingt weiterhin als Gemüse, auch gern und viel, aber erwarten Sie nicht mehr von ihm als eine bescheidene Menge pflanzlichen Proteins und ein bisschen Vitamin C.

Oxalsäure kann tödlich wirken, wenn sie den Calciumspiegel in unserem Blut bis unterhalb eines kritischen Wertes absenkt. (Das Antidot ist Calciumgluconat.) Der Mensch braucht Calcium, um den Säuregrad und die Zähigkeit des Blutes konstant zu halten, für die Blutgerinnung und zum Transport von Phosphat durch den Körper. Aber Oxalsäure wirkt auch in nichtletalen Dosen in gewisser Weise schädlich: Es bildet unlösliche Kristalle von Calciumoxalat, die zu schmerzhaften Nieren- und Blasensteinen anwachsen können, deren Entwicklung begünstigt wird, wenn man wenig Flüssigkeit zu sich nimmt. Patienten, die zur Bildung solcher Steine neigen, werden vom Arzt auf eine Diät gesetzt, die wenig Oxalsäure enthält, das heißt, die erwähnten Nahrungsmittel sind zu meiden. Das ist nicht schwer – unmöglich ist es aber, Oxalsäure vollständig aus dem Körper zu entfernen, denn es gibt andere Quellen. So kann überschüssiges Vitamin C, das der Körper nicht speichert, in Oxalsäure umgewandelt werden. Nierensteine können also auch eine Nebenwirkung übermäßiger Vitamin-C-Gaben sein!

John Timbrell, Toxikologe an der London School of Pharmacy und Autor der *Introduction to Toxicology*, beschreibt noch eine andere Möglichkeit, gefährliche Dosen von Oxalsäure zu sich zu nehmen: Trinkt man (freiwillig oder unfreiwillig) Ethylenglycol, das zum Beispiel als Frostschutzmittel für Autos verwendet wird, so kann man an Oxalsäurevergiftung sterben, denn der Körper wandelt Ethylenglycol in Oxalsäure um.

Es ist bekannt, dass Oxalsäure in pflanzlichen Zellen eine Rolle spielt, nicht dagegen in tierischen – wenigstens nahm man das bisher an. Neueste Forschungsergebnisse besagen etwas anderes: Ungeachtet der offensichtlichen Toxizität der Oxalsäure kann der Körper überraschend große Mengen davon tolerieren, und deutsche Wissenschaftler fanden heraus, dass menschliches Gewebe mehr Oxalsäure enthält, als bislang vermutet wurde. So stellten Dr. Steffen Albrecht und seine Mitarbeiter an der Technischen Universität Dresden die bisherige Auffassung in Frage, dass Oxalsäure lediglich ein unerwünschtes Endprodukt des Stoffwechsels sei. Die Forschergruppe entwickelte eine empfindliche Methode, mit der sich winzige Konzentrationen bis zu einem Millionstel Gramm (Mikrogramm) Oxalsäure pro Liter Blut nachweisen lassen. Damit entdeckten die Wissenschaftler, dass die Oxalsäurespiegel in den einzelnen Blutbestandteilen sehr unterschiedlich sind – gering im Blutplasma, dem flüssigen Bestandteil (400 Milligramm pro Liter), höher im Serum, der klaren Flüssigkeit, die sich nach Koagulation des Plasmas bildet (1200 Milligramm pro Liter), und sehr hoch in manchen Blutzellen mit 250 000 Milligramm pro Liter. Das klingt viel, entspricht aber nur 25 Milligramm pro 100 Gramm – viel weniger als der Oxalsäuregehalt mancher Nahrungsmittel. Albrecht meint, die hohen Oxalsäurespiegel wiesen darauf hin, dass der Verbindung doch eine aktive Rolle im menschlichen Stoffwechsel zukommt – welche, bleibt jedoch vorerst ungeklärt.

Kommerziell stellt man Oxalsäure her, indem man entweder Zucker mit Salpetersäure oder Cellulose mit Natronlauge (Natriumhydroxid) umsetzt. Das Produkt ist sehr gut wasserlöslich (in einem Liter lösen sich 150 Gramm), und die Lösung ist ätzend. Man verwendet die Säure in der Industrie zum Gerben von Leder, zum Färben von Gewebe, zum Säubern von Metallen und zur Reinigung von Ölen und Fetten. Im Haushalt findet man Oxalsäure höchstens in Form von Fleckentfernern für eisenhaltige Flecken wie Rost und Füllertinte.

Pferdefuß des Allheilmittels: Dipropenyl-disulfid

Wann wird ein Gewürz zur Medizin? Knoblauch werden vielfach beide Funktionen zugeschrieben, und dafür ist ein einfaches Molekül verantwortlich: Dipropenyl-disulfid. Aber kann es tatsächlich heilsam wirken, und, wenn ja, sollte es dann nicht den gleichen Versuchsprozeduren unterzogen werden wie andere Medikamente, damit wir wissen, *wie* es wirkt und welche Gefahren es birgt?

Selbstverständlich wird sich niemand mit solchen Tests herumschlagen, wenn das Versuchsobjekt im Grunde ein Gewürz ist, das noch dazu seit langem einen Platz in der menschlichen Ernährung innehat. Die Zeit hat die Tauglichkeit bereits erwiesen – obwohl die Zeit als prüfende Instanz nicht immer zuverlässig ist, wie es das Beispiel des einst populären Krautes Beinwell zeigt. Der Verkauf der früher häufig in Salaten oder Tees verwendeten Pflanze ist in Europa verboten, da sie gefährliche chemische Verbindungen enthält. Vielleicht sind die Chemiker also gar nicht zu pingelig, wenn sie verlangen, dass alles, was sich Heilmittel nennt, genauso streng geprüft werden sollte wie ein neues Medikament. Das bedeutet in unserem Fall, dass Dipropenyl-disulfid eine Versuchsreihe erst mit Mäusen und Ratten, dann Katzen und Hunden und schließlich Affen und Menschen durchlaufen müsste. Natürlich würde unsere Verbindung schon früh ausscheiden – wegen der Reihe unerwünschter Nebenwirkungen, deren übelste das Hervorrufen fortgeschrittener Fälle von Mundgeruch ist. Keine Kreatur verdient es, dass man ihr diesen widerlichen Stoff aufzwingt, ausgenommen freiwillige Menschen. Ungeachtet dessen ist Dipropenyldisulfid etwas vollkommen Natürliches und das populärste so genannte alternative Medikament, das heutzutage über die Ladentische wandert.

Verkauft wird vor allem Knoblauchöl, das weltweit von Millionen Menschen in Form von Kapseln eingenommen wird. In Deutschland ist dieses Öl das erfolgreichste frei verkäufliche Medikament. An Knoblauch kann man sich gewöhnen, und vielleicht mag man ihn schließlich sogar.

Der Knoblauchanbau ist ein großes Geschäft, und in vielen Ländern zieht jeder die Zwiebel im eigenen Garten. 65 000 Tonnen pro Jahr im Wert von 180 Millionen Dollar werden in den USA geerntet, und zwar vor allem rund um die 33 500-Seelen-Stadt Gilroy in Kalifornien. Dort wird jährlich ein Knoblauchfest gefeiert, auf dem man Knoblaucheis, Knoblauch-Quarkkuchen und Knoblauchgebäck kosten kann. In Europa verwendet man Knoblauch vor allem zum Kochen: in Aufläufen, Suppen und Salaten. Knoblauchbrot schließlich liebt man inzwischen auf der ganzen Welt.

Mit dem Garen verliert Knoblauch viel von seiner Schärfe, verleiht aber Suppen und herzhaften Gerichten eine pikante Note. An rohem Knoblauch im Salat mag sich zwar der Esser erfreuen, nicht aber die Leute, mit denen er oder sie danach in Kontakt kommt. Trotzdem essen etliche Leute bevorzugt rohen Knoblauch – aus gesundheitlichen Gründen, weil sie glauben, das Gewürz wirke gegen Krebs und Herzkrankheiten. Regelmäßige Knoblauchkonsumenten werden vielleicht tatsächlich seltener krank, weil ihr Mundgeruch andere Leute auf Distanz hält. Viele sind sogar gewillt, täglich große Mengen Knoblauch zu sich zu nehmen, als ob dieser wirklich ein Medikament wäre. Aber er ist keins.

Im Zentrum des aktiven Inhaltsstoffes des Knoblauchs, Dipropenyl-disulfid, befinden sich zwei Schwefelatome. Diese sind für den Geruch verantwortlich, den der Konsument, seine Familie und seine Freunde aushalten müssen. Jedes schwefelreiche Nahrungsmittel, das wir zu uns nehmen – seien es Zwiebeln, Knoblauch oder manche Eiweißformen – stellt uns, beziehungsweise unseren Körper, vor gewisse (soziale) Probleme. Eines Teils des Schwefels entledigt sich der Körper in Form des widerlich riechenden Moleküls Methylmercaptan, das wir ausatmen können. Diese Verbindung, der wir uns im folgenden Abschnitt genauer widmen werden, ist die Hauptursache für Mundgeruch.

Eine Knoblauchzehe ist geruchlos, bis man sie zerschneidet oder zerquetscht. In diesem Moment wirkt ein Enzym, die Allinase, auf die Aminosäure Alliin, die dadurch in Allicin, den wichtigsten Bestandteil des Knoblauchextrakts, umgewandelt wird. Aus Allicin bildet sich schließlich Dipropenyl-disulfid; beide Moleküle gleichen einander bis auf ein Sauerstoffatom, das im Falle des Allicins an eines der beiden Schwefelatome gebunden ist. Dieses Sauerstoffatom kann sich leicht vom Allicin lösen, so dass das flüchtigere Dipropenyl-disulfid entsteht, die Verbindung, der Knoblauch seinen unverwechselbaren Geruch verdankt.

Isst man rohen Knoblauch, nimmt man viel Dipropenyl-disulfid auf; beim Kochen entweicht der größte Teil dieser flüchtigen Chemikalie. Darum kann man ohne weiteres Suppen oder Eintöpfe essen, die eine Menge Knoblauch enthalten, ohne anschließend auf ein nettes Tête-à-tête verzichten zu müssen. Manche Leute behaupten, Petersilie oder Kopfsalat, gleichzeitig mit Knoblauch verzehrt, neutralisiere den Geruch; das kann durchaus sein, aber es gibt keinen überzeugenden Beweis. Und am Ende atmet man doch eine Menge Knoblauchduft aus.

Epidemiologische Untersuchungen in China und Italien zeigten, dass Knoblauchverzehr die Häufigkeit von Magenkrebs senkt; Beobachtungen an 40 000 Frauen aus den USA schienen auf eine Verbindung zwischen dem Knoblauchverbrauch und geringeren Häufigkeiten von Dickdarmkrebs hinzudeuten. Elisabeth Dorant und ihre Mitarbeiter an der Universität Limburg, Maastricht, konnten jedoch keine Verringerung der Krebshäufigkeit an Labortieren beobachten, denen sie frischen Knoblauch oder Knoblauchextrakt zu fressen gegeben hatten. Allerdings schien die Gabe das Tumorwachstum bei krebskranken Ratten zu verzögern.

Eine Knoblauchzehe pro Tag senkt, wie inzwischen nachgewiesen, den Cholesterinspiegel im Blut um zehn Prozent. Eine gewisse vorbeugende Wirkung gegen Herzkrankheiten scheint daher plausibel. Stichhaltige Beweise gibt es auch dafür jedoch bislang nicht. 1994 werteten Christopher Silagy von der Flinders University (Adelaide) und Andrew Neil von der Oxford University verschiedene Versuchsreihen zum Einfluss von Knoblauch auf den Blutdruck aus. Ihre Schlussfolgerung lautete, dass Knoblauch nur bei Patienten mit leicht erhöhtem Blutdruck in gewünschter Weise wirkt. Sie konnten das Präparat daher nicht für die klinische Routinetherapie vorschlagen.

Diese wissenschaftlichen Ergebnisse werden natürlich jene keineswegs überzeugen, die fest daran glauben, dass Knoblauch etwas Bemerkenswertes enthält. Jene Leute können sich auch auf die Rolle berufen, die Knoblauch seit Jahrhunderten in der Medizin spielt. Und die Theorie vom Allheilmittel lässt sich sogar chemisch untermauern, wenn man ins Feld führt, dass Allicin und Dipropenyl-disulfid als Antioxidantien wirken und daher höchst erwünscht sind: Sie können im Körper Peroxid aufsaugen und damit die Bildung freier Radikale verhindern.

Ob Knoblauch nun gegen Krebs oder Herzkrankheiten wirkt, mag dahingestellt sein. In jedem Fall ist die Pflanze nützlich, besonders zu

Halloween, wenn die Geister umgehen, die Hexen tanzen, die Dämonen zuschlagen und die Vampire ihr Festmahl halten. Spätestens dann gilt es, den Knoblauch aus der Schublade zu holen, denn es gibt kein wirksameres Mittel zur Abwehr böser Geister. Wahrscheinlich lassen auch diese sich vom Geruch des Methylmercaptans im Atem ihrer Opfer abschrecken. Um dieses Molekül geht es im nächsten Abschnitt.

Der schlimmste Gestank der Welt: Methylmercaptan

Für tolerierbare Mengen übler Gerüche gibt es offizielle Standards. Methylmercaptan führt die Hitliste an: Ein Stoff, der Schlagzeilen macht, sobald er irgendwo in größerem Umfang freigesetzt wird – was hin und wieder passiert, da er industriell zum Beispiel für die Herstellung des Insektizids Dimethoat verwendet wird. Als aus einer Fabrik in Waltham Abbey (England) unbeabsichtigt Methylmercaptan entwich, wurde den Anwohnern vom Geruch so übel, dass etliche von ihnen sofort ins Krankenhaus eilten – in dem Glauben, sie würden durch eine tödliche Chemikalie vergiftet. Andere riefen die örtlichen Gaswerke an. Das ist logischer, als es zunächst erscheinen mag: Dem Methylmercaptan ähnliche Verbindungen setzt man Erdgas zu, um Lecks in Gasleitungen leichter finden zu können.

Auch Bakterien in unserer Umwelt stellen Methylmercaptan her. An der schottischen Küste bei Edinburgh macht es sich häufig durch seinen Geruch bemerkbar, sehr zum Missvergnügen der Bewohner der exklusiven Vorstadt, die direkt auf das wunderschöne Wasser blickt.

Das Methylmercaptan, das wir nach dem Genuss von Knoblauch oder der Einnahme einer Knoblauchkapsel ausatmen, wird im Körper bei der Verdauung von Allicin gebildet. Bakterien, die unsere körpereigenen Proteine abbauen, sind auch für die Entstehung von Methylmercaptan im Mund verantwortlich, das wir möglicherweise ständig ausatmen und das Mundgeruch verursacht. Wir bemerken es sofort, wenn uns jemand anspricht – Menschen registrieren den Geruch in Luft schon in Konzentrationen von einem Milliardstel Anteil –, aber seltsamerweise riechen wir das von uns selbst ausgeatmete Gas nicht. In Japan gibt es ein spezielles Prüfgerät, mit dem man den eigenen Atem testen kann; Tausende davon wurden bereits verkauft. Der Mundgeruchdetektor, ein Patent des Erfinders Katunori Nakamura, ist nicht größer als eine Puderdose und funktioniert nach dem Prinzip, dass sich der elektrische Widerstand von

Metalloxiden wie Zinnoxid ändert, wenn das Oxid oberflächlich ein Gas wie Methylmercaptan aufnimmt.

Mundgeruch wird von verschiedenen Molekülen verursacht, beispielsweise Schwefelwasserstoff und Dimethylsulfid. Der Hauptschuldige jedoch ist Methylmercaptan. Schwefelwasserstoff, der klassische Gestank des Chemielabors, riecht längst nicht so übel, was auch auf Dimethylsulfid zutrifft, einen Bestandteil des Aromas von frischem Kaffee. Der Forscher Graham Embery von der University of Wales in Cardiff widmet sich den schwefelhaltigen Molekülen, die sich als Ergebnis bakterieller Tätigkeit im Mund finden. Die Mikroorganismen spalten Proteinreste und setzen Methylmercaptan aus den Aminosäuren Cystein und Methionin frei. Ein sehr intensiver Geruch nach Methylmercaptan kann auf eine Zahnfleischerkrankung hinweisen. Methionin ist für alle Lebensformen notwendig. Tierisches Protein enthält bis zu vier Prozent dieser Aminosäure, und daher können Bakterien genug Methylmercaptan freisetzen, um ihrem Opfer zu einem widerlichen Mundgeruch zu verhelfen.

Embery und Gunnar Rolla von der Norwegischen Universität Oslo widmen ein ganzes Kapitel ihres Buches *Clinical and Biological Aspects of Dentifrices* dem Mundgeruch (der medizinische Ausdruck lautet Halitosis). Embery rät jedem, der den Verdacht hat, Methylmercaptan auszuatmen, zur Verwendung einer Zahnpasta, die Anti-Plaque-Wirkstoffe wie Zink- oder Zinnsalze enthält. Diese Metalle treten mit den bakteriellen Enzymen in Wechselwirkung, die für die Entstehung von Methylmercaptan verantwortlich sind. Verbreitet wird angenommen, dass Mundwässer gegen Mundgeruch wirken, aber im Wesentlichen reinigen diese lediglich und überdecken den anstößigen Geruch. Eines der in Deutschland bekanntesten Produkte, Odol, besteht aus Wasser, Alkohol, Phenylsalicylat, Propylenglycol und natürlichen Aromastoffen wie Thymol und Menthol. Spült man sich damit sorgfältig den Mund, wird etwa die Hälfte der Bakterien der Mundhöhle abgetötet. Noch populärer ist eine andere Art der Mundreinigung – das Kaugummikauen, das den Speichelfluss anregt.

Auch unsere Füße können Bakterien Unterschlupf bieten, die Methylmercaptan freisetzen – insbesondere, wenn wir ihnen eine geeignete Umgebung in Form ungewaschener Socken und ungelüfteter Schuhe bieten. Angesprochen sind dabei speziell Staphylokokken und aerobe Coryneforme, die unter alkalischen Bedingungen, typisch für Schuhe und Strümpfe, bestens gedeihen. Wenn Sie unter Fußgeruch leiden, gibt es eine chemische Antwort: Verwenden Sie spezielle aktivkohlegefüllte Einlagen, deren Kohlenstoffschichten das Methylmercaptan aufnehmen.

Solche Sohlen halten wochenlang, weil die freigesetzten Mengen an Methylmercaptan sehr klein sind.

Methylmercaptan ist das einfachste Mitglied einer Familie von Verbindungen, die aus Ketten von bis zu 20 Kohlenstoffatomen, geknüpft an ein Schwefelatom, bestehen. Bei Methylmercaptan ist die Kette nur ein Atom lang. Undichte Gasleitungen bemerkt man durch den Austritt von Mercaptanen mit drei oder vier Kohlenstoffatomen. Ein Mercaptan mit 18 Kohlenstoffatomen ist als Wachs in Silberpolituren enthalten.

Ein gravierender Nachteil für die Herstellung und den Transport industriell verwendeten Methylmercaptans ist dessen niedriger Siedepunkt bei sechs Grad Celsius. Glücklicherweise lässt sich die Verbindung einfach in das chemisch ähnliche Dimethyldisulfid (DMDS) überführen, eine gelbe Flüssigkeit, die bei 100 Grad Celsius siedet. DMDS besteht aus zwei Methylmercaptan-Bausteinen, die an ihren Schwefelatomen miteinander verknüpft sind. Es riecht zwar nur unwesentlich weniger intensiv, ist aber viel sicherer zu transportieren. Hergestellt wird es vornehmlich in Lacq in Südwestfrankreich, wo Erdgas gefördert wird, das erhebliche Mengen Schwefelwasserstoff mitführt. Diesen lässt man mit Methanol reagieren, und das gebildete Methylmercaptan wird anschließend zu DMDS umgesetzt.

Industriell verwendet man Methylmercaptan zur Herstellung von Pestiziden, insbesondere Unkrautvernichtungsmitteln für Getreidekulturen wie Weizen, Mais und Reis. Das wichtigste Anwendungsgebiet ist die Regeneration von Katalysatoren aus der Erdölraffinerie. Man braucht die Verbindung auch zur Gewinnung des bereits erwähnten Methionins, einer Aminosäure, die in der Nahrung fehlen kann. Gelegentlich setzt man Methionin heute Viehfutter zu, um den Gehalt der Milch und des Fleisches der Tiere an dieser essenziellen Aminosäure zu erhöhen.

Rätselhafte Coca-Cola: Coffein

Schokolade enthält ein wenig Coffein – viel weniger allerdings als andere Nahrungsmittel wie Kaffee, Tee oder Cola. Die meisten Inhaltsstoffe der Cola standen irgendwann im Kreuzfeuer der Kritik, was die jungen Leute auf der ganzen Welt nicht davon abhalten konnte, das Getränk trotzdem zu mögen. Aber schauen Sie auf das Etikett einer Colaflasche oder -dose: Anscheinend trinken Sie da nichts anderes als eine Lösung von (synthetischen) Chemikalien in Sprudelwasser. Als »natürlich« kann man nicht viele Ingredienzien bezeichnen. Cola besteht vor allem aus Zucker oder einem künstlichen Süßstoff, Phosphorsäure, Coffein und einer Aromamischung, deren Zusammensetzung geheim sein soll. Vor langer Zeit war sie es tatsächlich, und das machte einen guten Teil der Anziehungskraft des Getränks aus, als es einst auf den Markt kam.

Kein Zweifel, die geheime Cola-Formel war höchst erfolgreich: Coca-Cola kitzelte die Zunge von Milliarden Menschen auf der ganzen Welt. Das verwundert nicht, denn Cola ist ein erfrischendes Getränk von angenehmem Geschmack, und eine Dose eiskalte Cola kann an einem heißen Sommertag tatsächlich den Durst löschen. Nicht überraschend auch, dass Coca-Cola viele Nachahmer fand.

Viele der Hauptingredienzien der Cola waren noch nie geheim: Zucker, Karamell, Coffein, Phosphorsäure, Limonensaft und Vanilleessenz. Eine Mischung dieser Stoffe schmeckt ganz passabel, wobei Karamell-, Limonen- und Vanillearoma überwiegen. Niemals enthielt Cola Cocain, obwohl es nicht unwahrscheinlich ist, dass Pemberton, selbst regelmäßiger Konsument der Droge, damit experimentiert hat. Zweifellos war Cocain zu Pembertons Zeit Bestandteil gewisser Stärkungsmittel; bekannt war zum Beispiel die Vorliebe von Königin Viktoria höchstselbst für einige dieser Mittelchen. Auch der Colaextrakt wurde, zugunsten gereinigten Coffeins, recht früh aus dem Rezept gestrichen. Der Säuregehalt der Cola, erforderlich für den erfrischenden Geschmack, wurde ursprünglich durch den Zusatz von Zitronensäure (aus Zitrusfrüchten) erreicht, die aber bald durch die billigere Phosphorsäure ersetzt wurde.

Pemberton musste sein neues Getränk unverwechselbar machen und experimentierte mit geringen Mengen anderer Aromastoffe. Der Mischung, die ihm schließlich zusagte, gab er den Codenamen 7X. Über alle die Jahre hinweg hütete das Unternehmen das Geheimnis von 7X äußerst sorgfältig und war eher bereit, Gerichtsurteilen zu trotzen, als es zu lüften. In Indien sind die Hersteller eines Getränks gesetzlich zur Angabe von dessen Inhaltsstoffen verpflichtet – so beschloss das Unternehmen 1977, Coca-Cola in Indien nicht mehr anzubieten, um die Zusammensetzung des Aromas nicht preisgeben zu müssen.

Natürlich versuchten andere im Laufe der Jahre, die Zusammensetzung von 7X zu erraten. Alle natürlichen Bestandteile sind jedoch nur in winzigsten Mengen vorhanden, und jede dieser Essenzen besteht ihrerseits aus zahlreichen Aromastoffen, so dass die chemische Analytik lange versagte. William Poundstone, der Autor des Buches *Big Secrets*, veröffentlichte 1983 seine Version von 7X: Orange, Zitrone, Muskat, Kassia, Koriander,

Neroli und Limone. Der Kassiabaum heißt auch Kassia-Zimtbaum, Neroli gewinnt man aus Pomeranzenblüten.

Wie wir noch sehen werden, hat Poundstone gar nicht schlecht geraten.

Moderne analytische Methoden lüften auch das geheimste Detail jeder Wundermischung – und so war Coca-Cola vielleicht nicht übermäßig geschockt, als Mark Prendergast 1993 das Rezept schließlich in seinem Buch *For God, Country and Coca-Cola* an die Öffentlichkeit brachte. Er behauptete, es in den zerflederten Überresten eines Labornotizbuches von Pemberton gefunden zu haben, das im Unternehmensarchiv aufbewahrt wurde. Das mysteriöse 7X ist eine Mischung der Öle von Limone (120 Teile), Orange (80), Muskat (40), Zimt (40), Neroli (40) und Koriander (20). Pemberton mischte diese Zutaten mit Alkohol und ließ die Mischung 24 Stunden lang stehen; so erhielt er den geheimnisvollen Extrakt. Heute verwendet man keinen Alkohol mehr – aber möglicherweise musste Pemberton sein Rezept ursprünglich geheimhalten, weil er eben Alkohol brauchte, der, wie erwähnt, in Atlanta zu jener Zeit verboten war.

Das Unternehmen Coca-Cola behauptet noch immer, das Geheimnis der »echten« Cola liege in der Reihenfolge, in der die Zutaten von 7X gemischt würden, und es ist gut möglich, dass dieses Geheimnis auch heute nur zwei Vorstandsmitgliedern bekannt ist. Es gibt Leute, die verschiedene Colasorten angeblich am Geschmack auseinander halten können; ein für die Unterscheidung von Cola geschulter Gaumen wird jedoch höchstwahrscheinlich nie als Merkmal eines Feinschmeckers betrachtet werden. Cola ist einfach ein Erfrischungsgetränk, unschädlich und Beschäftigungsgrundlage für viele Angestellte in der Herstellung, im Transport, im Verkauf und in der Werbung. Wenn Sie eine Dose Cola kaufen, stört es Sie wenig, dass Sie 95 Prozent des Preises für Verpackung, Werbung und Gewinne ausgegeben haben. Etwas Essenzielles haben Sie jedenfalls nicht erworben, und ein Glas Wasser löscht den Durst noch besser und kostet fast nichts. Was Sie da eigentlich haben, ist eine Lösung von Coffein – das allerdings wirken kann.

Eine Dose Cola enthält 40 Milligramm Coffein, so viel wie eine Tasse Tee oder eine halbe Tasse frisch gemahlener Kaffee. In der gleichen Menge Instant-Kaffee – der im Verlaufe der letzten 50 Jahren am populärsten gewordenen Form der Coffeinaufnahme – finden sich 60 Milligramm. Der erste Hersteller von löslichem Kaffee war 1938 das schweizerische Unternehmen Nestlé, dessen Produkt Nescafé heißt; bereits 1930 hatte das Brasilianische Kaffeeinstitut gezeigt, dass man das schwarze Getränk zu einem löslichen Pulver reduzieren kann. Richtig zur Geltung kam das neue Produkt im Zweiten Weltkrieg als Bestandteil der Ausrüstung der amerikanischen Truppen; danach fand es schnell seinen Weg in unser Leben.

Junge Leute nehmen ihre tägliche Dosis Coffein vielleicht in Form von Cola auf, die meisten Erwachsenen jedoch in Form von Kaffee oder (schwarzem) Tee. Die wichtigsten Bestandteile dieser Getränke sind zwar die Aromastoffe, aber das Coffein ist es, das ihnen die andauernde Popularität sicherte. Tee wird vor allem in seinen Anbauländern getrunken, Indien, Sri Lanka und besonders China; daneben gibt es Länder, die ihn in großem Maßstab importieren, wie Großbritannien und Australien. Kaffee dagegen wird überwiegend als Exportgut angebaut, allen voran in Brasilien, Kolumbien, Indonesien und Kenia. Das Volumen des internationalen Handels mit Kaffeebohnen übersteigt jährlich sieben Milliarden Dollar. Damit gehört Kaffee zu den vier meistgehandelten Waren (neben Kohle, Getreide und Öl).

Der weltweite Coffeinverbrauch wird auf über 120 000 Tonnen im Jahr geschätzt – das ergibt etwa 60 Milligramm pro Person und Tag. Am meisten Coffein nehmen die Skandinavier zu sich (über 400 Milligramm täglich), die Briten konsumieren ca. 300 Milligramm hauptsächlich in Form von Tee, und die Amerikaner, die lange als große Kaffee- und Colatrinker galten, kommen auf überraschend magere 200 Milligramm pro Tag.

Um eine tödliche Dosis Coffein – 5000 Milligramm bei oraler Gabe – aufzunehmen, muss man 80 Tassen Kaffee oder 120 Tassen Tee trinken. Nehmen Sie Coffein zu sich, dann mobilisiert der Körper sofort seine Abwehrkräfte, um dieses Gift – wie er es empfindet – wieder loszuwerden. Er bekämpft den Angreifer, indem er ihm Kohlenstoffatome abschneidet, was zunächst nicht viel nützt, denn so entstehen neue Moleküle wie Theophyllin und Paraxanthin, die genauso aktiv sind. Der Prozess wird jedoch fortgesetzt, und schließlich entsteht Xanthin, das der Körper mit dem Urin ausscheiden oder anderweitig verwenden kann. All dies erklärt, warum die Wirkung von Coffein im Körper ungefähr fünf Stunden lang anhält. Interessanterweise wird die Leber durch Zigarettenrauch angeregt, mehr coffeinabbauende Enzyme zu bilden; daher ist der Effekt für Raucher nur etwa drei Stunden lang spürbar.

Über 60 Pflanzenarten erzeugen Coffein. Man vermutet, dass dieses als Schutz vor Insekten dienen soll. Der Kaffeestrauch ist in Äthiopien beheimatet und wird dort bereits seit 1000 Jahren angebaut. Um 1600 erreichte der Kaffee Europa, wahrscheinlich über die Türkei, wo er den

Namen *kehveh* erhielt. Tee hat eine viel längere Tradition. Er wurde in China schon 2500 v. Chr. getrunken, kam aber erst im siebzehnten Jahrhundert nach Europa. Die Colapflanze, ein immergrüner Baum des tropischen Afrika, trägt glänzende Nüsse, die viel Coffein enthalten. Man setzte dieses frei, indem man die Nüsse kaute.

Coffein ist nicht nur ein populäres Anregungsmittel. Es wird auch medizinisch verwendet, so in Schmerz-, Asthma- und Schlankheitsmitteln, weil es den Stoffwechsel anregt und die Bronchialnerven entspannt. Schon lange benutzt man Coffein, um die körperliche Ausdauer zu steigern. Im Tibet trinken nicht nur die Einheimischen selbst viel Tee, sondern sie geben große Mengen auch ihren Pferden und Maultieren. Entfernungen werden in der Anzahl der Tassen Tee angegeben, die man braucht, um anzukommen; drei Tassen Tee liefern genug »Treibstoff« für etwa acht Kilometer.

Reines Coffein ist ein weißes Pulver, das der deutsche Chemiker Friedlieb Ferdinand Runge 1820 erstmals isolierte. Die Struktur des Coffeinmoleküls wurde erst 1897 aufgeklärt. Man kann die Verbindung im Labor herstellen, aber der kommerzielle Markt wird durch Coffein abgedeckt, das bei der Entcoffeinierung von Kaffee anfällt. Die Entfernung von Coffein aus Kaffee ohne wesentliche Beeinflussung des Aromas ist recht einfach; man extrahiert es mit flüssigem (überkritischem) Kohlendioxid.

Um Coffein ranken sich viele Legenden. Es wird verantwortlich gemacht für schlaflose Nächte, Verdauungsbeschwerden und Mundgeruch, und als ob das nicht genug wäre, wird ihm auch noch eine Erhöhung des Cholesterinspiegels und damit des Risikos für Herzkrankheiten angelastet. In den siebziger Jahren wurde sogar behauptet, Coffein verursache Leberkrebs – eine Horrormeldung, die sich allzu bald als völlig unbegründet erwies. 175 Teilnehmer eines internationalen Coffein-Workshops 1993 in Griechenland kamen darüber hinaus zu dem Schluss, dass auch Magenverstimmungen, Schlaflosigkeit und Herzkrankheiten nichts mit Coffein zu tun haben. Je mehr Daten gesammelt und analysiert wurden, desto eindeutiger stellte sich heraus, dass viele Befürchtungen bezüglich des Coffeingenusses lediglich durch Artefakte schlecht angelegter epidemiologischer Studien über Ernährungsgewohnheiten von Menschengruppen heraufbeschworen worden waren.

Coffein wirkt in vielfältiger Weise auf uns. Es wird von der Leber abgebaut, welche etwa zwölf Stunden braucht, um 90 Prozent der aufgenommenen Menge zu verarbeiten. Wer erstmals Coffein zu sich nimmt, dessen Pulsfrequenz und Blutdruck steigen ziemlich dramatisch an; konsumiert man Cola, Kaffee und Tee dagegen regelmäßig, reagiert der Körper nicht mehr so heftig. Es überrascht nicht, dass Coffein aufgrund seiner physiologischen Wirkung als Faktor bei der Entstehung verschiedener häufiger Krankheiten angesehen wurde. In einem Bericht aus dem Jahre 1973 liest man etwa, das Thromboserisiko werde durch eine Aufnahme von 400 Milligramm Coffein am Tag, was etwa fünf Tassen frischen Kaffees entspricht, verdoppelt. Eine Studie aus dem Jahre 1990 an 45 000 Männern fand jedoch keinerlei Korrelation von Thrombose und Kaffeekonsum. Auch eine angenommene Verbindung mit Herzkrankheiten erwies sich in einer groß angelegten Untersuchung in Schottland, wo diese Leiden relativ häufig sind, als Irrtum. Die Forscher befragten über 10 000 Männer und Frauen mittleren Alters und fanden keinen Zusammenhang zwischen der Coffeinaufnahme und der Krankheitshäufigkeit.

Coffein ist ein Stimulans, was in der Werbung üblicherweise betont wird: Kaffee weckt auf, Cola erfrischt, und Tee kann gar wiederbeleben. Die anregende Wirkung beruht auf der erhöhten Ausschüttung des körpereigenen »Anregungsmittels« Dopamin, die durch bis zu vier Tassen Kaffee gesteigert wird. Jede weitere Tasse Kaffee erhöht den Dopaminspiegel im Gehirn nicht mehr. Viele Leute glauben, sich durch ein Übermaß an Coffein eine Nacht lang wach halten zu können, aber das funktioniert wahrscheinlich nicht – es sei denn, man trinkt sehr viel und gehört zu den Leuten, die Coffein nur langsam abbauen. Ungeachtet früherer Behauptungen, Coffein mache nicht süchtig, ist inzwischen eine Reihe von Entzugserscheinungen anerkannt. Dazu gehören in der Reihenfolge ihres Auftretens: Kopfschmerzen, Depressionen, Müdigkeit, Reizbarkeit, Übelkeit und Erbrechen.

Abgesehen vom Coffein bietet Tee wohl andere verborgene Vorteile in Form dreier weiterer Inhaltsstoffe, Salicylat, Epicatechingallat und Epigallocatechingallat. Mit Salicylat werden wir im Laufe dieses Kapitels noch Bekanntschaft schließen. Die beiden anderen Moleküle gehören zur Gruppe der so genannten Flavonoide, von denen man annimmt, dass sie den Körper vor freien Radikalen schützen. Letztere sind gefährliche, natürlich vorkommende Verbindungen mit einem freien Elektron, mittels dessen sie Bestandteile lebender Zellen wie die DNA angreifen und damit möglicherweise Krebs auslösen können. Der erbarmungslose Angriff freier Radikale auf unseren Körper ist vermutlich auch die Ursache des Alterns.

Vielleicht kann man sich vor freien Radikalen schützen, indem man viel Tee trinkt. Niederländische Forscher beobachteten 15 Jahre lang Männer im Alter von über 50 Jahren und berichteten 1996, dass unter den Teetrinkern

Schlaganfälle signifikant seltener auftraten. Diesen Befund schrieben sie der Fähigkeit der Flavonoide zur Zerstörung freier Radikale zu. Andere Wissenschaftler wiesen nach, dass Flavonoide aus Tee auch vor Tumoren schützen können – zumindest im Tierversuch.

Cola

Nicht nur im Herkunftsland der Cola, den Vereinigten Staaten, sind Getränke aus Sprudelwasser mit Frucht- oder Colaaroma äußerst beliebt. In den USA werden davon pro Person durchschnittlich 3,5 Liter wöchentlich konsumiert, verglichen mit 2,5 Liter Kaffee. Über 80 % der alkoholfreien Sprudelgetränke enthalten Coffein, in erster Linie natürlich Cola. Coca-Cola, Pepsi-Cola und Dr. Pepper sind Marken, die in den 1880er Jahren in den USA entstanden und von dort aus einen weltweiten Siegeszug antraten.

Die meisten Inhaltsstoffe der Cola standen irgendwann im Kreuzfeuer der Kritik. Schauen Sie auf das Etikett einer Colaflasche oder -dose: Offenbar trinken Sie nichts anderes als eine Lösung von (synthetischen) Chemikalien in Sprudelwasser. Als »natürlich« oder gar »gesund« kann man tatsächlich nicht viele Ingredienzien bezeichnen. Cola besteht vor allem aus Zucker oder einem künstlichen Süßstoff, Phosphorsäure, Coffein und einer Aromamischung, deren Zusammensetzung geheim sein soll. Trotzdem – oder eher gerade deswegen – war die Coca-Cola von Anfang an sehr erfolgreich, und in jeder Woche werden auf der ganzen Welt Milliarden Dosen davon verkauft.

Die Geschichte der Coca-Cola begann im Juni 1887 in Atlanta (Georgia), als der Apotheker Dr. John Pemberton im *Atlanta Journal* mit folgender Anzeige für ein neues Getränk warb:

Delikat! Erfrischend! Anregend! Belebend!
Das neue, populäre Sprudelgetränk vereint die Eigenschaften der wunderbaren Coca-Pflanze und der berühmten Cola-Nuss.

Nach diesen Zutatenlieferanten benannte Pemberton sein Produkt Coca-Cola: Die Coca-Pflanze lieferte ein bisschen Cocain, die Cola-Nuss Coffein. Keiner der genannten Naturstoffe findet sich in einer heutigen Cola, auf die Cocain-Komponente verzichtete man sogar schon sehr bald. Der Zeitpunkt der Markteinführung war günstig: Soeben hatte Atlanta ein Alkoholverbot erlassen. So erstaunt es wohl nicht, dass sich Pembertons

Cola gut verkaufte – auch dann noch, als Atlanta etwas später im selben Jahr die Prohibition wieder aufhob.

Pembertons Rezept wurde im Laufe der Jahre zum absoluten Bestseller unter den alkoholfreien Getränken. Die exakte Zusammensetzung hielt der Erfinder zunächst geheim. Nur die wichtigsten Zutaten (Zucker, Karamell, Coffein, Phosphorsäure, Zitronensaft und Vanilleextrakt) waren allgemein bekannt. Für den Säuregehalt, der dem Gebräu die erfrischende Note verleiht, war ursprünglich Zitronensäure aus Zitrusfrüchten, später die billigere Phosphorsäure verantwortlich. In dem Bestreben, sein Rezept unverwechselbar zu machen, experimentierte Pemberton mit geringen Mengen anderer Aromastoffe. Über hundert Jahre lang blieb das Rezept in den Archiven von Coca-Cola verschlossen, bis es zufällig in einem von Pembertons Notizbüchern entdeckt wurde. Heute kennen wir das Geheimnis der Zusammensetzung, es handelt sich um eine bestimmte Mischung der Öle von Limone, Orange, Muskat, Zimt, Neroli und Koriander.

Manche Leute behaupten, Cola der verschiedenen Marken mit verbundenen Augen auseinander halten zu können. In solchen Blindversuchen wird meist Pepsi-Cola der angenehmste Geschmack bescheinigt, während die Verkaufszahlen bei weitem zugunsten des Hauptkonkurrenten Coca-Cola sprechen. Wem es allerdings nur um den Coffeingehalt geht, für den ist Cola in jedem Fall ein vergleichsweise teures Getränk. Eine Dose enthält rund 45 mg des Wirkstoffs, je nach Marke weniger (Pepsi-Cola: 41 mg) oder mehr (Coca-Cola: 48 mg). In einigen Ländern ist der Coffeingehalt von Cola gesetzlich beschränkt, beispielsweise in Australien, wo maximal 55 mg in 375 ml zugelassen werden. Wie man sieht, ist es nicht besonders schwierig, die maximal empfohlene Tagesdosis Coffein (250 mg) allein durch den Genuss von Cola zu überschreiten.

Schokolade

Kakaopulver wird aus den Bohnen des Kakaobaums gewonnen. Diese Bohnen enthalten sehr viel weniger Coffein als die Kaffeefrüchte, dafür aber erhebliche Mengen (etwa das Siebenfache) einer dem Coffein verwandten Chemikalie, Theobromin. In einer Tafel Schokolade (100 g) können sich bis zu 500 mg Theobromin befinden. Die Wirkung dieser Substanz ähnelt der des Coffeins, ist aber weniger intensiv. Wie Tee enthält auch Kakao etliche andere Substanzen, die unseren Stoffwechsel beeinflussen können, darunter das in Kapitel 5 besprochene biogene Amin Phenylethylamin. Möglicherweise ist dieses Amin für eine Gier auf Schokolade

(»Schokoholismus«) verantwortlich, von der besonders Frauen berichten, denen es schwer fällt, der zartschmelzenden Versuchung speziell in den Tagen vor der Monatsblutung zu widerstehen. Zwar können einige Inhaltsstoffe der Schokolade körpereigene Hormone nachahmen, aber von einer Sucht im eigentlichen Sinne kann man wohl nicht sprechen.

Handelsübliche Schokolade enthält im Schnitt 8 % Eiweiß (Protein), 60 % Kohlenhydrate und 30 % Fett (was an der Obergrenze des Wünschenswerten liegt). Eine 100-g-Tafel liefert neben 520 Kilokalorien auch etliche essenzielle Mineralstoffe (Kalium, Calcium, Eisen, Kupfer, Zink) sowie die Vitamine A, B_1, B_2, Niacin und E. Deshalb ist Schokolade eine hervorragende Notration, beispielsweise für Soldaten und Forscher. Allerdings ist der süße Stoff kein »vollkommenes« Nahrungsmittel, denn ihm fehlen unter anderem die Vitamine C und D.

Als Entdecker der Schokolade gelten die Mayas, Angehörige einer mexikanischen Kultur, deren Blütezeit von 250 bis 900 n. Chr. dauerte. Die Mayas tranken die Schokolade, die allein der herrschenden Oberschicht vorbehalten war. Als die Spanier gegen Ende des 15. Jh. Jahrhunderts in Mexiko landeten, dominierten dort die Azteken, deren Wirtschaft teilweise auf Kakaobohnen beruhte. Auch die aztekischen Edlen behielten die Schokolade für sich selbst. Sie sahen sie als Aphrodisiakum an und verboten den Frauen ihren Genuss. Der Ruf der triebsteigernden Wirkung begleitete die Kakaobohne auf ihrer Reise nach Europa und verbreitete sich schnell. Noch Casanova, der berühmte Liebhaber des 18. Jh., schürte den Volksglauben, indem er Schokolade als sein Lieblingsgetränk bezeichnete.

Der Kakaobaum, *Theobroma cacao* (*theobroma* bedeutet »Götterspeise«), gedeiht am besten im warmen, feuchten Klima innerhalb von 20 Breitengraden um den Äquator. Die wichtigsten Anbauländer sind Brasilien und Mexiko für den nordamerikanischen Markt sowie Westafrika für den Bedarf in Europa. Weltweit werden jährlich 2 Millionen Tonnen Kakaobohnen geerntet.

Nach der Ernte der Kakaofrüchte werden die Bohnen herausgelöst und in die Sonne gelegt, wo sie fermentieren. Sie werden dabei braun, und ein Teil ihres Zuckers wandelt sich zunächst in Alkohol und dann in Essigsäure (wir kennen sie als Speiseessig) um. Die Essigsäure zersetzt das Pflanzenmaterial und setzt andere Aromastoffe frei. Auch Phenylethylamin wird während des Fermentationsprozesses gebildet. Man röstet die Bohnen anschließend, um die Essigsäure größtenteils zu entfernen und die Bildung der Aromastoffe zu fördern. Dann mahlt man sie, wobei das Kakaofett schmilzt.

Wenn wir heutzutage von Schokolade sprechen, denken wir an ein Stück von einer Tafel. Ursprünglich, 250 Jahre lang auch in Europa, war Schokolade jedoch ein Getränk: Der Name leitet sich vom aztekischen *xocalatl*, »bitteres Wasser«, her. Man mischte den schaumigen Trunk aus Kakao, Maismehl und Zimt. Um dem europäischen Geschmack näher zu kommen, süßte man später mit Zucker und gab Vanille hinzu. Konditoren aus Bristol in England, die Quäker J. S. Fry & Sons, boten 1847 erstmals eine feste Schokolade als Süßigkeit zum Essen an. Zu ihrer Herstellung pressten sie die Kakaobutter aus geschmolzener Schokolade und gaben sie zu weiterer Schokoladenschmelze hinzu. So erhielten sie eine einfache Schokolade mit ziemlich intensivem Geschmack, die Kochschokolade. Viel populärer wurde die Milchschokolade, die der schweizerische Chemiker Henri Nestlé 1876 als erster herstellte. Er gab Kondensmilch zur Schokoladenmasse, wodurch der Geschmack leichter und die Farbe heller wurde. Andere Quäkerfamilien – die Cadburys, die Rowntrees und die Hersheys – erschienen später auf der Bühne des Schokoladengeschäfts und bauten riesige Imperien auf, in Großbritannien ebenso wie in den USA.

Ungeachtet aller Legenden ist Schokolade kein Aphrodisiakum, aber drei seiner Inhaltsstoffe beeinflussen das Hirn zweifellos: Coffein und Theobromin wirken ähnlich und in der oben beschriebenen Weise, während Phenylethylamin wahrscheinlich den Glucosespiegel des Blutes ansteigen lässt und die Ausschüttung von Dopamin auslöst, wie es im vorangegangenen Kapitel besprochen wurde.

Von den alltäglichen Coffeinlieferanten ist Schokolade der am wenigsten ergiebige. Wenn Sie vermuten, auf Coffein empfindlich zu reagieren, sollten Sie demnach zunächst auf Kaffee, Cola und Tee verzichten, bevor Sie sich das gelegentliche Vergnügen eines Stückchens Schokolade versagen.

Wie wirkt Coffein?

Reines Coffein, ein weißes Pulver, wurde erstmals 1820 von dem deutschen Chemiker Friedlieb Runge isoliert. 1897 gelang die Aufklärung der Molekülstruktur. Prinzipiell lässt sich die Substanz im Labor herstellen, aber zur Abdeckung des Marktes reicht der bei der Entcoffeinierung von Kaffee anfallende Wirkstoff vollkommen aus.

Chemisch ist Coffein 1,3,7-Trimethylxanthin. Dies bedeutet, dass an die Kohlenstoffatome 1, 3 und 7 eines Xanthingrundkörpers jeweils Methylgruppen geknüpft sind. Ebenfalls in der Natur, und zwar häufig gemeinsam mit Coffein, vorkommende verwandte Moleküle tragen nur zwei Methylreste, und zwar an den Atomen 1 und 3, 1 und 7 oder 3 und 7. Es handelt sich dabei um Theophyllin, Paraxanthin und Theobromin, die in ihrer Wirkung auf den menschlichen Organismus dem Coffein ähneln (Theophyllin ist etwas wirksamer, Theobromin etwas weniger aktiv).

Wie wirkt Coffein? Allgemein wird die Ansicht vertreten, die Chemikalie vertreibe Müdigkeit und helfe beim Ausnüchtern. Forschungsarbeiten zeigen jedoch, dass die Effekte weitaus subtiler sind.

Der Coffeinstoffwechsel findet in der Leber statt. Um 90 % der aufgenommenen Menge der Substanz abzubauen, benötigt dieses Organ ungefähr 12 Stunden. Was wir davon merken, hängt zum einen vom Körpergewicht und zum anderen von der Häufigkeit des Genusses coffeinhaltiger Getränke ab. Die ersten Tassen Kaffee lassen Pulsfrequenz und Blutdruck drastisch ansteigen. Konsumiert man Cola, Kaffee und Tee dagegen regelmäßig, reagiert der Körper weit weniger heftig. Nichtsdestoweniger ist Coffein ein Stimulans, was in der Werbung üblicherweise betont wird: Kaffee weckt auf, Cola erfrischt, und Tee kann gar wiederbeleben.

Kaffee ruft jedoch auch andere Effekte hervor. Versuchspersonen, denen man 250 oder 500 mg Coffein verabreicht hatte, zitterten die Hände – ein Symptom, das eine Stunde nach der Aufnahme des Wirkstoffs am auffälligsten war und etwa 2 Stunden lang anhielt. Die Intensität war von Person zu Person stark verschieden, und diese Variabilität der Wirkung von Coffein beschäftigte viele Forscher lange.

Um zu prüfen, ob Coffein Angstneurosen auslösen kann, wurde Freiwilligen über längere Zeit hinweg täglich 1000 mg Coffein gegeben. Wie sich zeigte, bewirken diese Mengen tatsächlich Symptome, die oft mit Angst in Zusammenhang gebracht werden, wie Nervosität, Schlaflosigkeit, Störungen der Sinneswahrnehmung, Reizbarkeit und Zittern.

Athleten verwenden Coffein zur Leistungssteigerung, allerdings um einen hohen Preis, wie Sylvia Gerasch erfahren musste. Die Europameisterin im 100-m-Brustschwimmen wurde im Januar 1994 positiv auf Coffein getestet, woraufhin ihr der Titel aberkannt und eine zweijährige Wettkampfsperre verhängt wurde. Die 16 mg Coffein pro Liter, die in Geraschs Blut gefunden wurden, lagen weit über dem durch die Sportverbände gesetzten Grenzwert von 12 mg. Gerasch musste vor dem Start rund 750 mg Coffein zu sich genommen haben, was sich mit ungefähr sechs Tassen starken Kaffees erreichen lässt.

Forschungsarbeiten am Christ Church College in Canterbury (England) zeigten, dass eine Einnahme von 350 mg Coffein vor einem 1500-Meter-

Lauf einen Zeitgewinn von etwa 4 Sekunden bewirken kann. Das klingt nicht viel, kann aber ausreichen, um den Sieg zu sichern. Radrennfahrer nehmen vor und während dem Wettkampf coffeinhaltige Getränke zu sich, manche greifen sogar zu Zäpfchen, die den Wirkstoff langsamer freisetzen. Coffein fördert die Umwandlung von Körperfett in Energie und erschließt damit eine Energiequelle neben den gespeicherten Kohlenhydraten. Möglicherweise beeinflusst Coffein die Enzyme, die den Glycogenspeicher steuern. Wie dies allerdings erfolgt, ist noch nicht vollkommen geklärt. Bei Wettkämpfen in Ausdauersportarten ist die zusätzliche Energiereserve sicher willkommen. Anscheinend bewirkt Coffein auch eine verstärkte Ausschüttung von Calcium in Hirngewebe und Muskeln. Mit Hilfe solcher Theorien lässt sich letztlich erklären, warum die Substanz allgemein als Muntermacher gilt.

Coffein ist nicht nur ein Lebenswecker, sondern hat auch medizinischen Nutzen: in Schmerzmitteln, Asthmamedikamenten und Diäthilfsmitteln. Letzteres ist allerdings in etlichen Ländern verboten, in den USA beispielsweise seit 1991. Die Chemikalie hilft beim Abnehmen, weil sie einerseits als mildes Diuretikum und Abführmittel wirkt und andererseits den Stoffwechsel anregt, so dass bei körperlicher Betätigung mehr Fett verbrannt wird. Grundlage dieses Wirkungsspektrums ist ein Eingriff der Substanz in den Adenosinhaushalt: Coffein regt die Urinabsonderung an, indem es Adenosinrezeptoren in den Nieren blockiert. Dies führt zur lokalen Erweiterung der Blutgefäße, so dass die Nieren wesentlich mehr Blut filtern können. Auch die Adenosinrezeptoren im Dickdarm werden blockiert, wodurch die Darmbewegung intensiviert wird.

Adenosin beruhigt, stillt Schmerzen und setzt die Aktivität des Gehirns herab. Es ist in allen Gewebearten vorhanden und hemmt die Neurotransmitter, weshalb wir ermüden, wenn Adenosin im Gehirn ausgeschüttet wird. Die Adenosinproduktion wird von neuronalen Signalen ausgelöst, und die Substanz besetzt Rezeptoren, die in die Membranen der Neuronen (und andere Gewebe) eingebettet sind. Dadurch wird die Signalweiterleitung durch die Neuronen eingeschränkt. Wenn wir ruhen oder schlafen, sinkt der Adenosinspiegel ab, und die Aktivität der Neuronen kann sich wieder aufbauen.

Adenosin reguliert auch den Blutdruck, den Schlag des Herzens und die Hirntätigkeit. Daher beeinflusst Coffein den Blutdruck und kann außerdem das Herzminutenvolumen um immerhin 50 % steigern. (Das Herzminutenvolumen ist das Produkt aus Schlagvolumen und Pulsfrequenz; Coffein verändert beide Größen.) Dazu muss man allerdings 10 mg

Wirkstoff pro kg Körpergewicht aufnehmen, das bedeutet, 12 Tassen starken Kaffees hintereinander trinken. In derart hohen Dosen beschleunigt Coffein den Herzschlag, erhöht den Blutdruck, erzeugt Angstgefühle und reduziert den Blutstrom zum Gehirn. Wie stark diese Effekte sind, hängt indessen von der persönlichen Konstitution und vom Ausmaß der Gewöhnung an coffeinhaltige Getränke ab. In einigen Fällen machen sich die Symptome auch erst mit einer Verzögerung von mehr als einer Stunde bemerkbar. Coffein erleichtert darüber hinaus die Muskelkontraktion und die Atmung. Sein enger Verwandter Theophyllin wird in Dosen von 250 mg (für Erwachsene) therapeutisch bei Bronchialasthma angewendet, um die Atemwege zu entkrampfen.

Coffeinmoleküle binden zwar an Adenosinrezeptoren, lösen jedoch keine Reaktion aus – das heißt, die Botschaft, dass der Organismus seine Tätigkeit verlangsamen soll, wird nicht weitergegeben. Überall im Körper, wo Adenosin einen beruhigenden Einfluss ausüben soll, kann Coffein dem entgegenwirken. Bis jetzt wurden drei verschiedene Typen von Adenosinrezeptoren identifiziert, wobei man noch nicht mit Sicherheit weiß, ob Coffein sie alle blockiert. Hier könnte aber der Schlüssel zur Lösung des Rätsels der individuell stark verschiedenen Reaktionen auf Coffein liegen: Verschiedene Personen verfügen vielleicht über unterschiedlich viele Adenosinrezeptoren, die noch dazu unterschiedlich verteilt sein können.

Lydia Conlay und ihre Mitarbeiter vom MIT in Cambridge (Massachusetts) veröffentlichten 1997 in der Zeitschrift *Nature* Ergebnisse von Untersuchungen, denen zufolge der Adenosinspiegel im Blutplasma von Ratten proportional zur aufgenommenen Menge Coffein bis zu einer bestimmten Grenze ansteigt. Über diese hinaus blieb der Adenosinspiegel auch bei weiterer Erhöhung der Coffeindosis konstant. Die Ratten konnten beliebig oft eine 0,1-prozentige Lösung des Wirkstoffs trinken, und sie nahmen auf diese Weise ungefähr 40 mg Coffein täglich zu sich. Umgerechnet auf den Menschen entspricht dies etwa 4500 mg. Dabei stieg der Adenosinspiegel sprunghaft auf das Zehnfache des normalen Wertes an. Nachdem die Coffeinzufuhr unterbrochen worden war, fiel der Adenosinspiegel dagegen auf ungefähr ein Drittel des Normalwertes ab. Kaffeetrinker, so schreiben die Autoren, genießen täglich im Schnitt sechs Tassen des anregenden Getränks. Die darin enthaltenen 500 mg Coffein reichen aus, um den Adenosinspiegel merklich anzuheben. Starke Kaffeetrinker können durchaus die doppelte Menge (etwa 1000 mg) konsumieren. Hören sie dann plötzlichen auf, Kaffee zu trinken, dann fällt auch der Adenosinspiegel schlagartig ab. Symptome wie Bronchospasmen,

Blutdruckschwankungen, Herzrhythmusstörungen und erhöhte Anfallsbereitschaft können die Folge sein.

Coffein selbst wirkt nicht anregend. Sein Einfluss beschränkt sich auf die Hemmung der Wirksamkeit des Adenosins. Zweifellos besteht die maximale Wirkung darin, sämtliche Adenosinrezeptoren zu blockieren, woraufhin die Neurotransmitter des Körpers an die Grenze ihrer Leistungsfähigkeit geraten. Aus diesem Grund kann man Coffein nicht ohne weiteres überdosieren. Ein plötzlicher Todesfall nach Injektion von 3200 mg Wirkstoff wurde allerdings bekannt. Bei oraler Einnahme liegt die tödliche Dosis schätzungsweise bei 5 g.

Im allgemeinen besetzen die Coffeinmoleküle ungefähr die Hälfte der Adenosinrezeptoren und beeinträchtigen damit die Steuerung einiger wichtiger Funktionen. Mehr geschieht nicht – und dazu reichen bereits kleine Mengen Coffein, etwa eine Tasse Kaffee, aus. Höhere Dosen verstärken die Effekte in der Regel nicht mehr. Folglich kann man sich leicht vorstellen, dass klinische Versuche zur Wirkung von Coffein nicht einfach vorzunehmen sind. Schon die geringste Coffeinaufnahme, dem Arzt nicht bekannt und von der Versuchsperson übersehen, kann die Ergebnisse beeinflussen.

In den 1970er Jahren wurde viel über eine angebliche Steigerung des Risikos koronarer Herzerkrankungen infolge Coffeingenusses gesprochen. Eine epidemiologische Studie schien diese Befürchtungen zu bestätigen: Im Boston Collaborative Surveillance Program von 1972 wurde bekannt gegeben, dass Personen, die mehr als sechs Tassen Kaffee täglich trinken, doppelt so häufig unter Herzattacken leiden wie die allgemeine Bevölkerung. Gestützt wurde dieses Resultat durch eine weitere Studie an 12 000 Personen, die auch Geschlecht, Alter, Blutdruck, Körpergewicht, Rauchgewohnheiten und andere potenzielle Risikofaktoren berücksichtigte. Beide Untersuchungen wurden von neueren Studien jedoch nicht bestätigt. In Schottland zum Beispiel ist die Rate der Herzkrankheiten sowohl bei Frauen als auch bei Männern besonders hoch. Eine Forschergruppe befragte über 10 000 Personen beiderlei Geschlechts im mittleren Lebensalter und konnte keinen Zusammenhang zwischen Kaffeekonsum und Herzleiden feststellen.

Die Resultate epidemiologischer Studien hängen in starkem Maße von der Qualität der gesammelten Daten und den verwendeten Analyseverfahren ab. Man muss sorgfältig ausschließen, dass die Ergebnisse durch unsichtbare Einflüsse verändert werden, was nicht einfach zu erreichen ist, wenn man die Versuchspersonen nicht streng überwachen kann. In der Methodik der Datensammlung Unerfahrene können leicht ein unbemerktes Grundrauschen in die Datenmenge bringen oder signifikante Details übersehen. In einigen der frühen Studien zum Zusammenhang zwischen Kaffee und Herzkrankheiten scheint dies der Fall gewesen zu sein. Die ursprünglichen Ergebnisse, die auf die gesuchte Verknüpfung hinwiesen, ließen sich häufig in späteren, ausführlicheren Analysen nicht mehr nachvollziehen. Leider waren die falschen Folgerungen jedoch bereits an die Öffentlichkeit gedrungen, und so kam es zu unnötigen Sorgen und Veränderungen der Trinkgewohnheiten ohne tatsächlichen Nutzen. Die Alarmglocken schellten zum Beispiel, nachdem in den frühen 1980er Jahren in der angesehenen Zeitschrift *New England Journal of Medicine* ein Bericht erschienen war, der einen statistischen Zusammenhang zwischen dem Genuss von über fünf Tassen Kaffee täglich und der Entwicklung von Bauchspeicheldrüsenkrebs feststellte. Diese Krankheit ist unheilbar und führt rasch zum Tode. Die Nachricht machte weltweit Schlagzeilen, und die Kaffeemärkte brachen zusammen. In darauf folgenden Studien fand man zunächst keinen derartigen Zusammenhang, bis sich schließlich herausstellte, dass die Forscher in der Originalarbeit wahrscheinlich ein entscheidendes Detail übersehen hatten: den entcoffeinierten Kaffee. Spuren des Lösungsmitteln, das zur Entcoffeinierung verwendet worden war, fanden sich im Produkt wieder, und dieses Lösungsmittel war im Tierversuch nachweislich krebserregend.

dass Coffein physiologische Effekte hat, steht außer Zweifel. So überrascht es nicht, dass man den Wirkstoff im Laufe der Zeit als Faktor bei der Auslösung verschiedener häufiger Erkrankungen betrachtete. Eine Studie behauptete 1973, der Konsum von 400 mg Coffein (fünf Tassen Kaffee) täglich verdopple das Thromboserisiko. 1990 wurde nach der Befragung von 45 000 Männern kein solcher Zusammenhang nachgewiesen. Je mehr Daten gesammelt und analysiert wurden, desto mehr Horrormeldungen über die Wirkungen von Coffein erwiesen sich schlicht als Artefakte mangelbehafteter Studien.

Wie wird Coffein im Körper abgebaut?

Coffein verteilt sich im gesamten Blutkreislauf und diffundiert durch die Zellmembranen, bis es von Enzymen in der Leber durch Abspaltung von Methylgruppen zum Xanthin abgebaut wird. Aus Xanthin kann der Körper neue Zellbestandteile herstellen; ist dies nicht notwendig, wird die Substanz in Harnsäure umgewandelt und mit dem Urin ausgeschieden.

In der Leber können sämtliche Methylreste des Coffeins abgespalten werden. Häufig verläuft diese Reaktion jedoch nicht vollständig, und es entsteht Paraxanthin, das seinerseits wirksamer ist als Coffein. Daher beträgt die Halbwertszeit von Coffein im Körper mehrere Stunden: Die Wirkung einer Tasse Kaffee kann eine beträchtliche Zeitlang anhalten. (Unter der Halbwertszeit versteht man die Zeit, die der Körper braucht, um eine unerwünschte Chemikalie zur Hälfte abzubauen. Nachdem eine weitere Halbwertszeit vergangen ist, verbleibt nur noch ein Viertel der ursprünglichen Menge, dann ein Achtel und so weiter.)

Wird Paraxanthin erneut von den Enzymen in der Leber abgefangen, so wird eine zweite Methylgruppe entfernt, wodurch die Wirksamkeit schließlich verloren geht. Diese Prozesse verlaufen generell langsam, aber bei manchen Leuten ist die Geschwindigkeit so gering, dass es zu Unverträglichkeitserscheinungen kommt. Kurioserweise beschleunigt Nikotin den Coffeinabbau durch Einwirkung auf die beteiligten Enzyme, weshalb der Effekt einer Tasse Kaffee bei Rauchern viel schneller schwindet.

Verschiedene ernstzunehmende Studien weisen auf Entzugserscheinungen beim plötzlichen Meiden von Coffein hin: Kopfschmerzen, Depressionen, Abgeschlagenheit, Angstzustände, Muskelverspannungen, Nervosität, Übelkeit und sogar Erbrechen werden als Symptome genannt. Bereits 1943 beobachtete man Kopfschmerzen bei Personen, die das Kaffeetrinken schlagartig eingestellt hatten (und zwar keineswegs nur dann, wenn die aufgenommenen Coffeinmengen sehr hoch gewesen waren). Sie begannen nach 2–3 Tagen Enthaltsamkeit und hielten ungefähr eine Woche lang an. Verglichen mit den Entzugserscheinungen, die andere Drogen hervorrufen, sind diese Symptome harmlos, obwohl einige Betroffene behaupten, eine Art »kalten Entzug« erlebt zu haben. Manche Menschen scheinen tatsächlich eine Coffeinsucht zu entwickeln. In den USA gibt es bereits eine einschlägige Selbsthilfegruppe (Caffeine Anonymous).

Alles in allem sollte man Coffein sicherlich positiv sehen. Im Vergleich zu Alkohol und Nikotin, den anderen legalen »Volksdrogen«, wirkt Coffein geradezu gutartig. Zigaretten und Alkohol verschulden jährlich den Tod hunderttausender Menschen. Coffein bringt niemanden um.

Um coffeinfrei zu leben, muss man keine besondere Diät einhalten. Es genügt, Speisen und Getränke zu meiden, wie sie zu Beginn dieses Kapitels auf der Kaffeekarte genannt wurden.

Kommentar des Autors: Durch die Verabreichung von Coffein kann Menschen, die einen Asthmaanfall erleiden, Hilfe geleistet werden. Warum dieser Naturstoff dazu in der Lage ist, konnte im Jahr 2005 durch Forschungsergebnisse von Jack Elias von der Universität Yale, Connecticut, aufgeklärt werden. Elias hält das Protein Chitin für den Auslöser von Asthma, da es ein Hauptbestandteil der Dinge ist, die einen Anfall auslösen können, wie etwa der Hausstaubmilbe. Seine Forschungen ergaben, dass sich in den Lungen von Asthmapatienten große Mengen des Enzyms *Chitinase* befinden, dass zum Abbau von Chitin benötigt wird. Chitin ist kein Bestandteil des menschlichen Körpers, wird jedoch von Schalentieren, Insekten und Pilzen produziert, die allesamt allergische Reaktionen hervorrufen können. *Chitinase* ist ein überflüssiges Enzym für den menschlichen Stoffwechsel, doch Elias vermutet, dass es für sich eine neue Aufgabe »erfindet«. So rege es das Immunsystem zu Reaktionen auf die kleinen Mengen Chitin an, denen es begegne und rufe dabei einen Asthmaanfall hervor. Sollte diese Theorie stimmen, könnte Asthma leicht durch eine Blockade der *Chitinase* behandelt werden. Daan van Aalten von der Universität von Dundee, Schottland, griff diesen Gedanken auf und suchte bei bekannte Arzneimolekülen nach dieser Fähigkeit. Zu seiner Überraschung erwies sich Coffein als ein Hemmstoff der *Chitinase*, was erklärt, warum es seit langem zur Kontrolle von Asthmaanfällen eingesetzt wird und die Bronchialnerven entspannt.

Darmfunktion, Gifte, Allergien

Unser Körper braucht alle Arten von Nährstoffen zum Aufbau und zur Reparatur seiner Strukturen, aber auch zur Gewinnung der Energie, die für diese Prozesse benötigt wird. Die meisten Nahrungsmittel enthalten daher energiereiche Moleküle wie Zucker, Stärke, Fette und Öle. Um deren Energie jedoch für den Organismus nutzbar zu machen, brauchen wir außerdem Proteine, Vitamine, Mineralstoffe und einige andere Substanzen – kurz gesagt, eine ausgewogene Ernährung.

Das Rohr, dessen Enden Mund und After bilden, heißt Magen-Darm- oder Verdauungstrakt. Der Verdauungsprozess beginnt im Moment der Nahrungsaufnahme: Zunächst werden die Speisen in ihre Bestandteile zerlegt, dann werden nützliche von den unnützen oder gar schädlichen Komponenten getrennt, schließlich werden die Abfallprodukte des Stoffwechsels ausgeschieden. Dabei bewegt sich der Nahrungsbrei immer weiter nach unten. Zuletzt sorgen im Dickdarm Bakterien für die Gewinnung bis dahin ungenutzter Energie; der Stuhl besteht zu einem nicht geringen Teil aus diesen Organismen.

Unser Darm stellt Heerscharen von Enzymen zur Verdauung der Kohlenhydrate, Fette und Proteine bereit. So können die komplizierten Nährstoffmoleküle in kleine Bausteine aufgespalten werden, die der Körper aufnehmen kann. Nach dem Genuss eines saftigen Steaks beispielsweise freut sich unser Organismus über die Zufuhr von tierischem Eiweiß aus den Muskelfasern des Bullen. Aus diesen Proteinen kann der Körper eigene Muskelzellen aufbauen. Hierzu muss der tierische Rohstoff jedoch zunächst in seine Bausteine, die Aminosäuren, zerlegt werden; dies übernehmen die Proteaseenzyme. Die Aminosäuren können dann die Darmwand durchdringen und werden zu Stellen des Körpers transportiert, wo neue Muskeln oder andere Körperstrukturen aufzubauen sind. Nach einem Bauplan, der in unseren Erbanlagen verschlüsselt ist, werden die Bausteine wieder zu kompletten Eiweißstrukturen zusammengefügt.

Liebe, Licht und Lippenstift. John Emsley

ISBN 978-3-527-31638-0

Während der Verdauung der Speisen begegnen dem Körper auch Stoffe, die nicht der Ernährung dienen können. Bei diesen so genannten Xenobiotika (*xenos:* griech. »fremd«) handelt es sich im allgemeinen um natürliche Substanzen, die synthetischen Lebensmittelzusätze machen nur einen geringen Teil aus – und im großen und ganzen sind die Stoffe ungiftig und nützlich, indem sie die Qualität des Essens und Trinkens verbessern oder bewahren.

Eine aufgenommene chemische Substanz kann für unseren Körper unentbehrlich, nützlich oder bedeutungslos sein, oder sie kann eine spezielle pharmakologische Wirkung ausüben. Letztere wird bei geringeren Dosen vielleicht kaum registriert, während hohe Dosen zur Vergiftung führen können. Vitamin A zum Beispiel ist ein Nahrungsbestandteil, auf den wir nicht verzichten können; nehmen wir jedoch zuviel davon auf, entwickeln sich Vergiftungssymptome, die im Extremfall sogar lebensbedrohende Ausmaße erreichen können. Andere Xenobiotika wirken stets toxisch; je mehr man davon aufgenommen hat, umso stärker leidet man.

Pharmazeutische Wirkstoffe sollen in bestimmten Körperregionen einen Effekt auslösen, aber sie sollen uns nicht umbringen. Die Hersteller des Wirkstoffs müssen daher die ideale therapeutische Dosis herausfinden. Dazu werden im Tierversuch ständig steigende Mengen der Chemikalie verabreicht, bis zur tödlichen Dosis. Aus den Ergebnissen dieser Experimente lässt sich die für den Menschen wirksame, aber sichere Dosis berechnen. Solche Versuche entbinden den verschreibenden Arzt jedoch nicht von seiner Pflicht, ebenso die individuelle Konstitution seines Patienten in Betracht zu ziehen.

Auch »normale« Nahrungsbestandteile können als Gift wirken. Dies kann folgende Gründe haben:

- Eine Komponente hat die Entgiftungsmechanismen überlastet und damit außer Kraft gesetzt.
- Die körpereigenen Rezeptoren wurden mit natürlichen Aminen überstimuliert.
- Nahrungsbestandteile, die eigentlich unentbehrlich sind, wurden durch Mikroorganismen in Giftstoffe umgewandelt.
- Die Darmwand ist geschädigt, und toxische Stoffe können sie passieren.

In jedem Fall fühlen wir uns schlecht. Wie und warum es so weit kommen kann, wollen wir im Folgenden besprechen, um zu verstehen, aus welchen Gründen wir manche Speisen nicht vertragen.

Wie der Körper mit Giften umgeht

Die häufigsten Reaktionen des Organismus auf eine Vergiftung sind Erbrechen und Durchfall. Das Erbrechen ist eine der primitivsten Funktionen, die bei den meisten Tieren vorhanden ist und verschiedene Ursachen haben kann: eine überreichliche Nahrungsaufnahme, ein unappetitlicher Anblick, der nahende Tod. Der wahrscheinlichste Auslöser des Erbrechens ist jedoch eine Vergiftung: Der Körper möchte einen schädigenden Stoff auf dem schnellsten Wege wieder loswerden.

Erbrechen ist eine sehr häufige Erscheinung von erheblicher klinischer Bedeutung. Trotzdem kennt man den zugrunde liegenden Mechanismus bisher nicht genau. In ihrem Buch *Serotonin and the Specific Basis of Antiemetic Therapy* äußern John Reynolds, Paul Andrews und Christopher Davis die Vermutung, ein spezielles Hirnzentrum löse das Erbrechen aus. Dieses Hirnrindenfeld, die *Area postrema*, wird, so die Autoren, von dem Neurotransmitter Serotonin gesteuert. Blockiert man den Botenstoff durch spezielle Wirkstoffe (Serotoninantagonisten), lässt sich das Erbrechen unterdrücken. Große Erleichterung brachte die Verabreichung von Serotoninantagonisten vor allem Krebspatienten, denn das Erbrechen tritt als äußerst unangenehme Nebenwirkung der Chemotherapie von Tumorerkrankungen auf.

Der Darm entledigt sich unerwünschter Substanzen durch Diarrhoe (Durchfall). Man muss häufig auf die Toilette, und der Stuhl wird flüssig. Eine Nebenwirkung, die vor allem Babys und Kleinkindern gefährlich werden kann, ist die Entwässerung des Körpers. In der Regel ist der Durchfall eine verspätete Reaktion des Organismus auf ein eher mildes Gift, das den Magen bereits passiert hat. Aus dem Dünndarm gelangt ein sehr flüssiger, halbverdauter Nahrungsbrei in den Dickdarm, wo ihm Wasser, Kohlenhydrate und andere, von Bakterien produzierte Substanzen entzogen werden. Der immer dicker werdende Stuhl wird durch regelmäßige Kontraktionen des Darms (Peristaltik) zum Enddarm befördert. Ist dieser gefüllt, sendet er ein Signal aus, und wir gehen auf die Toilette. Der Durchfall beschleunigt den gesamten Prozess; sobald der Körper die schädlichen Substanzen losgeworden ist, normalisiert sich die Darmfunktion in den meisten Fällen von selbst. Chronischer Durchfall führt oft zu Gewichtsverlust und zum Mangel an bestimmten Nährstoffen. Häufig verordnet der Arzt dann die Einnahme von Nahrungsergänzungsstoffen und die Umstellung der Ernährung auf mehr Ballaststoffe und Fett sowie viel Wasser; Coffein und Nikotin sind verboten. Die Darmbewegung lässt sich auch durch bestimmte Arzneimittel verlangsamen.

Erbrechen und Durchfall sind völlig normale Reaktionen eines gesunden Verdauungssystems auf zu hohe Dosen von Giftstoffen. In einigen Fällen kann sich der Magen-Darm-Trakt des Giftes jedoch nicht effizient erwehren, und wir werden krank. Weizen, Kuhmilch und Bohnen sind zum Beispiel drei Grundnahrungsmittel, die von Millionen Menschen problemlos vertragen werden, für manche jedoch extrem gefährlich werden können. Nach dem Abstillen führt man Babys schrittweise an die übliche Erwachsenennahrung heran. Neue Nahrungsmittel werden langsam eingeführt. Eines der ersten ist in der Regel Kuhmilch. Zu diesem Zeitpunkt bekommt etwa eins von 2500 Kindern Verdauungsprobleme – Durchfall, Koliken, Ausschlag und eine ständig laufende Nase sind die augenfälligen Symptome. Die Babys gedeihen nicht mehr, beginnen, Gewicht zu verlieren, werden immer empfindlicher, der Bauch ist aufgebläht – und die Eltern wissen sich keinen Rat.

Bei der Untersuchung des Dünndarms solcher Kinder stellt man merkliche Veränderungen fest. Wahrscheinlich werden die beschriebenen Symptome von einer Schädigung der Darmwand verursacht: Eines der Milcheiweiße, β-Lactoglobulin, wird im Übermaß absorbiert, so dass der Körper sich verteidigt. Ob diese Darmschädigung durch eine Gastroenteritis hervorgerufen wird oder genetisch bedingt ist, weiß man noch nicht. In jedem Falle werden lokale Antikörper in der Darmwand gebildet, und je mehr β-Lactoglobulin in den Darm gelangt, desto größer werden die Schäden, und desto mehr Milcheiweiß wird absorbiert. Dieser Teufelskreis lässt sich wirksam unterbrechen, indem man das Baby kuhmilcheiweißfrei ernährt. Meist erholt sich das Kind daraufhin schnell und vollständig.

Milch enthält eine weitere Substanz, die ganz ähnliche Reaktionen bewirken kann, allerdings nach einem völlig anderen Mechanismus. Es handelt sich um das Kohlenhydrat Lactose. Manche Menschen können aufgrund einer genetischen Störung ein Enzym nicht herstellen, das zur Lactoseverdauung benötigt wird; Lactoseintoleranz kann aber auch durch eine Gastroenteritis entstehen. Eine Schädigung der Darmwand hemmt die Produktion sämtlicher Enzyme, die für die Spaltung von Kohlenhydraten in einfache Zucker verantwortlich sind, aber das lactasespaltende Enzym ist mit am stärksten betroffen. So reichern sich unverdaute Stoffe im Darm an, der Körper kann nicht mehr genügend Wasser aufnehmen, und Mikroben beginnen sich zu vermehren. Diese Mikroorganismen produzieren Milch- und Essigsäure, die den Darm zusätzlich reizen.

Zöliakie

Die Zöliakie war bereits in der Antike bekannt, wie wir aus Aufzeichnungen des römischen Arztes Galenus wissen. Behandeln ließ sich die Krankheit damals nicht. Im 19. Jh. nannte man sie »nicht-tropische Sprue«, aber ein Heilmittel war noch immer nicht in Sicht. Dabei blieb es bis zur Mitte des 20. Jh.

In den 1940er Jahren unternahm der holländische Kinderarzt Willem-Karo Dicke (1905–1962) erste Versuche mit erkrankten Kindern. Er setzte sie auf eine weizenfreie Diät, was in den Jahren der Lebensmittelrationierung nicht besonders schwierig war. 1950 wurde seine Arbeit »Zöliakie und der Einfluss verschiedener Getreidearten« an der Universität Utrecht veröffentlicht; sie wurde weltberühmt. Durch weitere Forschungen konnte man den Auslöser mittlerweile auf die Gliadinfraktion des Glutens einengen. Zöliakiepatienten erhalten eine spezielle Diätberatung. Reis, Mais, Obst, frisches Fleisch, Käse, Fett und Öle werden problemlos vertragen; Vorsicht geboten ist dagegen bei verarbeiteten Lebensmitteln, die glutenhaltige Getreidebestandteile enthalten können.

Die korrekte Bezeichnung der Krankheit lautet glutensensitive Enteropathie.

Durch ähnliche Symptome macht sich auch eine Überempfindlichkeit von Babys auf das in Roggen und Weizen enthaltene Protein Gluten bemerkbar. In einigen Regionen, zum Beispiel Westirland, ist jedes 300. Kind davon betroffen. Im Unterschied zur Überempfindlichkeit auf die Milchbestandteile kann sich die Reaktion auf Gluten auch im Laufe des späteren Lebens entwickeln; bei einzelnen Personen wird sie erst im Alter von über 60 Jahren diagnostiziert. Wer an dieser so genannten Zöliakie erkrankt ist, muss sich glutenfrei ernähren. Heutzutage kann man glutenfreie Produkte überall kaufen, allerdings sind sie nicht ganz billig.

Die Darmbarriere

Der Darm ist ein riesiges Organ, das zwei wesentliche Probleme bewältigen muss. Erstens muss er einen erheblichen Teil der benötigten Energie (50 % beim Dünndarm, sogar 80 % beim Dickdarm) aus der momentan in ihm enthaltenen Nahrung beziehen. Obwohl sich der Darm tief in unserm Inneren befindet, bildet er eine komplizierte Barriere zwischen dem Körper und der Außenwelt. Solange eine Substanz die Darmwand nicht passiert hat und in Blutkreislauf und Gewebe gelangt ist, wird sie nicht als körpereigen behandelt. Einerseits muss der Darm die Nährstoffe in einfache, kleine Moleküle spalten, die er aufnehmen kann; andererseits muss er wirksam verhindern, dass unerwünschte Stoffe in den Körper gelangen. Die zweite schwierige Aufgabe des Darmes besteht daher darin,

Nährstoffe in den Organismus zu lassen, gleichzeitig aber Xenobiotika zu neutralisieren oder zumindest zu verhindern, dass sie in größeren Mengen die Wand durchdringen, und das Eindringen von Mikroorganismen völlig zu unterbinden.

Wenn es dem Darm gut geht, erfüllt er diese Aufgaben mühelos. Nach einer Operation oder einem Trauma, nach einer Krankheit oder bei Nahrungsmangel beginnt der Darm jedoch zu verhungern. Die Auswirkungen verspürt man, nachdem man eine Woche überhaupt nichts gegessen hat. Selbst bei leichten Erkrankungen ist die Darmfunktion gestört, und Appetitlosigkeit, Übelkeit und Unwohlsein sind die Folge.

Die Darmwand ist mit einem klebrigen Schleim bedeckt, der von den so genannten Becherzellen abgesondert wird. Diese Zellen enthalten lokale Antikörper, IgA und IgM, die den Körper vor dem Eindringen von Viren, Bakterien und Toxinen schützen. Ähnlich Aufgaben werden von Enzymen und speziellen chemischen Substanzen übernommen. Die Becherzellen gehören zu den ersten Leidtragenden einer Erkrankung. So wird die Darmbarriere geschwächt.

Einfache Nährstoffmoleküle werden bereits im oberen Teil des Darms resorbiert. Kompliziertere Stoffe müssen zunächst enzymatisch in einfache Bausteine zerlegt werden; die kompliziertesten Nährstoffe werden erst unter Mitwirkung der Dickdarmflora gespalten. Diese Bakterien wandeln hochmolekulare Faserstoffe und Eiweiße in kurzkettige Fettsäuren und bestimmte Aminosäuren um, die dem Darm unmittelbar als Energielieferanten dienen. Die Darmbakterien sind für unseren Energiehaushalt sehr wichtig: Sie decken ein Viertel unseres Energiebedarfs durch die Verdauung von Kohlenhydraten und langkettigen Zuckermolekülen. Antibiotika greifen nicht nur krankmachende Bakterien an, sondern auch die lebenswichtige normale Darmflora. Deshalb sollten diese Wirkstoffe nur eingenommen werden, wenn sie tatsächlich erforderlich sind.

Solange sich die Bakterien im Darm befinden, nützen sie uns. Gelangen sie jedoch durch eine geschädigte Darmwand in den Körper, werden wir ernstlich krank. Bengmark und seine Mitarbeiter haben eine spezielle Diät zur Sanierung eines geschädigten Darms erarbeitet. Sie enthält viel Hafer, der reich an Membranlipiden, an wasserlöslichen, verdaulichen Faserstoffen sowie an nützlichen Aminosäuren ist. Außerdem hemmen solche Nahrungsmittel das Wachstum der Darmflora und setzen so die Wahrscheinlichkeit herab, dass die Bakterien in den Körper eindringen.

Die Durchlässigkeit der Darmwand lässt sich bestimmen, indem man dem Patienten unverdauliche Zuckermoleküle verschiedener Größe verabreicht und dann feststellt, welcher Anteil der Dosis in den Blutkreislauf gelangt. Auf diese Weise konnten Mediziner den Einfluss verschiedener Krankheiten auf die Darmwand ermitteln. Zu den größeren Molekülen, die nur im Krankheitsfall die Wand passieren, gehören auch Giftstoffe oder Substanzen, die eine Immunreaktion auslösen können. Die Effekte beschränken sich manchmal auf einzelne Körperregionen, manchmal treten aber auch generalisierte Vergiftungen oder Allergien auf. Ungeachtet des Ortes der Immunantwort werden die eindringenden Moleküle als fremd und feindlich betrachtet, und der Körper versucht, sie zu zerstören. So kann plötzlich ein normalerweise vollkommen harmloser Nährstoff angegriffen werden. Häufig sind lokale Entzündungen der Darmschleimhaut die Folge, der Darm wird weiter geschädigt und somit noch durchlässiger.

Direkt unterhalb der Schleimhaut des Darms befinden sich dichte Anhäufungen (»Peyer-Plaques«) von Lymphocyten, den Eckpfeilern des Verteidigungssystems unseres Körpers. Die Lymphocyten werden aktiviert, indem sie Teile der Molekülstruktur eines fremden, potenziell feindlichen Eindringlings kennen lernen; diese Information können sich die Zellen merken und im Falle eines erneuten Angriffs desselben Moleküls nutzen. Die Lymphocyten geben ihre »Erfahrungen« auch untereinander weiter. So entsteht ein mächtiges Abwehrsystem gegen Mikroben und Giftstoffe. Die aktivierten Gruppen der Lymphocyten stellen spezielle Antikörper her, die zur Feindabwehr vor Ort geschickt werden. Lymphocyten merken sich auch die Struktur winzigster, unverdauter Nahrungsteilchen, die durch die Darmwand gelangt sind. Dringen solche Stoffe erneut ein, so werden sie angegriffen. Hans Strobel vom Kinderkrankenhaus Great Ormond Street in London hat diese Theorie weiterentwickelt. Seiner Ansicht nach sind die Lymphocyten darauf »programmiert«, entweder zu tolerieren oder zu reagieren. Die Entscheidung kann laut Strobel buchstäblich lebenswichtig sein. Der kritische Faktor ist die Darmwand – nicht nur hinsichtlich der generellen Toleranz von Nährstoffen. Hier lernt der Körper im Laufe der Individualentwicklung auch, welche Fremdstoffe er akzeptieren und als Nahrung nutzen kann.

P. D'Eufemia vom Institut für Pädiatrie an der Universität Rom stellte fest, dass die Darmwand autistischer Kinder verstärkt größere Moleküle durchlässt. Peptide (Aminosäureketten ähnlich den Eiweißen, nur wesentlich kürzer) könnten eine Rolle bei der Entwicklung des Autismus spielen. Auf diese veränderte Durchlässigkeit der Darmwand lässt sich auch der Mangel an Mineralstoffen, Spurenelementen und Vitaminen zurückführen, unter dem Autisten oft leiden.

Damit der Darm gesund bleibt

Die wesentliche Bedingung für die reibungslose Funktion des Darmsystems ist eine vielseitige, ausgewogene Ernährung. Ernähren wir uns einseitig, zum Beispiel zu fettreich, oder nehmen wir übermäßig viel von den in diesem Buch beschriebenen Giftstoffen auf, sollten wir wohl nicht überrascht sein, wenn der Darm seine normale Tätigkeit aufkündigt.

Der so genannte Reizdarm (*Colon irritabile*) äußert sich mit Symptomen wie Blähungen, Völlegefühl, Schmerzen und Funktionsstörungen wie einem Wechsel zwischen Verstopfung und lockerer Bewegung. Diese können gelegentlich und in leichter Form auftreten, aber auch ein äußerst belastendes Ausmaß annehmen. Die Diagnose wird gestellt, nachdem alle anderen wichtigen Darmerkrankungen ausgeschlossen werden konnten. Im Grunde ist sie aber nur ein Zeichen der Ratlosigkeit des Arztes. Häufig wird dem Patienten geraten, so gut wie möglich mit seiner Krankheit zu leben. Vielleicht wird außerdem empfohlen, scharfe und stark gewürzte Speisen zu meiden. Das ist gewiss kein unnützer Rat, aber es wäre sicher wesentlich sinnvoller, die Ernährungsgewohnheiten des Patienten insgesamt unter die Lupe zu nehmen und eventuell umzustellen.

In Tabelle 7 finden Sie Stoffe, die den Darm reizen – von den unvermeidbaren bis zu denen, die sich leicht aus der Diät ausschließen lassen. Die Mangelernährung wird nicht erwähnt, gehört aber auch zu den aus-

Tabelle 7 Stoffe, die den Darm reizen können.

Medikamente	Antibiotika, entzündungshemmende Wirkstoffe, Abführmittel, Corticosteroide, Kontrazeptiva (»Pille«) und andere Hormone, Digoxin
Reizstoffe	Alkohol, Coffein
Mikroorganismen	*Dientamoeba fragilis, Blastocystis hominis, Giardia lambli, Cryptosporidium, Heliobacter pylori, Klebsiella, Citrobacter*
Lebensmittelzusätze	Farbstoffe, Konservierungsmittel, peroxidierte Fette
Enzymmangelkrankheiten	Zöliakie, Lactasemangel
raffinierte Kohlenhydrate	Süßigkeiten, Schokolade, Erfrischungsgetränke, Weißbrot
natürliche Toxine	Toxine von Schimmel, Pilzen, Bakterien sowie aus Fisch, Schalentieren und Honig

lösenden Faktoren. Die ungeeignetste Art, einen Reizdarm zu kurieren, besteht im Ausprobieren neuartiger Diäten, bizarrer Nahrungszusätze, wirkungsloser Techniken und zweifelhafter Behandlungsmethoden. Solche Maßnahmen bessern nichts – im Gegenteil. Es hat wenig Sinn, große Mengen unnötiger und teurer Diäthilfsmittel zu sich zu nehmen; wesentlich nützlicher ist die Befolgung einiger einfacher Ratschläge.

Eher unerwartete Auslöser des Reizdarmsyndroms sind raffinierte Kohlenhydrate wie zum Beispiel Zucker. Wenn die Region des Darms, in der Zucker gespalten werden, viel zu viel Ausgangsstoffe erhält, kann es zur Gärung kommen. Dabei entsteht nicht nur Ethanol, der auch in alkoholischen Getränken enthalten ist, sondern auch andere, giftigere Alkohole wie Propanol und Butanol.

Die Mechanismen, die zur Nahrungsmittelunverträglichkeit führen, sind bei allen Menschen identisch. Das Ausmaß der Körperreaktion kann jedoch höchst unterschiedlich sein. Viele Störungen der Darmfunktion sind auf Nahrungsmittelunverträglichkeiten zurückzuführen, selbst wenn wir uns nur von »gewöhnlichen« Speisen ernähren. Manchmal überlasten wir unseren Körper mit einem »alltäglichen« Gift, ohne uns dessen bewusst zu sein. Wenn wir dann versuchen, die Reaktion der Organismus zu analysieren, kommen wir meist zu dem Schluss, auf einen Inhaltsstoff der zuletzt aufgenommenen Nahrung allergisch zu sein. In Wirklichkeit leiden wir vielleicht nur an einer leichten Vergiftung durch ein natürliches Toxin oder einen Bestandteil der Nahrung.

Unverträglichkeit und Allergie

Unsere Nahrung besteht aus Nährstoffen und Nichtnährstoffen (Xenobiotika). Auf erstere können wir allergisch reagieren, gegenüber letzteren können wir Unverträglichkeitsreaktionen entwickeln. Die jeweilige Antwort unseres Körpers ist genetisch bedingt.

Die Unterschiede des genetischen Codes von Menschen einerseits und Schimpansen andererseits machen lediglich 2 % der gesamten Erbinformation aus; diese jedoch sind entscheidend. Der Mensch konnte sich an nahezu jeden Lebensraum anpassen, von den Eiswüsten der Arktis bis zu den sengend heißen Sandwüsten Arabiens und den extremen Höhenlagen Nepals. Überall werden Menschen geboren, können überleben und schaffen blühende Zivilisationen. Diese Anpassungsfähigkeit beruht zum Teil darauf, dass der Mensch seine Nahrung aus verschiedensten Umgebungen gewinnen kann. Zum Beispiel stehen im Gegensatz zu Frauen in Finnland den Frauen in Gambia kaum Milchprodukte zur Verfügung. Die Finninen können mühelos genügend Calcium aufnehmen, um feste Knochen zu bilden. Die Knochen der gambischen Frauen sind jedoch ebenso fest, denn diese nutzen die sehr geringen verfügbaren Calciummengen viel effizienter.

Das Überleben der Menschheit in derart unterschiedlichen Regionen war demnach nur möglich, weil wir bezüglich der Zusammensetzung unserer Nahrung so wenig wählerisch sind. Eine Allergie auf ein bestimmtes Nahrungsmittel wäre in der Geschichte einer biologischen Katastrophe gleichgekommen. Betroffene wären mit Sicherheit gestorben, bevor sie hätten aufwachsen und sich vermehren können. So sorgte die Natur dafür, dass Lebensmittelallergien nicht an die Nachkommen weitergegeben werden konnten. Eine abnorme Reaktion auf ein Nahrungsmittel, eine Allergie, ist daher an sich etwas höchst Ungewöhnliches.

Die Veranlagung, eine Allergie zu entwickeln, ist genetisch bedingt. Die Allergie kommt zum Ausbruch, wenn man dem Allergen – oft einem alltäglichen Stoff – ausgesetzt wird. Skandinavier sind häufig allergisch auf Weißbirke, Briten entwickeln einen klassischen Heuschnupfen, und Nordamerikaner sind empfindlich auf Sumpfholunder – je nachdem, welche Pflanzen in der jeweiligen Umgebung bevorzugt vorkommen. Je häufiger das Allergen, desto wahrscheinlicher ist es, dass ein Teil der Bevölkerung aufgrund der genetischen Disposition allergisch reagiert.

Auf Lebensmittel trifft dies ebenso zu: Am wahrscheinlichsten sind Allergien auf Grundnahrungsmittel. Kuhmilch- und Weizenallergien sind daher wesentlich weiter verbreitet als Reaktionen auf exotischere Genüsse. Ein gutes Beispiel ist die Erdnussallergie, die vor 50 Jahren in Europa noch weitgehend unbekannt war. Seitdem wurden die Nüsse immer populärer, man führte sie massenweise ein und verwendete sie in allen möglichen Speisen. Die logische Folge ist eine drastische Zunahme akuter Erdnussallergien. Allergiker sind bei verschiedenster Gelegenheit gefährdet. So wurde ein Todesfall bekannt, dem nicht der Verzehr von Erdnüssen selbst vorausgegangen war – diese mied der Betroffene konsequent –, sondern der Genuss von Chips mit einer Soße auf der Grundlage von billigem Erdnussöl. Die Anzahl der Fälle von Erdnussallergie nimmt zwar progressiv zu, ist insgesamt gesehen allerdings noch immer gering.

Rund 90 % aller Nahrungsmittelallergien werden von Eiweißen verursacht, besonders von Proteinen in Milch, Eiern, Fisch, Krabben, Shrimps, Hummer, Erdnüssen, Nüssen, Sojabohnen und Weizen. 100–200 US-

Amerikaner sterben jährlich an Nahrungsmittelallergien; das ist weniger als einer von 10 000 Allergikern. Die allermeisten (99 %) Menschen entwickeln keine Allergie auf Lebensmittel, das heißt jedoch nicht, dass sie alles vertragen. Kinder sind generell allergieanfälliger. Oft verschwinden die Symptome jedoch wieder, wenn sich der Darm entwickelt und für die allergieauslösenden Proteine allmählich undurchlässig wird. In einigen Fällen kennt man das Protein, das für die Allergie verantwortlich ist: Lactoglobulin in Milch, Ovomucoid und Apovitellin in Eiern sowie Tropomyosin in Shrimps.

Eine allergische Reaktion ist unabhängig von der *Menge* des aufgenommenen Allergens: Schon winzigste Mengen können lebensbedrohlich wirken. Die Reaktion des Körpers auf Xenobiotika hingegen ist unmittelbar mit der aufgenommenen Menge verknüpft. Je mehr von einem solchen Stoff in den Körper gelangt ist, umso mehr müssen wir wieder loswerden, und wenn alle Verteidigungsreserven erschöpft sind, werden wir gegebenenfalls krank. Bei allen Toxinen gibt es Grenzwerte für eine schädigende Wirkung. Versuche, sämtliche Stoffe zu meiden, die eine Unverträglichkeitsreaktion auslösen könnten, sind jedoch völlig sinnlos – man sollte möglichst genau wissen, auf welche Substanzen man empfindlich reagiert. Es kann sogar durchaus angeraten sein, die Entgiftungsmechanismen unseres Körpers zu trainieren, indem man dem Organismus ab und an einen Fremdstoff anbietet.

Eine Chemikalie, die zu Unverträglichkeitsreaktionen führen kann und gleichzeitig eine Schlüsselrolle bei Allergien spielt, ist Histamin. Dieses natürliche Amin wird im Körper zwar unter strenger Kontrolle produziert, aber trotzdem kann sich zu viel Histamin im Organismus anreichern. Das kann zwei Ursachen haben: Entweder war die Nahrung histaminhaltig oder die körpereigenen Zellen haben übermäßig viel Histamin ausgeschüttet. Letzteres kann zum Beispiel geschehen, wenn man ein Allergen verzehrt. Die Mengen an Histamin, die dann in den Blutkreislauf gelangen, stehen in keinem Verhältnis zur aufgenommenen Menge des Allergens. Auf das lebenswichtige, aber unangenehme, in größeren Mengen sogar toxische Molekül reagiert der Körper dann heftig.

Allergietests

Eine Nahrungsmittelallergie lässt sich zweifelsfrei belegen, denn eine allergische Versuchsperson produziert als Reaktion auf die Aufnahme eines Allergens einen Antikörper, ein so genanntes Immunglobulin. Allergieerzeugende Nahrungsmittel sind alltäglich, und der schuldige Bestandteil, in der Regel ein großes Molekül, lässt sich eindeutig ermitteln. Die Reaktion erfolgt oft rasch, sie kann lokal oder generalisiert auftreten. Unter den lokalen Reaktionen sind Schwellungen an den Kontaktstellen mit der Nahrung – Lippen, Zunge, Mund und Rachen –, auch angioneurotisches Ödem genannt. Generalisierte Reaktionen wie Erbrechen, heftiger Durchfall, laufende Nase und Atemnot können folgen. In extremen Fällen kommt es zum Kreislaufversagen und Atemstillstand, und der Patient stirbt. Betroffene wissen meist sehr genau, dass die Aufnahme, der Kontakt oder selbst der Geruch des Allergens eine akute Reaktion auslösen kann.

Die immunologischen Veränderungen, die mit einer Allergie einhergehen, sind kompliziert und zum Teil nicht völlig aufgeklärt. Der einfachste Mechanismus, die Allergie vom Soforttyp (Typ I), ist allerdings gut erforscht. Antikörper, die unser Organismus produziert, kann man messen; sie werden in die Klassen A, E, G und M eingeteilt. Das Immunglobulin E (IgE) ist ein Einzelgänger, den man nur bei Allergikern findet. (Die anderen Immunglobuline, IgA, IgG und IgM, erfüllen Schutzfunktionen und sind in jedem von uns vorhanden.) Jedes IgE ist spezifisch für ein bestimmtes Allergen; einige Allergene hingegen produzieren dasselbe IgE, zum Beispiel Obst, Nüsse und Latex. Das Immunglobulin lagert sich an das aufgenommene Allergen an, und diese Kombination reagiert mit sensibilisierten Zellen, wobei neben Histamin auch andere akut wirkende Substanzen freigesetzt werden. Diese Antigen-Antikörper-Reaktion lässt sich im Labor mit dem Blut eines Allergikers nachvollziehen, welches die geeigneten Antikörper enthält.

Histamin wird weltweit als Standard für Allergietests verwendet: Man bringt einen Tropfen davon auf die Haut des Patienten und ritzt die Haut durch den Tropfen hindurch mit einer Nadel an. Innerhalb von Sekunden kommt es zur Rötung und Schwellung. Mit dieser Stelle vergleicht man dann örtliche Reaktionen des Patienten auf beispielsweise Pollen, Stäube, tierische Hautschuppen und Schimmel. Liegt eine Allergie vor, so rötet sich die betreffende Stelle ebenfalls und schwillt an. Diese Methode bezeichnet man als Prick-Test.

Die individuelle Reaktion auf eine Reihe von Allergenen lässt sich recht gut messen, wenn man für jeden in Frage kommenden Stoff je eine positive und eine negative Probe verwendet. Dabei wird die Haut jeweils zweimal geritzt; einmal ist das Allergen in der aufgebrachten Lösung enthalten, einmal nicht. (Hat der Proband eine außergewöhnlich empfindliche Haut, kann auch die Stelle mit der negativen Probe anschwellen.) Gelegentlich erhält man falsch-negative Ergebnisse, zum Beispiel, wenn der Patient vor dem Test ein Antihistaminikum eingenommen hat.

In einer allergologischen Abteilung eines Krankenhauses sind in der Regel Hunderte von Allergenen vorrätig, arbeitsplatz- und haushalttypische Substanzen ebenso wie Stoffe aus der Umwelt sowie Nahrungsmittel, von deren allergieauslösendem Effekt man weiß. Im allgemeinen ist der Patient auf Eiweiße allergisch, denen er besonders oft ausgesetzt ist. Kuhmilch gehört zu den ersten Nahrungsmitteln, die der Mensch im Verlauf seines Lebens zu sich nimmt; in vielen Fällen beobachtet man Reaktionen auf Milcheiweiß in Form von Ekzemen, Verdauungsstörungen, Asthma und Schnupfen.

Mit Hilfe dieser beiden Methoden – dem Antikörperassay und dem Hauttest – findet der Allergologe heraus, auf welche Substanz der Patient überempfindlich reagiert. Die verschiedenartigen Mechanismen und Ursachen der Krankheit stehen zweifelsfrei fest. Um Allergien vom verzögerten Typ (Spättyp) korrekt zu diagnostizieren, gibt es andere Tests, über deren Aussagekraft jedoch noch ebenso wenig Einigkeit herrscht wie über die exakten Mechanismen.

Studien ergaben, dass nur etwa 1 % der allgemeinen Bevölkerung tatsächlich unter einer Allergie auf ein bestimmtes Nahrungsmittel leidet. Bei Kindern sind es immerhin 5 %. In vielen Fällen verschwindet die Überempfindlichkeit im Laufe des Lebens; mit 3 Jahren hat die Hälfte der von einer Milch- oder Hühnereiweißallergie betroffenen Kinder die Krankheit bereits überwunden. Viele Menschen, die nach dem Essen bestimmter Speisen allergieähnliche Symptome verspüren, schließen übereilt auf eine echte Allergie. 20 % der Teilnehmer einer Studie unter der erwachsenen Bevölkerung von High Wycombe (England) gaben beispielsweise an, auf ein Lebensmittel allergisch zu reagieren. In Doppelblindversuchen stellte sich heraus, dass lediglich in 1 % der Fälle tatsächlich eine Allergie vorlag; bei den restlichen 19 % handelte es sich um eine Unverträglichkeit. Letztere als »Pseudoallergie« zu bezeichnen, ist ebenfalls falsch, denn der Mechanismus ist ein grundlegend anderer. Die Symptome deuten unzweifelhaft auf eine Vergiftung, also eine Intoleranz, hin. Weit mehr als

1 % der Bevölkerung, möglicherweise sogar jeder Fünfte, leidet an einer Unverträglichkeit. Personen mit einem ineffizienten Entgiftungssystem sind am anfälligsten, wie wir an den Beispielen von Alkohol und Glutamat bereits gesehen haben.

Wo lauern also in unserer Nahrung versteckte Gefahren? Wie können wir sie identifizieren? Die folgenden Kapitel geben Antworten hierauf.

Kommentar des Autors: Seit der Zeit, zu der ich dieses Kapitel schrieb, hat sich eine ganze Industrie das Ziel gesetzt, die Menschen davon zu überzeugen, dass sie ihren Körper entgiften müssen. Sie beruft sich auf die Theorie, dass viele körperliche Leiden durch die Ansammlung von Giftstoffen hervorgerufen werden. Es gibt keinerlei wissenschaftliche Grundlage für diese Theorie, doch das konnte nicht verhindern, dass es heute eine Unmenge von Mittelchen und Behandlungen gegen eine nicht existierende Krankheit gibt. Dazu zählen auch so lächerliche Dinge wie »Entgiftungssocken« oder »Entgiftungspflaster«, die man sich auf die Haut klebt. In Wirklichkeit besitzt unser Körper selbst einen perfekten Entgiftungsapparat – die Leber. Alles, was sie zur Arbeit braucht, sind Ruhe und viel Wasser und schon wird unser Körper ganz natürlich entgiftet, unabhängig davon, was wir sonst tun.

Heilende Moleküle

Schmerzmittel

In unserem Gehirn gibt es natürliche Schmerzmittel: die Encephaline. Dies ist die Bezeichnung für eine Gruppe eng verwandter Verbindungen, die aus je fünf Aminosäuren zu einer kurzen Peptidkette zusammengesetzt sind. Sie werden bei Traumata gebildet und wirken ganz ähnlich wie Morphium. Ausgangsstoffe sind die so genannten Endorphine*, die aus etwa 80 Aminosäuren bestehen. Sie kommen zu Hilfe, wenn der Körper mit starken, lang anhaltenden Schmerzen fertig werden muss, doch sie stehen nicht unmittelbar zur Verfügung. Daher greifen viele Menschen bei plötzlich auftretendem Schmerz zu Schmerzmitteln.

Hinsichtlich ihrer Wirkungsweise gibt es zwei verschiedene Sorten von Schmerzmitteln: entweder unterbinden sie vor Ort, dass das beschädigte Gewebe Schmerzsignale an das Gehirn sendet, oder sie verhindern im Gehirn, dass ankommende Schmerzsignale als solche registriert werden. Medikamente, die auf die letztere Weise wirken, haben oft Nebenwirkungen. Sie können die Psyche des Patienten beeinflussen oder süchtig machen. Die erstgenannten Mittel wirken eher an der Peripherie. Sie können ebenfalls Nebenwirkungen haben, doch manchmal auch weiteren Nutzen, indem sie neben den Schmerzen auch deren Ursache bekämpfen.

Bevor es die Chemie und die Pharmazie gab, wurden alle Schmerzmittel aus Pflanzen gewonnen. Schon Hippokrates kannte derartige Erleichterung verschaffende Mittel. So empfahl er beispielsweise einen Tee aus Weidenrinde gegen die Schmerzen im Kindbett. Sein Rat kam nicht von ungefähr: Wie man heute weiß, enthält die Rinde der Silberweide (*Salix alba*) eine Substanz namens Salicin**, woraus beim Kochen in Wasser

* Die Bezeichnung Endorphine ist hergeleitet von »Endogene Morphine«, was soviel wie »körpereigene Morphine« bedeutet.

** In diesem Namen ist die botanische Bezeichnung der Gattung der Weidengewächse, *Salix*, enthalten.

Liebe, Licht und Lippenstift. John Emsley

ISBN 978-3-527-31638-0

Salicylsäure wird. Doch Salicylsäure hat leider auch Nebenwirkungen: Sie kann die Magen- und Darmschleimhäute angreifen, was in Einzelfällen sogar zu Darmblutungen führen kann.

Heute wird der Schmerzmittel-Markt von vier Wirkstoffen dominiert, die in den meisten Ländern frei verkäuflich sind: Acetylsalicylsäure, Ibuprofen, Codein und Paracetamol. Sie werden Tag für Tag millionenfach genommen. Interessanterweise gibt es durchaus nationale Präferenzen: In Großbritannien bevorzugt man Paracetamol und Acetylsalicylsäure steht nur an zweiter Stelle, wogegen letztere in den USA am beliebtesten ist. Lange Zeit war Codein recht verbreitet und ist immer noch Bestandteil vieler Medikamente, doch heutzutage wird es nur noch in Kombination mit anderen Wirkstoffen verwendet; die Gründe dafür werde ich gleich nennen. Ibuprofen ist ein relativ junger Wirkstoff mit langsam steigender Popularität.

Aspirin

Es sollte 2000 Jahre dauern, bis der Rat des Hippokrates wieder aufgegriffen wurde. Im achtzehnten Jahrhundert versuchte Reverend Edmund Stone, ein englischer Priester, der in den Cotswolds lebte, einen einheimischen Ersatz für die aus Peru importierte Chinarinde zu finden. Die Rinde des Chinarindenbaumes enthält eine Substanz namens Chinin, die fiebersenkend wirkt und sich insbesondere bei der Behandlung der Malaria hervorragend bewährt hatte. Als Reverend Stone einen Aufguss aus Weidenrinde an 50 fiebernde Patienten verabreichte, beobachtete er eine merkliche Verbesserung ihres Zustandes. Im Jahre 1763 teilte er seine Ergebnisse der Royal Society in London mit.

In den zwanziger Jahren des 19. Jahrhunderts isolierte der italienische Chemiker Raffaele Piria erstmals Salicin aus Weidenrinde und stellte daraus Salicylsäure* her. Später entdeckte man, dass Salicylsäure auch in der einheimischen Wiesenspierstaude (*Spiraea ulmaria*) vorkommt. Von dieser Pflanze leitet sich der Name *Aspirin* ab (a + spiraea), der von der Firma Bayer als Markenname für den Wirkstoff Acetylsalicylsäure eingeführt wurde.

Acetylsalicylsäure ist ein Abkömmling der Salicylsäure und wurde um 1850 von dem französischen Chemiker Charles Frederick Gerhardt erst-

* Salicylsäure ist eine ganz einfach aufgebaute organische Verbindung und wird industriell aus Phenol und Kohlendioxid hergestellt.

mals hergestellt. Rasch war klar, dass auch diese Substanz, ähnlich wie die Stammverbindung, schmerzstillende Eigenschaften hat. Doch war das Einnehmen sehr unangenehm, denn sie verätzte Mund- und Magenschleimhäute. Erst später stellte sich heraus, dass diese unangenehmen Begleiterscheinungen auf Verunreinigungen zurückzuführen waren.

Im Jahre 1893 fanden Felix Hoffmann und Heinrich Dreser einen Weg, Acetylsalicylsäure zu reinigen. Sie erhielten die Substanz in Form eines weißen Pulvers. Ihre Mühe wurde überaus reichlich belohnt: Aspirin wurde zu einem der erfolgreichsten Medikamente in der Geschichte der Pharmazie. Aspirin galt als so sicher, dass die Genehmigung erteilt wurde, es ohne ärztliche Verordnung direkt an die Patienten zu verkaufen. In den USA werden täglich etwa 50 Millionen Aspirin-Tabletten geschluckt, das sind knapp zwei Milliarden pro Jahr. Doch Aspirin hat auch seine Nachteile und würde heutzutage vermutlich nicht zugelassen. Empfindliche Menschen reagieren darauf mit Reizungen und selten auch mit Blutungen von Magen- und Darmschleimhaut. Ferner zerfällt Acetylsalicylsäure langsam in Salicylsäure, bei der diese Nebenwirkungen noch ausgeprägter sein können. Deshalb sollte man Aspirin-Tabletten, deren Haltbarkeitsdatum abgelaufen ist, nicht mehr einnehmen.

Im Laufe seiner hundertjährigen Geschichte wurde Acetylsalicylsäure zeitweise als *das* Standardmittel gegen Infektionskrankheiten (Fieber, Husten, grippale Infekte) und Arthritis (der altbekannte Rheumatismus) verordnet. Allerdings heilt es keine dieser Krankheiten, es macht sie nur erträglicher, indem es die Schmerzen lindert. Gegen alle diese Beschwerden wird Acetylsalicylsäure unter einer Vielzahl von Namen verkauft: ASS-ratiopharm, Colfarit, Alka Seltzer usw. – und natürlich Aspirin. Diese Namensvielfalt ist keineswegs nur für diesen Wirkstoff typisch: Die Pharmaindustrie hat die Vielfalt der Handelsnamen zu einer wahren Kunst entwickelt und profitiert von der daraus resultierenden Verwirrung. Ein Arzt verordnet schließlich bevorzugt solche Medikamente, deren Namen er kennt. Die Hintergründe dieses Phänomens sind im folgenden Kasten beschrieben.

Neben Acetylsalicylsäure enthalten Aspirin-Tabletten auch Zitronensäure und Natriumbicarbonat (Natriumhydrogencarbonat). Das Natriumhydrogencarbonat reagiert mit der Acetylsalicylsäure zu deren Natriumsalz, das wesentlich besser wasserlöslich und etwas schneller wirksam ist als die reine Säure. Es reagiert ebenfalls mit der Zitronensäure, wobei Kohlendioxid entsteht, das in Form vieler kleiner Gasblasen entweicht. Das fertige Getränk ist also so etwas wie Zitronenbrause mit Wirkstoff-Zusatz.

Namen sind nicht nur Schall und Rauch

Wenn es stimmt, dass viele Krankheiten psychische Ursachen haben, sollte es nicht verwundern, dass psychologische Effekte entscheidend zum Erfolg oder Misserfolg einer Behandlung mit Medikamenten beitragen. Jeder kennt Placebos, jene Zuckerpillen, die bei Blindversuchen während der Erprobung eines neuen Medikaments gegeben werden und denen man nachsagt, dass manche Ärzte sie ihren Dauerpatienten und Hypochondern verschreiben, wenn diese keiner Behandlung bedürfen, sondern nur Aufmerksamkeit brauchen. In der Wirklichkeit geschieht das aber keineswegs: eine solche Handlungsweise würde gegen das ärztliche Berufsethos verstoßen. Hingegen kann es durchaus vorkommen, dass ein Arzt statt eines »unwirksamen« Medikaments ein anderes verschreibt, das denselben Wirkstoff in der gleichen Menge enthält – und plötzlich wirkt es.

Jeder Wirkstoff hat mindestens zwei Namen: den systematischen »chemischen« Namen und den »generischen« Namen, der so etwas wie ein international akzeptierter Rufname (Trivialname) ist. Der chemische Name hat den Vorteil, dass der Fachmann daraus in eindeutiger Weise die Molekülstruktur herleiten kann, und den Nachteil, dass er mit seinen ganzen Klammern, Zahlen, griechischen und kursiven Buchstaben mehrere Zeilen füllt, meist unlesbar und unaussprechlich ist und damit sehr fehlerträchtig sein kann. Der generische Name ist dagegen einfach, kurz und (einigermaßen) einprägsam. Beispielsweise sind *N*-Acetyl-*para*-Aminophenol der systematische Name und Paracetamol der Trivialname derselben chemischen Verbindung.

Doch damit nicht genug. Daneben gibt es Handelsnamen, und je erfolgreicher ein Wirkstoff ist, desto zahlreicher sind diese. Und schließlich gibt es ja auch noch Markennamen für Präparate, die den betreffenden Wirkstoff allein oder in Kombination mit anderen Wirkstoffen enthalten.

Prinzipiell können Ärzte also zwischen verschiedenen Produkten wählen, wenn sie einen bestimmten Wirkstoff verordnen wollen. Durch die Sparmaßnahmen im Gesundheitswesen wird diese Wahlfreiheit allerdings zunehmend eingeschränkt. Neben den teuren Markenpräparaten gibt es billigere Produkte, die lediglich unter dem Namen des Wirkstoffs geführt werden. Doch ist es auf Dauer wirklich preiswerter, aus Kostengründen auf die »namenlosen« Präparate zu setzen? Ein Unternehmen, das bewährte Wirkstoffe nach Ablauf des Patentschutzes herstellt, engagiert sich in der Regel nicht in der Forschung. Aber gerade die Suche nach neuen, noch besseren und noch sichereren Wirkstoffen ist sehr teuer, und die großen Pharmaunternehmen müssen die Forschung aus dem Ertrag ihrer erfolgreichen Wirkstoffe bestreiten. Dass für die Behauptung des Marktanteils und für den Markenschutz »alter« Wirkstoffe noch höhere Summen ausgegeben werden, ist bei der gegenwärtigen Marktsituation unvermeidlich, aber nicht gerade befriedigend. Das Mindeste, was zur Erhaltung einer weiterhin leistungsfähigen Forschung getan werden müsste, wäre eine Verlängerung des Patentschutzes bzw. eine Bemessung der Schutzfrist vom Tage der Freigabe des Präparates statt vom Tage der Entdeckung des Wirkstoffes. Bei den heutigen Genehmigungsverfahren, die sich – aus gutem Grunde – über ein Jahrzehnt oder länger hinziehen, ist beinahe die Hälfte der Schutzfrist bereits abgelaufen, wenn das Präparat erstmals auf den Markt kommt, und entsprechend kurz ist dann die Zeit, in der der Erfinder eines Wirkstoffs seine Investitionen aus dessen Verkauf zurückerhalten kann. Bis bessere gesetzliche Rahmenbedingungen geschaffen sind, muss sich ein Pharmahersteller auf einen gut eingeführten Markennamen stützen. Auch das steckt hinter einem guten Namen.

Doch egal, ob man nun die reine Acetylsalicylsäure oder eines ihrer Salze zu sich nimmt: der Unterschied in der Wirksamkeit ist nicht besonders groß. Das liegt daran, dass im Magen ein saures Milieu herrscht, worin das Salz rasch wieder in die Säure rückverwandelt wird. Da die Säure schlecht wasserlöslich ist, fällt sie wieder als Feststoff aus, wenn auch in sehr kleinen Kristallen. Diese kleinen Kristalle reizen die Magenschleimhaut nicht so sehr wie die großen Kristalle, die man in Form der reinen Säure zu sich nehmen würde. Insofern ist das Natriumsalz also verträglicher. Für solche Patienten, die auf Acetylsalicylsäure besonders empfindlich reagieren, gibt es den Wirkstoff in Tabletten, die den Magen unverändert passieren und sich erst im alkalischen Milieu des Dünndarms auflösen. Diese wirken allerdings nicht so schnell wie erwünscht.

Auch wenn Aspirin seit hundert Jahren in Gebrauch ist, birgt es doch Risiken. Eine nicht allzu häufige Nebenwirkung sind die bereits erwähnten Blutungen der Magenschleimhaut. Für Kinder kann die Behandlung von Windpocken oder grippalen Infekten mit Acetylsalicylsäure tödliche Folgen haben: Bei entsprechender Veranlagung kann das so genannte Reye-Syndrom auftreten. Daher sollten Kinder unter 12 Jahren nicht mit Acetylsalicylsäure behandelt werden, und alle Medikamentenpackungen müssen entsprechende Warnhinweise auf diese sehr seltene, aber gefährliche Nebenwirkung tragen.

Trotz seiner Nebenwirkungen ist Acetylsalicylsäure ein bemerkenswerter Wirkstoff und viel mehr als nur ein Schmerzmittel. Ihm wird nachgesagt, Herzinfarkt und Thrombosen abwehren zu können, und es wurde sogar gemutmaßt, dass es sich bei der Behandlung von Krebs, grauem Star und Senilität einsetzen lasse. In der Tat wird es Herzinfarkt-Patienten zur Nachbehandlung verschrieben, und ebenso wirkt es vorbeugend: wer nicht zu Magenbeschwerden neigt, mag gut beraten sein, jeden Tag eine kleine Aspirin-Tablette (100 mg) einzunehmen. Acetylsalicylsäure verhindert, dass der Körper diejenigen Stoffe produziert, die das Verklumpen der roten Blutkörperchen bewirken. Damit wird das Blut etwas dünnflüssiger, die Bildung von Blutgerinnseln (Thrombosen) wird verhindert und die Blutversorgung der Organe verbessert. Man vermutet, dass auf diesen Umstand auch die vorbeugende Wirkung gegen Senilität zurückzuführen ist, indem das Gehirn besser mit Sauerstoff versorgt wird. Darüber hinaus soll Acetylsalicylsäure die berüchtigten »freien Radikale« abfangen und zerstören können, jene äußerst reaktiven Moleküle, die aufgrund verschiedener äußerer Einwirkungen im Körper entstehen und im Verdacht stehen, Krebs hervorzurufen. Die Wirksamkeit gegen grauen

Star schließlich beruht darauf, dass Acetylsalicylsäure diejenigen Protein-Moleküle zerstört, welche den Augapfel trübe machen.

Aspirin wird üblicherweise in Form von 500-mg-Brausetabletten verkauft, von denen ein Erwachsener, falls erforderlich, alle vier bis sechs Stunden eine einnehmen kann. Die Höchstmenge pro Tag soll 4 g nicht übersteigen. Eine Einzeldosis von 10 g ist lebensbedrohlich, weil dann das Blut zu sauer wird. In solch einem Fall beschleunigt sich die Atmung, weil der Körper die überschüssige Säure in Form von Kohlendioxid (CO_2) loswerden will. Gleichzeitig wird die Aktivität der Nieren angekurbelt, was einen gefährlichen Flüssigkeitsverlust zur Folge haben kann. Wenn die Übersäuerung des Blutes nicht auf diesem natürlichem Wege vermindert werden kann, drohen Gewebezerstörung und in schweren Fällen der Tod.

Nun haben Sie schon viel über Wirkungen und Nebenwirkungen von Aspirin erfahren, doch auf welche Weise wirkt es eigentlich? Es hemmt ein Enzym, das die Produktion von Prostaglandinen steuert. Die Prostaglandine sind eine Gruppe von chemischen Verbindungen, welche eine Reihe biologischer Funktionen regulieren: Verdauung, Nierenfunktion, Blutkreislauf und Fortpflanzung gehören dazu. Bestimmte Prostaglandine lösen außerdem Schmerzsignale aus. Diese werden bei Verletzungen und Krankheiten freigesetzt, und deshalb spüren wir Entzündung, Schmerz und Fieber. Dieser Zusammenhang wurde im Jahre 1969 von John Vane und seinen Mitarbeitern am Royal College of Surgeons in London aufgedeckt, indem sie nachweisen konnten, dass Aspirin die Synthese von Prostaglandinen in geschädigtem Gewebe verhindert. Für diese Arbeiten erhielt Vane im Jahre 1982 den Nobelpreis für Medizin, gemeinsam mit Sune Bergström und Bengt Samuelsson vom Karolinska Institut, Stockholm, die ebenfalls über die Rolle der Prostaglandine gearbeitet hatten.

Die Synthese der Prostaglandine verläuft selbstverständlich nicht in einem Schritt, sondern über eine ganze Kaskade chemischer Reaktionen. Der erste Schritt besteht darin, dass eine mehrfach ungesättigte Fettsäure namens Arachidonsäure von den beschädigten Zellmembranen freigesetzt wird. Diese reagiert mit Sauerstoff und bildet dabei unter anderem ringförmige Prostaglandin-Endoperoxide, welche das Auftreten von typischen Entzündungssymptomen auslösen. Indem Acetylsalicylsäure diesen Schritt blockiert, ist die Kette unterbrochen, an deren Ende die Schmerzempfindung steht.

Paracetamol

Wie Acetylsalicylsäure leitet sich Paracetamol von Phenol ab. Ähnlich groß ist die Vielfalt der Namen, unter denen Paracetamol erhältlich ist: Tylenol (USA), Panadol (Großbritannien), Ben-u-ron (Deutschland), Eu-med (Deutschland) oder Vivimed (Deutschland, Schweiz) sind nur einige der bekanntesten Präparate. Im Vergleich zu Acetylsalicylsäure hat Paracetamol zwei Vorteile: Erstens wird es bereits durch die Magenwände resorbiert und nicht erst im Darm. Daher wirkt es bereits nach etwa zehn Minuten, während dies bei Acetylsalicylsäure bis zu einer Stunde dauern kann. Zweitens reizt Paracetamol nicht die Magenschleimhäute und ist daher meist besser verträglich.

Paracetamol wurde beinahe zufällig entdeckt, als ein Patient versehentlich Acetanilid erhielt und über eine erstaunliche Schmerzlinderung berichtete. Acetanilid ist ein Benzolderivat und relativ giftig. Bei dessen Abbau entsteht als Zwischenstufe Paracetamol, und es ist natürlich vorteilhafter, dieses direkt einzunehmen. Wie Acetylsalicylsäure wirkt Paracetamol, indem es das Enzym blockiert, welches die Prostaglandine aufbaut.

Doch auch Paracetamol hat seine Nachteile. Zwei Tabletten helfen gegen Kopfschmerzen, zwanzig machen die Abhilfe endgültig: im Himmel. Zwar kann ein Erwachsener gefahrlos viermal täglich zwei 500 mg-Tabletten einnehmen, und das über Jahre hinweg, aber wenn man mehr einnimmt, kann die Schwelle zur Überdosierung leicht überschritten werden. Es sind Fälle bekannt, in denen bei kleinen und untergewichtigen Personen bereits zehn Tabletten zum Tode führten.* Ein erhöhtes Risiko besteht außerdem bei Alkoholikern mit bereits geschädigter Leber. Auch junge Frauen, die an Ess-Brechsucht leiden, sind gefährdet. Bei dieser psychischen Erkrankung wechseln Phasen des zwanghaften Essens und Hungerns einander ab. Oft nehmen die Patientinnen größere Mengen Paracetamol, um Erbrechen auszulösen.

Selbstmörder, die sich mittels Paracetamol umbringen wollen, haben damit oft Erfolg, auch wenn sie nach der Einnahme der Tabletten ihren

* Die Gefahr einer Überdosierung ist durchaus ernst zu nehmen. Ein Beispiel: In sehr vielen Erkältungsmitteln ist Paracetamol enthalten. Wenn man – entgegen der Dosierungsanweisung – mehrere Sorten von Grippetabletten nebeneinander einnimmt, dazu noch Hustensaft, fiebersenkende Mittel und »Nachtmedizin«, kann die insgesamt aufgenommene Menge gefährlich hoch werden.

Vorsatz bereuen oder scheinbar rechtzeitig gefunden werden. Zwar können der Magen ausgepumpt und Bluttransfusionen vorgenommen werden, doch ist zu diesem Zeitpunkt die Leber oft schon irreparabel geschädigt. Wenn in einem solchen Fall nach diesen Maßnahmen eine Besserung eintreten sollte, so ist sie nur temporär, und nach einigen Tagen tritt der Tod ein. Weltweit sterben jährlich etwa 2000 Menschen an einer Paracetamol-Vergiftung.

Obwohl Paracetamol sehr effektiv die Schmerzrezeptoren blockiert, wird es vom Körper als Gift behandelt, das so schnell wie möglich unschädlich gemacht werden muss. Die Toxizität von Paracetamol ist sehr eigenartig: kleine Mengen werden völlig problemlos abgebaut, aber wenn ein bestimmter Schwellenwert überschritten wird, sind die Folgen fatal. Das liegt daran, dass Paracetamol auf verschiedenen Wegen abgebaut wird. Zunächst übernimmt ein Enzym diese Aufgabe, das die Wasserlöslichkeit von Paracetamol erhöht, indem es an das Molekül eine Sulfat-Gruppe addiert. Diese chemische Modifizierung ermöglicht es den Nieren, den Wirkstoff rasch aus dem Blut herauszufiltern und auszuscheiden. Daneben gibt es ein anderes Enzym, das mit Hilfe von Glucuronsäure (einem Glucose-Derivat) einen Kohlenhydrat-Rest an das Molekül addiert. Auch diese chemische Modifizierung erleichtert die Beseitigung von Paracetamol. Solange dessen Konzentration im Blut niedrig bleibt, wie es bei vorschriftsmäßiger Dosierung der Fall ist, können die beiden genannten Enzyme leicht damit fertigwerden.

Aber wenn die Konzentration an Paracetamol so hoch wird, dass die Kapazität dieser beiden Abbaumechanismen nicht ausreicht, wird es oxidiert. Dieser Prozess birgt eine weitere Gefahr, denn bei der Oxidation entsteht als Zwischenprodukt eine sehr giftige Verbindung, die schnellstens von der Leber weiter abgebaut werden muss. Doch dafür braucht die Leber Glutathion. Da die Synthese dieses Hilfsstoffs längere Zeit in Anspruch nimmt, sind die Reserven schnell aufgebraucht, und dann schädigt die giftige Zwischenstufe das Gewebe der Leber. Bereits nach zehn Stunden ist die Leber unwiderruflich zerstört.

Vor einiger Zeit hat man herausgefunden, dass eine rasche Injektion von *N*-Acetylcystein ein wirksames Gegenmittel ist, indem es dieselbe Funktion wie Glutathion erfüllt. Damit hat die irrtümliche Überdosis Paracetamol viel von ihrem Schrecken verloren. Gegenwärtig wird geprüft, ob Paracetamol enthaltende Medikamente sicherer gemacht werden könnten, indem man ihnen Methionin zufügt. Diese einfache schwefelhaltige Aminosäure erhöht den Glutathionspiegel in der Leber auf natürliche Weise. Es wird aber noch einige Zeit dauern, bis entsprechende Medikamente für den Verkauf zugelassen sind.

Ibuprofen

Dieser Wirkstoff wurde von Chemikern des Pharmaunternehmens Boots in Nottingham entdeckt. Sie versuchten, Acetylsalicylsäure zu verbessern, indem sie kleine Veränderungen am Aufbau des Moleküls vornahmen. Die schmerzstillende und fiebersenkende Wirkung sollte erhalten bleiben, während die Reizwirkung reduziert werden sollte. Oft erhielten sie bei ihren Versuchen wirksamere Substanzen, die aber gleichzeitig auch stärkere Nebenwirkungen hatten. Irgendein Nachteil war immer dabei.

Nach Hunderten von Versuchen stießen sie schließlich auf Ibuprofen. Als Schmerzmittel ist es mehr als zwanzigmal wirksamer als Acetylsalicylsäure, und die fiebersenkende und entzündungshemmende Wirkung ist vergleichbar. Erste klinische Tests wurden im Jahre 1966 durchgeführt und ohne Beanstandungen abgeschlossen. Ibuprofen war so erfolgreich, dass es schließlich im Jahre 1983 für den freien Verkauf zugelassen wurde. Boots verkaufte es unter dem Markennamen Nurofen. In Deutschland wird es unter den Namen Aktren, Dolgit, Mobilat und Togal N verkauft (um nur einige von über hundert zu nennen), in den USA kennt man es als Nuprin, Motrin und Advil. Üblicherweise wird eine tägliche Dosis von drei Tabletten zu 400 mg verordnet, die unter bestimmten Umständen bis auf das Doppelte erhöht werden kann.

Aber auch Ibuprofen fand keine ungeteilte Zustimmung. Wissenschaftler der Johns Hopkins University Medical School in Baltimore veröffentlichten im Jahre 1990 eine Untersuchung, worin 12 Fälle beschrieben wurden, in denen Patientinnen während der Behandlung mit Ibuprofen ein plötzliches Nierenversagen erlitten. Eine Zeitlang sah es so aus, als ob die Medien eine neue Skandalgeschichte witterten, doch als die Hintergründe bekannt wurden, verloren sie das Interesse. Es stellte sich nämlich heraus, dass in allen Fällen schon vorher eine chronische Nierenerkrankung bestand. Hatte sich diese durch Ibuprofen verschlimmert? Vielleicht. Nach Angaben von Boots hätten diese Patienten ohnehin nicht mit Ibuprofen behandelt werden dürfen, ebenso wenig wie Patienten mit auf Magensafteinwirkung zurückzuführende Geschwürsbildung im Verdauungstrakt. Genau genommen ist die Zahl der bekannt gewordenen Fälle auch extrem klein in Relation zu den Millionen von Patienten, denen Ibuprofen Linderung verschafft hatte.

Doch nicht alle Medikamente entkommen den Medien so leicht wie Ibuprofen. Ein anderes NSAID, nämlich Opren, war ein hervorragendes Mittel gegen arthritische Beschwerden, doch nach einer Medienkampagne infolge einiger unerklärlicher Todesfälle wurde es in Großbritannien vom Markt genommen, zum Leidwesen vieler von Arthritis Betroffener. Wir werden später noch einmal auf diese Geschichte zurückkommen.

Opiate

Die Opiate sind die wirksamsten aller bekannten schmerzstillenden Medikamente, doch sie haben starke Nebenwirkungen. Kein synthetischer Wirkstoff kann es mit ihrer Wirksamkeit aufnehmen. Es handelt sich um eine Gruppe chemisch sehr ähnlicher Verbindungen, die im Saft des Schlafmohns *Papaver somniferum* enthalten sind (das griechische Wort *opion* bedeutet Mohnsaft) oder von diesen Verbindungen abgeleitet sind. Die bekanntesten Vertreter dieser Gruppe sind Codein, Morphium, Diamorphin (Heroin) und Hydromorphon. Diamorphin und Morphium haben ein enormes Suchtpotential: In wenigen Tagen kann sich eine körperliche Abhängigkeit entwickeln. Ähnliches gilt für Hydromorphon. Mit Hilfe von Methadon kann die Abhängigkeit von Opiaten gebrochen werden, doch auch Methadon macht süchtig, wenn es über einen längeren Zeitraum genommen wird.

Zur Gewinnung der Opiate werden in die unreifen Samenkapseln des Schlafmohns kleine Einschnitte gemacht. Aus diesen quillt ein milchiger Saft, der an der Luft zu harzigen Klümpchen trocknet. Dies ist die traditionelle Form von (Roh-)Opium. Als Rohstofflieferant für die pharmazeutische Industrie wird Schlafmohn kontrolliert angebaut und maschinell abgeerntet. Der wirksame Hauptbestandteil des Opiums ist eine kompliziert aufgebaute Verbindung namens Morphin, welche direkt das zentrale Nervensystem beeinflusst, indem sie die so genannten Opioid-Rezeptoren blockiert und damit die Weiterleitung von Schmerzsignalen unterbindet. Daneben rufen Morphin und Diamorphin die bekannten Rauschzustände hervor.

Morphin ist so wirksam, weil es den körpereigenen schmerzstillenden Wirkstoffen chemisch ähnlich ist. Doch während es bei starken Schmerzen viele Stunden dauert, bis diese im Gehirn aufgebaut worden sind, wirkt eine Morphin-Injektion innerhalb von Sekunden und blockiert selbst den stärksten Schmerz. Leider macht es süchtig. Diese Nebenwirkung wird durch eine kleine chemische Modifikation des Moleküls aufgehoben:

Wenn ein Wasserstoffatom durch eine Methylgruppe ersetzt wird, erhält man Codein. Es ist deutlich weniger wirksam als Morphin, aber auch so ungefährlich, dass codeinhaltige Medikamente in einigen Ländern frei verkäuflich sind.

Wenn allerdings zwei Wasserstoffatome des Morphinmoleküls durch Acetylgruppen ersetzt werden, erhält man ein noch wirksameres Schmerzmittel: Diamorphin (der Name ist eine Verkürzung des korrekteren Begriffs Diacetylmorphin). Es gelangt noch schneller ins Gehirn als Morphin. Dort verliert es die beiden Acetylgruppen wieder und wirkt geradezu schlagartig. In Europa wird Diamorphin bei Krebsleiden im Endstadium eingesetzt, um die damit einhergehenden unerträglichen Schmerzen zu mildern. Für diese Patienten ist es nicht mehr relevant, ob sie davon süchtig werden, solange nur ihre Leiden gelindert werden. In den USA verwendet man für diesen Zweck Hydromorphon. Diese Verbindung ist schließlich die wirksamste von allen Opiaten, wie aus Tabelle 8 hervorgeht.

Im Jahre 1992 wurde ein Naturstoff entdeckt, der noch wirksamer als Morphin ist. Er wird von dem ecuadorianischen Baumfrosch *Epipedobates tricolor* produziert. John Daly vom National Institute of Health isolierte ihn in winzigen Mengen und nannte ihn Epibatidin. In Versuchen an Ratten wurde ermittelt, dass er etwa zweihundertmal wirksamer ist als Morphin. Nicht genug damit: der Aufbau des Moleküls ist recht einfach – und es enthält ein Chloratom. Ob die Entdeckung von Epibatidin der Grundstein für eine neue Generation von ungiftigen, niedrig dosierbaren und sicheren Schmerzmitteln war, muss sich noch erweisen. Bevor eine

Tabelle 8 Die unterschiedliche Wirksamkeit von Opiaten.

Opiat	**Wirksamkeit***	**Löslichkeit****
Codein	60 mg	20 %
Morphin	20 mg	5 %
Diamorphin	10 mg	50 %
Hydromorphon	2 mg	25 %

* Dies ist die höchste als sicher geltende Einzeldosis. Je niedriger dieser Wert ist, desto wirksamer ist die Verbindung.

** Im Falle von Codein gilt der angegebene Wert für das Phosphat, bei den anderen Verbindungen für das Hydrochlorid. Je löslicher ein Wirkstoff in Wasser ist, desto leichter kann er verabreicht werden.

neue Verbindung am Menschen erprobt wird, muss sie eine lange Serie von Tests erfolgreich durchlaufen haben, in denen die Wirksamkeit bestätigt und die Ungiftigkeit erwiesen wird, damit das Risiko so gering wie möglich ist. Wie wir noch sehen werden, sind die Erfolgschancen nicht sonderlich hoch.

Kommentar des Autors: Seit über 20 Jahren ist bekannt, dass die Wirkung von NSAIDs als Schmerzmittel auf der Blockade der Cyclooxogenase-(COX-)Enzyme beruht. Diese Enzyme produzieren Prostaglandine, die für Schmerzweiterleitung und Entzündungsreaktionen verantwortlich sind. Eine neuere, jedoch genauso wichtige Erkenntnis zeigt, dass es zwei verschiedene COX-Enzyme gibt, COX-1 und COX-2, wobei nur COX-2 für die Bildung von Prostaglandinen zur Schmerzweiterleitung verantwortlich ist. COX-1 dagegen sorgt für die Sekretion des Schleims, der die Magenschleimhaut vor einem Angriff der Magensäure schützt, mit der wir unsere Nahrung verdauen. Einige starke Schmerzmittel blockieren sowohl die COX-1- als auch die COX-2-Enzyme, was zu starken Blutungen der ungeschützten Magenwand führen kann. Aufgrund dessen können manche Menschen keine Schmerzmittel wie Aspirin einnehmen, für die meisten Leute ist die Gefahr von inneren Blutungen jedoch gering. Aspirin wird nach wie vor verschrieben um der Bildung von Blutgerinnseln vorzubeugen und so die Gefahr von Herzinfarkten zu senken, da COX-1 auch an diesem Prozess beteiligt ist.

Mit zunehmendem Durchschnittsalter der Bevölkerung nimmt der Bedarf von starken Schmerzmitteln zu, die bei Erkrankungen wie Arthritis Linderung verschaffen. Hier kann den Patienten mit neuen Medikamenten geholfen werden, die ausschließlich das COX-2-Enzym hemmen und seit den späten neunziger Jahren auf dem Markt sind. Allerdings musste das populärste Arzneimittel Vioxx 2004 zurückgenommen werden, als bekannt wurde, dass die langfristige Einnahme die Gefahr eines Herzinfarktes leicht erhöhte.

Tote zum Leben erwecken: Viagra

Die sexuelle Betätigung von Männern im mittleren Alter kann dadurch beeinträchtigt sein, dass eine Erektion nur schwer erreicht oder nicht lange genug aufrechterhalten werden kann. Ältere Männer stört dies vielleicht weniger als jüngere. Abhilfe schafft der Griff zu Viagra.

Unbewusste Erektionen erlebt ein Mann jede Nacht mehrmals. Oft erwacht er sogar mit erigiertem Penis. Warum ist das so? Freud hatte eine Antwort parat: Männer träumen von sexuellen Erlebnissen – direkt oder wenigstens in Form von Symbolen. Hätte Freud schon von Enzymen und Stickstoffmonoxid gewusst, wäre er vielleicht zu einem anderen Schluss gekommen: Nicht der Traum bewirkt die Erektion, sondern – viel wahrscheinlicher – umgekehrt.

Das Verlangen eines älteren Mannes nach sexueller Betätigung kann durch mangelnde Leistungsfähigkeit des »kleinen Freundes« stark beeinträchtigt sein. Abhilfe bei diesem fachsprachlich als Erektionsstörung oder erektile Dysfunktion (ED) bezeichneten Leiden bringt der Griff zu Viagra. Gewöhnlich heißt es, Frauen könnten einen Orgasmus vortäuschen, Männer eine Erektion aber nicht. Seit der Einführung von Viagra aber können auch Männer schon im Voraus »felsenfest« darauf vertrauen, »es« zu schaffen.

Der britische Neurophysiologe Dr. Giles Brindley ging mit einem Vortrag über die Behandlung von Impotenz (1983 in Las Vegas) in die Geschichte ein, den er mit einem Experiment nachhaltig illustrierte. Zunächst hatte er den Delegierten der Jahresversammlung der Amerikanischen Urologenvereinigung erläutert, welch erstaunliche Erektion man durch Injektion der Substanz Phenoxybenzamin in den Penis bewirken könne. (Normalerweise dient diese Verbindung zur Behandlung von Bluthochdruck.) Vielleicht befürchtete er, seine Behauptung würde mit Skepsis aufgenommen – jedenfalls bereitete er dem Auditorium nach den theoretischen Ausführungen eine Überraschung, die keiner der Zuhörer so schnell vergessen haben wird.

Wenige Minuten vor Beginn seiner Vortrags hatte sich der 57 Jahre alte Brindley selbst Phenoxybenzamin in den Penis gespritzt. Das Mittel tat seine Wirkung, und Brindley trat hinter dem Pult hervor, ließ seine Jogginghose herunter und präsentierte dem staunenden Publikum eine wirklich eindrucksvolle Erektion. Dabei beließ er es nicht: Durch die Reihen gehend, ermunterte er die Anwesenden, sich durch Befühlen des Gliedes selbst davon zu überzeugen, dass die Steifigkeit nicht künstlich durch eine innere Schiene aufrechterhalten wurde. (Darin bestand damals eine der Methoden der Wahl, Impotenten einen Geschlechtsakt zu ermöglichen.)

Auf die Idee, dass blutdrucksenkende Mittel wie Phenoxybenzamin auf den Penis genau die gegenteilige Wirkung ausüben könnten, war Brindley in der Diskussion mit einem Kollegen gekommen. Unerschrocken ging der Mediziner nach Hause und probierte die Methode mit sichtlichem Erfolg an sich aus. In einer seiner Arbeiten erwähnt Brindley, die Injektion von Papaverin, einem anderen Wirkstoff, habe eine »vier Stunden lang nicht nachlassende Erektion« erzeugt. Papaverin wird zu diesem Zweck auch heute noch verwendet, vorausgesetzt, der Patient ist bereit, es in den Penis zu injizieren. Männliche Pornodarsteller greifen, so heißt es, häufig darauf zurück.

Bindleys Erfolg regte andere Forscher an, mit der Injektion verschiedener Substanzen zu experimentieren. Manche Wirkstoffe erwiesen sich als Treffer; einer davon, Caverject von Pharmacia & Upjohn, wurde 1995 als Erster seiner Art von der US-Behörde FDA zur Behandlung von Erektionsstörungen zugelassen und anschließend auf den Markt gebracht (die chemische Bezeichnung ist Alprostadil). Caverject wirkte sehr gut – der einzige Nachteil bestand in der notwendigen Injektion, weshalb man es eigentlich nur wählte, wenn alle anderen Mittel versagt hatten. Dann aber konnte es tatsächlich Erleichterung bringen.

Nicht jeder Mann ist in der Lage, sich mit einer Injektionsnadel in den Penis zu stechen. Für diese Fälle standen etwas weniger schmerzhafte Möglichkeiten zur Verfügung, den erschlafften »Kollegen« in Schwung zu bringen. Beispielsweise konnte man ein Kügelchen Alprostadil in die Spitze des Penis einführen und warten, bis der Wirkstoff durch den Harnleiter in das umgebende Gewebe diffundiert war und sich ein Effekt zeigte. Carl Djerassi hat die Behandlung der Impotenz literarisch verarbeitet, wie Sie im unten stehenden Kasten nachlesen können.

Viagra ist der Handelsname des Ende der 1980er-Jahre in den Labors des Pharmaunternehmens Pfizer (Sandwich, England) entwickelten Wirkstoffs Sildenafilcitrat. Entdeckt wurde die Substanz eher zufällig bei der Suche nach neuartigen Medikamenten zur Therapie von Angina Pectoris. Simon Campbell und David Roberts, die seit 1985 an diesem Thema arbeiteten, interessierten sich besonders für Moleküle, mit denen sich das Enzym *Phosphodiesterase* blockieren lässt. Die Funktion dieses Enzyms besteht darin, den Botenstoff cGMP zu desaktivieren.* Unter anderem wirkt cGMP gefäßerweiternd, das heißt, es entspannt die Muskeln der Blutgefäße, indem es die Diffusion von Calciumionen aus den Muskelzellen heraus veranlasst. 1986 schloss sich Nick Terret der Gruppe an.

Den gewünschten Effekt zeigte unter anderem die Substanz Zaprinast. Das Molekül enthält zwei Ringstrukturen, an die jeweils weitere Atom-

* cGMP ist die Abkürzung für cyclisches Guanosinmonophosphat.

NONO:
Carl, du hast es vorausgesehen!

Carl Djerassi – Dramatiker, Poet, Romancier und Erfinder der Anti-Baby-Pille – veröffentlichte 1998 einen Roman mit dem vielleicht kürzesten jemals gewählten Titel: NO. Im Mittelpunkt der Handlung steht die indische Wissenschaftlerin Renu Krishnan. Sie experimentiert mit Substanzen, die NO freisetzen, und zwar dort, wo es am dringendsten benötigt wird: im Penis. Ihr Versuch, ein Unternehmen zur Vermarktung ihrer Entdeckung zu gründen, ist durch skrupellose Machenschaften zum Scheitern verurteilt. Djerassi »erfindet« in diesem Buch Doppel-Potenz-Moleküle NONO, in denen ein NO an eine zweite, mit einem Molekül verknüpfte NO-Gruppe bindet. Tatsächlich werden derartige Verbindungen mittlerweile erforscht und auf ihre medizinische Verwendbarkeit hin untersucht. Mögliche Einsatzgebiete wären die Behandlung von pulmonaler Hypertension (Druckerhöhung im Lungenarteriensystem), die Förderung der Gefäßheilung nach Ballonkatheter-Angioplastie (Gefäßdehnung), die Hemmung der Blutgerinnung sowie die Konservierung von Spenderherzen vor der Transplantation. Die Schwierigkeit beim Design solcher Wirkstoffe besteht in der Begrenzung des Effekts auf die gewünschten Körperregionen.

gruppen gebunden sind. Diese Gruppen modifizierten die Forscher von Pfizer, um die Wirkung zu verstärken. Schließlich waren sie mit ihrem Ergebnis zufrieden. Die Verbindung erhielt die Nummer UK92480 und den Namen Sildenafil.

Im Laborversuch erwies Sildenafil sich als nicht toxisch. Klinische Versuchsreihen an Menschen wurden im Juli 1991 begonnen. Freiwillige erhielten steigende Dosen des Mittels, um eventuelle Nebenwirkungen festzustellen. Nach der Verabreichung großer Mengen klagten einige Probanden tatsächlich über Kopfschmerzen, Verdauungsstörungen, Sehstörungen und Muskelschmerzen – und bei fast allen traten besonders steife Erektionen auf, wie sie einige der Behandelten zuvor jahrelang nicht erlebt hatten. Wen überrascht es, dass diese »Nebenwirkung« zum eigentlichen Mittelpunkt der Studie wurde? Auch bei niedrigerer Dosierung, so stellte sich heraus, wirkte Sildenafil erektionsfördernd, wenn man nach der Einnahme etwas Geduld aufbrachte. Nach Doppelblindversuchen gaben interessanterweise auch 30 % der Mitglieder der Kontrollgruppe, welche ein Placebo erhalten hatten, eine verbesserte Erektionsfähigkeit an.

Eine Dosis von 25 mg Sildenafil verstärkte die Erektionen von 65 % der Probanden, 50 mg verhalfen 80 % zum Erfolg, die maximale Dosis von 100 mg gar 90 % (wobei die restlichen 10 % angaben, Kopf- und Magenschmerzen hätten das sexuelle Verlangen wirksam unterdrückt). Entsprechende Versuche wurden in Großbritannien, Frankreich und

Schweden vorgenommen. Nach Abschluss der Studien war man sich bei Pfizer im Klaren, einen Treffer gelandet zu haben: Fast alle Versuchsteilnehmer wollten das Mittel weiterhin anwenden, viele sträubten sich sogar, nicht verbrauchte Tabletten abzuliefern.

Was nun noch gebraucht wurde, war ein sexy Name für den neuen Wirkstoff. »Viagra« ist einprägsam und erinnert im Klang an »Niagara« – gigantische, zu Tal donnernde Wassermassen und beliebtes Reiseziel in den Flitterwochen. Millionen der hellblauen, rautenförmigen Tabletten entströmten den Produktionslinien von Pfizer, und innerhalb weniger Wochen machte Viagra Schlagzeilen auf der ganzen Welt. Die Tabletten enthalten neben Sildenafil Hilfsstoffe wie Cellulose, Calciumphosphat, Titandioxid, Lactose (um die Löslichkeit im Magen zu verbessern) und natürlich den für Unverwechselbarkeit sorgenden blauen Farbstoff. Je nach Dosierung wird noch die Bezeichnung VGR 25, VGR 50 oder VGR 100 aufgeprägt.

Viagra wirkt auf molekularer Ebene und deshalb unabhängig von der Ursache der Erektionsstörungen – gleichgültig, ob diese durch Depressionen, Stress, eine organische Krankheit wie Diabetes oder einen chirurgischen Eingriff an der Prostata bedingt sind.

Die berühmte Kinsey-Studie zum Sexualverhalten der Amerikaner aus den 1940er-Jahren verrät uns, dass damals 15 % aller über 50 Jahre alten Männer impotent waren. Seitdem ging es unübersehbar bergab. In den 1990er-Jahren litten, so behaupten verschiedene Untersuchungen, bereits 40 % der Männer über 40 an Erektionsstörungen verschiedenen Grades. (Die Zahlen stammen aus einer kleinen, 1994 unternommenen Studie; als »erektionsgestört« wurden auch diejenigen Befragten eingeordnet, die seltene Probleme angaben.) Pfizer waren solche öffentlichkeitswirksamen Daten natürlich willkommen – obwohl es fast unmöglich war, ihre Aussagekraft realistisch zu bewerten. Das angesehene United States National Institute of Health schätzt, dass 30 Millionen männlicher Amerikaner von Erektionsproblemen betroffen sind und nur ein Fünftel von ihnen professionelle Hilfe sucht. Der um Viagra veranstaltete Rummel machte jedenfalls deutlich, dass die erektile Dysfunktion ein viel weiter verbreitetes Leiden ist, als zuvor angenommen wurde.

Viagra ist kein Aphrodisiakum. Es wirkt nur, wenn der Mann sexuell erregt wird. Theoretisch kann man Viagra also einnehmen, ohne den geringsten Effekt zu verspüren, obwohl man sich schwer vorstellen kann, dass ein Mann, der absichtlich Viagra schluckt, dabei nicht irgendwie an Sex denkt.

So funktioniert Viagra

Einer Erektion geht die sexuelle Erregung durch Gedanken, Worte oder Taten voraus. Dabei wird Stickstoffmonoxid von den Nervenendigungen in das Schwellkörpergewebe des Penis freigesetzt. Dieses einfache Molekül regt das Enzym *Guanylatcyclase* zur Produktion von cGMP an, welches wiederum die Muskeln erschlaffen lässt, die die Blutzufuhr zum Penis regeln. Blut strömt in den Penis ein, dieser wird größer und schließlich so fest, dass er steht.

Ein anderes Enzym, die *Phosphodiesterase*, hat die Aufgabe, cGMP zu zerstören. Mit dem raschen Anfluten von NO und cGMP nach einer sexuellen Erregung wird die Phosphodiesterase im Normalfall nicht fertig. Anders ist die Situation bei älteren Männern. Sie produzieren nicht genug NO und cGMP, um den neutralisierenden Effekt der Phosphodiesterase zu überwiegen, und die Erektion ist nicht stark genug oder lässt sehr schnell wieder nach. Viagra korrigiert diese Fehlfunktion durch Blockierung der Phosphodiesterase.

Warum aber wirkt Viagra in dieser Weise nur auf den Penis und nicht auf andere Gewebe, in denen cGMP ebenfalls produziert und abgebaut wird? Die Antwort liegt in strukturellen Variationen der Phosphodiesterase. Viagra desaktiviert nur die Phosphodiesterase-5 (im Penis) und lässt andere Varianten, etwa die Phosphodiesterase-3 in der Herzmuskulatur, unbehelligt. Durch seine spezielle Größe passt das Sildenafil-Molekül gerade auf das aktive Zentrum der Phosphodiesterase-5 und blockiert dieses. Bis sich das Enzym von dem unerwünschten Gast befreit hat, kann es sein eigentliches Ziel cGMP nicht angreifen, dessen Spiegel im Penis sich aufbaut und erhalten bleibt, solange der Mann sexuell aktiv ist.

Viagra erweitert aber auch Blutgefäße im Gehirn. So werden Nebenwirkungen wie Kopfschmerzen und Schwindelgefühl verursacht. Vorübergehend sehen manche Patienten außerdem blaustichige Bilder, weil die Zapfen, für die Farbwahrnehmung in der Netzhaut zuständige Sinneszellen, ebenfalls durch die Phosphodiesterase-5 beeinflusst werden.

1998 kam Viagra in den USA auf den Markt, nachdem Versuche an Gruppen von 532 und 329 Männern vorgenommen worden waren, gefolgt von Studien an mehreren tausend Probanden. Zwei Versuchspersonen starben, ein 66 Jahre alter starker Raucher und ein 53 Jahre alter, anscheinend gesunder Mann. Diese Todesfälle waren nicht unerwartet, da die Versuchsgruppen aus Männern mittleren Alters bestanden.

In der ersten Woche nach seiner Einführung wurde das Medikament 35 000 Mal verschrieben, in den ersten drei Wochen 300 000 Mal, Ende 1998 waren bereits über 5 Millionen Rezepte ausgestellt worden. Noch kein Medikament in der Geschichte der Pharmazie verkaufte sich dermaßen schnell. Die Wirkung auf die Aktien von Pfizer folgte auf dem Fuße: Innerhalb zweier Wochen schnellte der Kurs von 45 auf 115 Dollar nach oben. Bis zum Sommer 1998 hatten Hunderttausende Männer das Präparat ausprobiert. Von den 69 verzeichneten Todesfällen entfielen 46 auf Herzkranke, die sich bei der Ausübung des Geschlechtsakts wahrscheinlich überanstrengt hatten.

Viagra nimmt man eine Stunde vor dem geplanten sexuellen Kontakt ein. Es wirkt drei bis fünf Stunden lang; in diesem Zeitraum können mehrere effektive, zum Samenerguss führende Erektionen erreicht werden. Als Freizeitdroge ist Viagra in manchen Homosexuellengruppen beliebt, kann aber, besonders in Verbindung mit der Inhalation flüchtiger Nitrite – so genannter »Poppers«, siehe unten –, gefährlich sein. Die Kombination beider Substanzen kann die Gefäße so stark erweitern, dass es zum Kreislaufkollaps kommt.

Nicht alle Nebenwirkungen von Viagra sind unerwünscht, zumindest nicht bei Nashörnern und Sattelrobben. Das Afrikanische Nashorn war fast ausgerottet, denn sein Horn fand regen Absatz als Bestandteil der chinesischen Medizin, insbesondere zur Therapie der Impotenz. Jetzt greifen die Chinesen zu Viagra. (Natürlich könnte die Hornmedizin durchaus jenen Männern helfen, die in der oben erwähnten Doppelblindstudie auch auf das Placebo reagierten.) Rhinozeroshorn besteht aus Keratin, einem einsträngigen Protein, und hat keinerlei medizinische Wirkung – jedenfalls keine, die nicht auch durch Einnahme anderer Keratingebilde (gemahlene Hufe, Fingernägel) erzielt werden könnten. Auf alle Fälle ist die Einfuhr und die Verwendung von Rhinozeroshorn in China seit 1993 verboten, sodass den Nashörnern mit etwas Glück eine Überlebenschance bleibt.

Die Sattelrobben waren zwar nicht ganz so stark bedroht wie die Nashörner, aber auch sie wurden gejagt, weil man es auf ein Körperteil von ihnen zur Heilung der Impotenz abgesehen hatte – den Penis. Kurz vor der Einführung von Viagra wurden für einen Robbenpenis 100 Dollar gezahlt; danach sank die Nachfrage und folglich auch der Preis, der jetzt bei etwa 15 Dollar liegt.

Nachdem sich Viagra als wahrer Goldesel erwiesen hatte, überrascht es nicht, dass andere Pharmaunternehmen auf diesen Zug aufzuspringen versuchten. Sie entwickelten ähnliche, ja sogar bessere und sicherere (so behaupteten sie) Produkte: Vasomax (Schering-Plough), Cialis (Eli Lilly und Icos), Levitra (Glaxo-SmithKline). Der letztgenannte Wirkstoff bewirkte bereits in einer Dosis von 10 mg bei 75 % von 805 Versuchsteilnehmern eine Erektion, die zum Vollzug des Geschlechtsakts ausreichte. Levitra soll die Phosphodiesterase-5 noch wirksamer blockieren als Viagra, und das mit weniger Nebenwirkungen beispielsweise auf das Sehvermögen. Zwar dauert es etwas länger, bis die Wirkung einsetzt, dafür hält diese auch bis zu zwölf Stunden an (bei Viagra sind es vier). Besonders geeignet ist das Mittel nach chirurgischen Eingriffen an der Prostata, die häufig zu Erektionsstörungen führen.

Pfizer versuchte, gerichtlich gegen diese Alternativen vorzugehen. Obwohl alle Prozesse scheiterten, konnte das Unternehmen wenigstens sein Patent auf Sildenafil bis 2013 festschreiben lassen. Dass es Pfizer nicht gelang, exklusive Rechte auf Phosphodiesterase-Blocker zu beanspruchen, lag vor allem an Arbeiten zum gleichen Thema, die unabhängige Forscher in den Jahren 1992 und 1993 veröffentlicht hatten. Die Autoren konnten die Gerichte davon überzeugen, dass Pfizer lediglich die Anregungen anderer in die Tat umgesetzt hatte (obwohl das Originalpatent 1991 angemeldet worden war).

Kommentar des Autors: Nach wie vor erregt Viagra die Aufmerksamkeit durch Berichte von verschiedenen Nebenwirkungen, die sich nicht nur auf Männer positiv auswirken. Eines Tages könnte das Medikament auch schwangeren Frauen helfen, die unter hohem Blutdruck leiden und sich in der Gefahr befinden, an Präeklampsie zu erkranken. Diese auch als Schwangerschaftshypertonie bekannte Krankheit führt zu einer Verengung der Arterien in der Gebärmutter, wodurch die Nährstoffversorgung des Fötus verringert wird und es zu Fehlgeburten kommen kann. Forscher des College of Medicine an der Universität Vermont, USA, behandelten schwangere Ratten mit hohem Blutdruck und einem hohen Präeklampsie-Risiko mit Viagra. Infolgedessen entwickelten sich die Gebärmutterarterien normal und es traten keine Fehlgeburten auf.

Weitere Forschungen am University College in London deuten an, dass Viagra auch Morbus Crohn-Patienten helfen könnte. Die chronische Entzündung des Magen-Darm-Traktes kann zur Bildung von Geschwüren und sogar zu Rissen und Brüchen der Schleimhäute führen. Die genaue Ursache für Morbus Crohn ist unbekannt, es scheint jedoch einen Zusammenhang zu einer mangelhaften Durchblutung des Verdauungstraktes zu geben, die verhindert, dass genug weiße Blutkörperchen das beschädigte Gewebe erreichen und heilen können. Bislang wurden nur wenige Patienten mit Viagra behandelt, bei diesen Personen konnte jedoch eine deutliche verbesserte Durchblutung der Verdauungsorgane festgestellt werden.

Alles im Kopf: Prozac

Obwohl in vielen Büchern und Zeitschriften angegriffen, ist dieses Präparat doch eine beachtliche Errungenschaft: Es mildert Depressionen, stärkt das Selbstvertrauen und trägt zur Heilung der Bulimia nervosa bei, einer zwanghaften Störung des Essverhaltens.

Alles begann 1970 in den amerikanischen Labors des Unternehmens Eli Lilly. Im Rahmen eines Forschungsprojekts suchten Bryan Molloy und Robert Rathbun ein neues Antidepressivum, das die Nebenwirkungen der frühen tricyclischen Wirkstoffe nicht aufweisen sollte. 1972 synthetisierten die Forscher Fluoxetin. Ray Fuller, der Leiter der Forschungsgruppe, erhielt dafür 1993 den begehrten *Discoverer Award* der Pharmaceutical Manufacturers Association. Leider starb Fuller 1996 an Leukämie. Sein Leben war der Industrieforschung gewidmet, und er veröffentlichte über 500 Artikel auf den Gebieten der Neuropharmakologie und Neurochemie.

Unterdessen erforschte der in Hongkong gebürtige und ebenfalls bei Eli Lilly angestellte Pharmakologe David Wong die Mechanismen der Wiederaufnahme am synaptischen Spalt. Er arbeitete an Hirngewebe von Ratten mit dem Ziel, eine Methode zu finden, die die Wiederaufnahme verhindert. Dabei probierte es auch einige der von Molloy synthetisierten Verbindungen aus. Am 24. Juli 1972 testete er die Substanz mit dem Code L110.140, die sich als leistungsfähiger Hemmer der Serotonin-Wiederaufnahme (SSRI) erwies und in geringerem Umfang auch die Wiederaufnahme von Norepinephrin hemmte. L110.140 war Fluoxetin, heute besser bekannt als Prozac.* (Eli Lilly verfolgte Wongs Entdeckung nicht sofort, weil man zu dieser Zeit mehr an Desipramin interessiert war, einem Wirkstoff, der ausschließlich die Wiederaufnahme von Norepinephrin hemmt.)

Tierversuche mit Fluoxetin versprachen Erfolg. 1976 folgte eine Studie an freiwilligen Probanden, deren Ergebnisse überwältigend positiv waren. 1982 wurde das US-Patent erteilt (Patent-Nr. 4314081), und 1988 erschien der Wirkstoff als Prozac auf dem amerikanischen Markt. Bis 1994 war das Präparat zum weltweit erfolgreichsten Antidepressivum geworden.

Es dauerte nicht lange, bis andere Pharmaunternehmen ähnliche Wirkstoffe auf den Markt brachten: Pfizer das Sertralin *(Zoloft®/Lustral®)*, SmithKline Beecham das Paroxetin *(Paxil®/Seroxat®)*, Solvay das Fluo-

* In Deutschland wird der Wirkstoff unter dem Handelsnamen Fluctin vertrieben, ist aber durch Medienberichte auch als Prozac bekannt.

xamin *(Luvox®/Floxyfral®)* und Forest Laboratories das Citalopram *(Celaxa®/Cipramil®)*. Gegen diese Konkurrenten konnte Prozac einen Marktanteil von 35 % behaupten (Zoloft 15 % und Paxil 11 %).*

Mit Paxil, so behauptete der Hersteller, könne man insbesondere Patienten effektiv behandeln, die unter Soziophobie leiden, das heißt, wegen ausgeprägter Menschenscheu die Gesellschaft anderer meiden. Im Mai 1999 ließ die FDA Paroxetin für diesen Zweck zu, woraufhin SmithKline Beecham die Öffentlichkeit in einem massiven Werbefeldzug auf das Leiden und seine Behandlung aufmerksam machte. Bald wurde Paxil in einem Umfang verschrieben, der dem von Prozac gleichkam. Manche Ärzte und Psychiater sehen die Soziophobie nicht als Krankheitsbild und lehnen das Medikament ab: Scheue Menschen, so sagen sie, benötigten keine Behandlung, denn die Scheu sei eine ganz natürliche Reaktion auf bestimmte Situationen. Trotzdem ist Paxil ein Geschenk des Himmels für alle diejenigen, die ständige Weltangst an der Verrichtung alltäglicher Aufgaben hindert. Mittlerweile bringt Paxil jährlich über drei Milliarden Dollar Umsatz.

Inzwischen wurde auch der Prozac-Wirkstoff weiter optimiert. Aktiv ist nur einer der beiden *Enantiomere* des Fluoxetin-Moleküls. Das Präparat muss deshalb auch nur diese Form, das R-Fluoxetin, enthalten. Es in reiner Form zu gewinnen ist teuer; dem steht die Chance gegenüber, nicht nur die Dosis deutlich zu senken, sondern auch die Stärke von Nebenwirkungen herabzusetzen. Eli Lilly schloss einen Vertrag mit der Firma Sepracor, dem Inhaber des Patents für die enantiomerenreine Synthese von R-Fluoxetin (US-Patent 5708035).

Gegen Depressionen werden 20 mg Prozac täglich empfohlen, bei Bulimie 60 mg. Zu den berühmten Prozac-Anwenderinnen gehört Diana, die durch einen Unfall zu Tode gekommene Prinzessin von Wales, der das Medikament 1994 zur Behandlung ihrer Essstörungen verordnet wurde. Nicht angezeigt ist Prozac bei Kindern, Patienten mit Leberversagen und stillenden Müttern. Nebenwirkungen sind generell selten; gelegentlich treten Schwindelgefühl, Durchfall, Kopfschmerzen und Ähnliches auf.

Ein allgemeines Problem von SSRI-Wirkstoffen (wie Prozac) ist, dass sich die Nebenwirkungen bereits einstellen, bevor sich ein therapeutischer Nutzen gezeigt hat. Die unerwünschten Effekte können so stark

* In Deutschland spielt Fluoxetin keine so überragende Rolle. Häufiger wird Citalopram verordnet, das als relativ sanftes und dennoch sicheres Mittel gilt. (Anm. d. Übers.)

sein, dass die Patienten das Medikament wieder absetzen, bevor es ihnen richtig helfen konnte. Warum es so lange dauert, bis die Wirkung dieser Antidepressiva einsetzt, weiß man nicht genau. Der Spiegel des jeweiligen Neurotransmitters jedenfalls steigt innerhalb weniger Minuten nach der Einnahme sprunghaft an. Sicherlich ist dies jedoch nur der erste Schritt in einer Kette von Ereignissen, die dem Patienten die ersehnte Erleichterung bringen. Zwar nimmt die Anzahl der Botenstoffmoleküle im synaptischen Spalt sofort zu; die Rezeptoren, denen lange die Stimulation fehlte, müssen aber erst wieder aktiviert werden, was offenbar Zeit kostet.

Bei der Behandlung mit Prozac bildet sich im Körper allmählich ein konstanter Wirkstoffspiegel, der sich auch bei einer Dosiserhöhung nicht mehr ändert. Nach Beendigung der Einnahme bleibt dieser Spiegel sieben weitere Tage lang erhalten. In der Leber wird Fluoxetin in Norfluoxetin umgewandelt; dies ist ebenfalls ein SSRI und wirkt ähnlich wie Prozac. Daraus lässt sich die lange Nachwirkung des Medikaments zum Teil erklären. Die Halbwertszeit von Fluoxetin im Körper beträgt vier Tage, die von Norfluoxetin neun. Das bedeutet: Nachdem man aufgehört hat, Prozac-Tabletten zu nehmen, dauert es neun Tage, bis die Aktivität der Wirkstoffe im Körper auf die Hälfte abgesunken ist; nach wiederum neun Tagen beträgt die Aktivität nur noch ein Viertel, und es kann durchaus einen Monat dauern, bis man überhaupt keinen Effekt mehr verspürt.

Da es eine Weile dauert, bis die Therapie anzuschlagen beginnt, muss man Patienten mit starken Depressionen und Suizidabsichten zu Beginn der Behandlung aufmerksam überwachen. Hat sich die Wirkung aber einmal eingestellt, so sind die Erfolge wirklich beachtlich. Prozac lässt den Ängstlichen selbstbewusst, den Empfindlichen forsch, den Introvertierten aufgeschlossen und den Pessimisten zuversichtlich werden. Daher überrascht es nicht, dass Prozac zu den meistverschriebenen Präparaten gegen krankhaft gesteigerte Angst, Soziophobie (soziale Ängste), Agoraphobie (Angst vor Menschenansammlungen und öffentlichen Plätzen), Anankasmus (zwanghafte Nichtunterdrückbarkeit bestimmter Handlungen oder Vorstellungen), Bulimie (Ess-Brech-Sucht), chronische Schmerzzustände und Spannungskopfschmerz gehört. Dass Prozac Gehemmten zu mehr Selbstsicherheit verhilft, wurde auch im Versuch an Ratten nachvollzogen: In einer Rattenkolonie dominiert ein Männchen, dessen Serotoninspiegel doppelt so hoch ist wie jener der anderen anwesenden männlichen Tiere. Steigert man den Serotoninspiegel Letzterer mithilfe von Medikamenten, so gelingt es dem dominanten Tier nicht mehr, die anderen zu unterdrücken und das beste Futter für sich zu beanspruchen.

Nach zwei Jahren der Verfügbarkeit wurde Prozac in den USA monatlich bereits 60 000 Mal verschrieben; innerhalb von fünf Jahren hatten fast fünf Millionen Amerikaner das Mittel ausprobiert. Erwartungsgemäß wurden die Segnungen des Präparats oft auch weit übertrieben dargestellt, andererseits landete der Wirkstoff auch irrtümlich in den Negativschlagzeilen, wie der folgende Kasten zeigt. Langsam jedoch legten sich die Kontroversen; nach wie vor bringt das Mittel den allermeisten Anwendern unbestreitbaren Nutzen – und es macht nicht abhängig wie manche älteren Antidepressiva.

Ein weiterer Vorteil von Prozac besteht darin, dass auch massive Überdosen nicht tödlich wirken. Einige wenige Suizidfälle gehen wohl auf die Einnahme von 50 oder 100 Prozac-Tabletten gleichzeitig zurück; wer einen solchen Selbstmordversuch überlebt, leidet aber in der Regel nicht an Nachwirkungen (gelegentlich traten Krämpfe auf). Manche Leute stellen die Anwendung von Prozac mit dem Argument in Frage, frühere Antidepressiva seien ärmer an Nebenwirkungen gewesen. Dem lässt sich entgegenhalten, dass weniger Betroffene als früher die Einnahme des Mittels aufgrund unerwünschter Effekte vorzeitig beenden; moderne Patienten sind außerdem aufgeklärter und eher bereit, auf Nebenwirkungen zu achten und sie ihrem Arzt anzuzeigen.

Amok

In den 1990er-Jahren machte Prozac Schlagzeilen in einem Zusammenhang, den seine Hersteller nicht hatten vorhersehen können. Man gab dem Präparat die Schuld an einem Massenmord, der sich in einer Druckerei in Louisville (Kentucky) ereignet hatte. Der Todesschütze, Joe Wesbecker (47), war 17 Jahre lang in der Fabrik als Bediener einer von sieben riesigen Druckmaschinen beschäftigt. Die Arbeit an einer solchen Maschine soll so schrecklich gewesen sein, dass der Vorarbeiter sich erlauben konnte, von Untergebenen, die nicht für diese Anlage eingeteilt werden wollten, Oralsex zu verlangen. Wesbecker musste an dieser Maschine manchmal sogar Doppelschichten ableisten. 1988 war er so deprimiert, dass sein Arzt ihm ein Antidepressivum verschrieb, dessen Wirkung ausblieb. Im September 1989 begann er dann mit der Einnahme von Prozac.

Am 17. September 1989 hatte sich Wesbecker krank gemeldet. Er erschien auf Arbeit mit einer AK74 und drei Magazinen Munition, schoss auf zwanzig Mitarbeiter, die er am wenigsten mochte, und tötete acht von ihnen. Abschließend brachte er sich mit einem Revolver selbst um.

Die Überlebenden und die Witwen der Opfer strengten 1994 ein Verfahren gegen Eli Lilly, den Hersteller von Prozac, an. Das Gericht entschied zugunsten des Unternehmens, das sich allerdings bereits außergerichtlich mit den Klägern auf Entschädigungszahlungen in nicht genannter Höhe geeinigt hatte. Obwohl es nicht sehr wahrscheinlich ist, dass der Wirkstoff tatsächlich Wesbeckers Gewalttat auslöste, litt der Ruf des Präparats eine Zeit lang empfindlich.

Prozac wirkt hauptsächlich auf die 5-HT1-Rezeptoren, in geringerem Umfang aber auch auf die Rezeptoren 5-HT2 und 5-HT3, wodurch es zu Schlaf- und Sexualstörungen bzw. zu Schwindel und Kopfschmerz kommen kann. Allgemein ist die Affinität von Prozac für andere Rezeptoren als 5-HT1 gering. Manche Patienten beobachten Hautreaktionen (Ausschlag).

In welchem Maß die Nebenwirkungen tatsächlich auf Fluoxetin und nicht auf andere, unerkannte Ursachen zurückgehen, wurde in einem Doppelblindversuch untersucht. 1800 Patienten erhielten Prozac, 800 ein Placebo. (Bei einem Doppelblindversuch weiß weder der Proband noch der Arzt, ob in einem gegebenen Fall der Wirkstoff oder das Placebo verabreicht wurde.) 20 % der Personen, die Prozac eingenommen hatten, klagten über Kopfschmerzen (die am häufigsten genannte Nebenwirkung), 16 % der Personen aus der Kontrollgruppe aber ebenfalls. Schwindelgefühl stellte sich bei 18 % (Prozac) bzw. 10 % (Placebo) ein, Schlaflosigkeit bei 14 % (7 %), Durchfall bei 12 % (7 %). Erkältungsähnliche Symptome (Naselaufen u.a.) waren in beiden Gruppen mit 5 % gleich häufig. Die Selbstmordrate war in der Prozac-Gruppe (1 %) etwas niedriger als in der Kontrollgruppe (3 %); bei Versuchen mit Antidepressiva älterer Typen lag sie bei 4 %.

Der Erfolg von Prozac rief, wie Sie vielleicht nicht überraschen wird, Menschen auf den Plan, die das Mittel als Beitrag zu einer »drogenabhängigen« Gesellschaft sehen, einer Gesellschaft, die auf Medikamente statt auf andere Lösungen individueller Probleme setzt. Mehrere Bücher setzen sich kritisch mit diesem Thema auseinander, unter anderem *Talking Back to Prozac: What Doctors Won't Tell You About Today's Most Controversial Drug* von Peter Breggin. Unterstützung für Prozac hingegen findet sich beispielsweise in *Prozac Nation: Young and Depressed in America*, in dem die 28 Jahre alte Elizabeth Wurtzel ihre Wandlung von einer depressiven, drogenabhängigen Studentin mit Selbstmordgedanken zu einer glücklichen, erfolgreichen Journalistin und Schriftstellerin darlegt. Zu den Befürwortern von Prozac gehört auch Peter Kramer mit *Listening to Prozac: Antidepressants and the Remaking of the Self.* Joseph Glenmullen, Psychiater aus Cambridge, beschäftigt sich in *Prozac Backslash* ausführlich mit den Nebenwirkungen des Präparats. Prozac, so behauptet Glenmullen, könne Tics am Körper und im Gesicht auslösen; die Hälfte der Anwender litten angeblich unter sexuellen Dysfunktionen. Außerdem könnten sich beim Absetzen des Medikaments Entzugssymptome wie Verwirrtheit und Angst einstellen.

Anhängern alternativer Therapieansätze, die den Griff zu Psychopharmaka wie Prozac verweigern, aber trotzdem Erleichterung bei Depressionen suchen, bleibt die Wahl zwischen verschiedenen natürlichen Wirkstoffen, die wir nun kennen lernen wollen.

Einem Mangel an Botenstoffen im Gehirn könnte man versuchen entgegenzuwirken, indem man als Nahrungsergänzungsmittel die Aminosäuren Tyrosin und Tryptophan einnimmt; aus Ersterer entstehen im Stoffwechsel Dopamin und Noradrenalin, Letztere ist ein Vorläufer von Serotonin. Tyrosin ist reichlich enthalten in den Proteinen von Milchprodukten, Eiern, Lachs, Nüssen und Fleischprodukten und kommt sogar als freies Amin in Orangen, Pflaumen und Tomaten vor. Größere Mengen Tryptophan finden sich in den Proteinen von Getreide, Nüssen, Fleisch, Bohnen, Fisch und Milchprodukten; Quellen für das freie Amin sind Käse und Würstchen. Bei normaler, ausgewogener Ernährung stehen dem Körper hinreichend Tyrosin und Tryptophan zur Synthese der Botenstoffe zur Verfügung. Es klingt aber nicht unwahrscheinlich, dass einseitig ernährte depressive Patienten auf eine erhöhte Zufuhr der beiden Aminosäuren ansprechen.

Führt eine Nahrungsumstellung nicht zum Ziel, dann bieten sich pflanzliche Wirkstoffe an, die Sie rezeptfrei in Apotheken kaufen können. Dass manche Pflanzen tatsächlich aktive Stoffe enthalten, die ähnlich wie Psychopharmaka wirken können, ist bekannt. Zwei der beliebtesten naturheilkundlichen Präparate für diesen Zweck sind Johanniskraut und Kava kava.

Johanniskraut *(Hypericum perforatum)* wächst in gemäßigten Klimazonen und sogar an Gebirgshängen in den Tropen. Das Kraut hat ovale bis längliche Blätter und leuchtend gelbe Blüten. In Europa übergoss man im Mittelalter die Blütenblätter mit kochendem Wasser und trank den Aufguss, um seine Stimmung aufzuhellen. Als milde Antidepressiva sind Johanniskrautpräparate in Deutschland weit verbreitet, und das nicht ohne medizinische Begründung: Das Kraut enthält die Verbindung Hypericin, einen nachgewiesenen MAO-Hemmer. Man muss solche Medikamente allerdings (wie die oben beschriebenen Antidepressiva) eine Zeit lang einnehmen, um eine Wirkung zu verspüren.

Wenn Sie andere Behandlungsmethoden ablehnen, bringt Ihnen die Einnahme von Johanniskrautpräparaten (in Form von Tee, Tinkturen oder Kapseln) vielleicht Erleichterung. Seien Sie allerdings vorsichtig, wenn Sie bereits verschreibungspflichtige Medikamente einnehmen. Forschungsarbeiten unter anderem des amerikanischen National Institute of Health zeigten unerwünschte Wechselwirkungen von Johanniskraut mit Verhütungsmitteln (»Pille«), Medikamenten zur Senkung des Cholesterinspiegels und Wirkstoffen zur Verhinderung der Abstoßung eines transplantierten Organs (Immunsuppressiva). Auch der Naturstoff selbst hat Nebenwirkungen wie Verdauungsstörungen, Allergien, Müdigkeit und eine erhöhte Empfindlichkeit auf Sonnenstrahlung.

Kava kava (auch einfach Kava; *Piper methysticum*) ist eine grüne Laubpflanze, die von den südpazifischen Inseln stammt und von den Eingeborenen als Aufguss der gemahlenen Wurzeln angewendet wurde. Heute ist das beliebte Antidepressivum in Kapselform erhältlich.* In Doppelblindversuchen mit 400 mg Wirkstoff habe sich, so wird mancherorts behauptet, Kava kava als ebenso effektiv erwiesen wie Valium. Zu den aktiven Inhaltsstoffen zählen verschiedene Ringverbindungen, Lactone und Pyrone, deren Konzentration im Wurzelpulver stark schwankt. Unbestreitbar bewirken sie pharmakologisch etwas: Sie beruhigen Körper und Geist, entspannen die Muskulatur und stillen Schmerz. Noch heute trinken Eingeborene der Pazifischen Inseln Kava kava zu gesellschaftlichen Anlässen; in manchen Regionen ist der Verkauf und die Verwendung des Mittels (wie von Alkohol und Nikotin) gesetzlich geregelt. Schwangere, Stillende und Arbeiter an Maschinen sollten Kava kava meiden. Darüber hinaus warnt die FDA vor (allerdings sehr seltenen) schweren Leberschäden im Zusammenhang mit dem Konsum des Mittels. Weniger bedrohliche Nebenwirkungen, unter denen offenbar auch nicht alle Anwender zu leiden haben, sind Schwindelgefühl, Übelkeit, Appetitlosigkeit und Bauchschmerzen.

Trifft weder Johanniskraut noch Kava kava Ihren Geschmack, so versuchen Sie es vielleicht mit anderen milden Behandlungsmethoden, bevor Sie Ihren Arzt zu Rate ziehen. Homöopathie, chinesische Medizin, Reflexzonenmassage und Aromatherapie können Ihnen helfen, schwierige Phasen Ihres Lebens zu überstehen. Einigen Patienten jedoch nützen weder solche Allheilmittel noch eine Therapie mit Antidepressiva von der Art des Prozac. Hoffnung auf Erfolg besteht dann nur mit einer drastischeren Therapie, und das Mittel der Wahl ist einer der kuriosesten Wirkstoffe überhaupt: Lithium.

Kommentar des Autors: Unser Wissen über Depressionen wurde 2006 dank der Arbeit des Nobelpreisträgers Paul Greengard an der Rockefeller Universität erweitert. Seine Forschungsgruppe identifizierte ein Protein,

* In Deutschland ist die medizinische Anwendung von Kava kava, abgesehen von homöopathischen Dosierungen, aufgrund nachgewiesener Leberschädigungen seit Sommer 2002 verboten. (Anm. d. Übers.)

das an die Serotoninrezeptoren bindet und konnte feststellen, dass eine zu niedrige Konzentration dieses Proteins bei Mäusen und auch bei Menschen zu Depressionen führt. Die Wissenschaftler bewiesen, dass Antidepressiva die Proteinkonzentration heraufsetzen und in weiteren Test ließ sich zeigen, dass große Mengen des Proteins die Anzahl der Serotoninrezeptoren auf den Neuronenoberflächen erhöht, was ebenfalls der Depression entgegenwirkt.

Bereits 2004 zeigten Forschungen, dass Mäuse, denen im Säuglingsstadium Prozac verabreicht wurde, zu ängstlicheren und depressiveren Tieren heranwuchsen. Diese Untersuchung, die von Jay Gingrich an der Colombia Universität, USA, durchgeführt wurde, könnte erklären, weshalb Prozac bei jungen Menschen teilweise keine Wirkung zeigt.

Doch sind wir wirklich auf Antidepressiva wie Prozac angewiesen? Eine Studie an der Universität von Dundee, Schottland, stellte 2004 den grundsätzlichen Effekt von Serotoninaufnahme-Inhibitoren in Frage. So zeigten zwar 56 % der mit dieser Art von Antidepressiva behandelten Patienten eine deutliche gesundheitliche Verbesserung, bei 43 % der nur mit Placebos behandelten Personen trat jedoch ein identischer Effekt ein.

Leichteren Sinnes mit Lithium

Dieses leichteste aller Metalle kann durchgreifend auf das Gehirn wirken und jenen, die unter den schwersten Formen der Depression leiden, zur Rückkehr in ein normales Leben verhelfen.

In den Vereinigten Staaten und Europa werden schätzungsweise eine halbe Million Patienten, die unter Stimmungsschwankungen in Form einer bipolaren (manisch-depressiven) Störung leiden, mit Lithium behandelt. Das Metall kann eine biologische Rolle bei der Regulation der Neurotransmitter im Gehirn spielen. Auch schwerste solcher Erkrankungen, die mit gewöhnlichen Antidepressiva nicht behandelbar sind, sprechen unter Umständen auf Lithium an.

Lithium wird nicht verabreicht, um den Mangel an einem Spurenelement auszugleichen. Welche Rolle das Leichtmetall für unseren Organismus spielt, ist nicht bekannt; wir wissen nur, dass der Körper messbare Mengen Lithium enthält. Das in der Natur weit verbreitete Element nehmen wir täglich mit der Nahrung zu uns. Mais und Kohl zum Beispiel enthalten 0,5 ppm (bezogen auf die Trockenmasse), Salat 0,3 ppm, Orangen 0,2 ppm. In Kartoffeln, die auf lithiumreichen Böden angebaut wurden, finden sich bis zu 30 ppm. Einen kleinen Teil des zugeführten Lithiums nimmt der Körper auf; er scheidet das Element jedoch auch problemlos wieder aus, weshalb es sich nicht in Geweben oder Organen anreichert. Ein durchschnittlicher Erwachsener enthält ungefähr 7 mg Lithium, der Spiegel im Blut liegt bei 4 ppm. Alles in allem ist Lithium offenbar ziemlich unwichtig, und der niedrige Lithiumgehalt der Gewebe verwundert nicht, wenn man bedenkt, wie wenig davon die Lebensmittel enthalten.

Allerdings können wir das Lithium nicht als biologisch völlig bedeutungslos abtun; zumindest eine Studie lässt den Schluss zu, dass dem Element doch irgendeine verborgene Aufgabe zukommt. Ziegen, die lithiumfrei gefüttert wurden, nahmen weniger zu als ihre Artgenossen, die das normale Futter erhielten.

Schon in der Antike schätzte man Lithium, wenngleich unbewusst, als Heilmittel. Jedenfalls genoss das Wasser aus den Brunnen der griechischen Stadt Ephesus (heute in der Türkei) den Ruf, »gut für den Geist« zu sein. Nachzulesen ist dies bei Soranus von Ephesus, der dort im 2. Jahrhundert n. Chr. geboren wurde und später als Arzt in Rom praktizierte. Soranus spezialisierte sich auf Frauenheilkunde. Sein Buch *Über akute und chronische Krankheiten* enthält ein Kapitel zur Behandlung nervöser Leiden. Die Konzentration von Lithium im Grundwasser in der Gegend um Ephesus ist in der Tat höher als normal, zugegebenermaßen aber wohl nicht hoch genug, um wirksam zu sein.

Eigentlich beginnt die Geschichte des Lithiums erst gegen Ende des 18. Jahrhunderts. In den 1790er-Jahren entdeckte der brasilianische Forscher Jozé Bonifácio de Andralda e Silva bei einem Aufenthalt auf der schwedischen Insel Utö das erste lithiumhaltige Mineral, Petalit. Bei der Analyse des Fundes summierten sich die nachgewiesenen Bestandteile nicht zu 100 %, was die Wissenschaftler natürlich stark beschäftigte. 1817 erklärte sich Johan August Arfvedson (1792–1841) in Stockholm bereit, das Mineral genauer zu untersuchen. Nach vielen Tagen Arbeit konnte er immer noch lediglich 96 Masseprozent des Fundstücks erklären, aber er zog den offensichtlichen Schluss: Im Januar 1818 schrieb er die fehlenden 4 % einem bis dahin unbekannten Metall zu und erklärte, Lithium entdeckt zu haben, ein neues Alkalimetall. Später erwies sich diese Folgerung als korrekt. Arfvedson wählte den Namen Lithium, weil er das Metall in einem »Stein« gefunden hatte (altgriech. *lithos*: Stein).

Noch im gleichen Jahr beobachtete man ein wunderschönes rotes Leuchten, wenn ein wenig Lithium in eine Flamme gebracht wurde. Aus diesem Effekt wurde ein nützliches, schnelles Verfahren zum Nachweis des Metalls entwickelt. Es dauerte nicht lange, bis man Lithium in anderen Mineralen und sogar im Wasser der Heilquellen in Karlsbad, Marienbad und Vichy fand. Winzige Mengen Lithium zu analysieren, erforderte eine empfindlichere Methode als den herkömmlichen Flammentest. Die Lösung dieses Problems brachte wenig später das Spektroskop, mit dessen Hilfe man die charakteristische rote Linie im Spektrum auch in Anwesenheit anderer die Flamme färbender Elemente erkennen konnte. Auf diese Weise konnte man das Metall 1859 in Meerwasser aufspüren (die Konzentration beträgt nur etwa 0,17 ppm), in den Folgejahren auch in Trauben, Tang, Tabak, verschiedenen Gemüsesorten, Milch, Blut und menschlichem Urin.

Lithium ist zwar ein Alkalimetall, aber Arfvedson gelang es nicht, das Element elektrolytisch darzustellen, wie Humphrey Davy es mit den anderen Alkalimetallen (Natrium, Kalium) geschafft hatte. William Brand erhielt 1821 winzige Mengen Lithium auf diesem Wege, die nicht ausreichten, um die Eigenschaften zu erforschen. Erst 1855 brachten es der große deutsche Chemiker Robert Bunsen (1811–1899) und der weniger berühmte Brite Augustus Matthiessen* unabhängig voneinander fertig, durch die Elektrolyse von geschmolzenem Lithiumchlorid größere Mengen Lithium zu gewinnen.

In reiner Form wird Lithium nicht verwendet, denn das Metall wird rasch von der Luftfeuchtigkeit angegriffen. Überraschenderweise reagiert es (im Gegensatz zu Natrium) nicht spontan, sondern erst nach Erhitzen auf 100 °C mit atmosphärischem Sauerstoff. Mit dem Stickstoff der Luft hingegen bildet es Lithiumnitrid, was man für Natrium ebenfalls nicht beobachtet.

Als leichtestes aller Metalle verbindet sich Lithium mit anderen Metallen zu äußerst leichten Legierungen. Die wichtigste davon ist die mit Aluminium; sie dient als Baumaterial von Flugzeugen und Raumfahrzeugen, reduziert das Gewicht der Konstruktionen und hilft damit, Treibstoff zu sparen. Lithium ist außerdem in langlebigen Batterien für elektronische Geräte enthalten, wo es besonders auf Leichtigkeit und Kompaktheit ankommt. Lithium bildet die Anode, der Elektrolyt ist festes Iod. Solche Batterien können gut und gern 10 Jahre lang funktionieren.

* Der in London gebürtige Matthiessen (1831–1870) wurde nach einem Studium in Deutschland 1862 – im jungen Alter von 31 Jahren – Professor für Chemie am St. Mary's Hospital in London. Später wechselte er zum Londoner St. Bartholomew's Hospital, starb aber bereits ein Jahr darauf mit erst 39 Jahren.

Die wichtigste Verbindung des Lithiums ist das Carbonat, Li_2CO_3. Es löst sich schlecht in Wasser und ist deshalb einfach darzustellen und abzutrennen. Man verwendet es zur Raffination von Aluminium, in der Glas-, Keramik- und Emailleherstellung sowie als Ausgangsstoff für andere Lithiumverbindungen. Hochreines Lithiumcarbonat ist außerdem der Wirkstoff, der zur Behandlung schwerster Depressionen verschrieben wird. Natürlich fließt nur ein mengenmäßig eher unbedeutender Anteil der gesamten Lithiumproduktion in solche Medikamente, aber deren Nutzen ist zweifellos groß. Einer der interessantesten Aspekte dieser Präparate ist, dass wir ihr Wirkprinzip noch immer nicht völlig verstanden haben.

Im 19. Jahrhundert kam Lithium zur Behandlung von Gicht in Mode, einer schmerzhaften Erkrankung, bei der sich scharfkantige Harnsäurekristalle in den Gelenken vornehmlich der Füße ablagern. Harnsäure ist wenig wasserlöslich; haben sich solche Kristalle einmal abgesetzt, so dauert es lange, bis sie sich wieder auflösen. Das Lithiumsalz der Harnsäure (Lithiumurat) hingegen löst sich bereitwillig, woraus ein Dr. Ure 1843 schloss, dass man Harnsäure durch reichliches Trinken lithiumhaltigen Wassers aus dem Körper ausschwemmen könnte. Öffentlich bekannt gemacht wurde diese Folgerung durch den bedeutenden viktorianischen Arzt Sir Alfred Garrod (1819–1907), der im Reagenzglas verfolgt hatte, wie schnell sich Harnsäure in einer Lösung von Lithiumcarbonat auflöste. Garrod empfahl Gichtkranken große Dosen Lithium. Seine Theorie hielt sich hartnäckig ein halbes Jahrhundert lang, bis sie als abwegig erkannt wurde – und mehr noch: Ein Dr. Pfeiffer berichtete 1912, die Einnahme von Lithiumverbindungen verlangsame in Wirklichkeit die Elimination von Harnsäure aus dem Körper von Gichtpatienten.

In der Zwischenzeit versuchten Ärzte, ganz andere Krankheiten mit Lithium zu heilen. 1864 tauchten Lithiumsalze in der *British Pharmacopoeia* (einem Arzneimittelverzeichnis) auf. Lithiumcarbonat wurde dort gegen Verdauungsstörungen, Lithiumcitrat als Diuretikum empfohlen. 1871 befürwortete ein William Hammond die Verabreichung großer Dosen Lithiumbromid bei »akutem Wahnsinn« und »akuter Melancholie«. Carl Lange, ein dänischer Neurologe, verschrieb eine Mischung von Alkalisalzen mit größeren Anteilen Lithium bei »periodischer Depression«, seinem Bericht zufolge mit gutem Erfolg. Mit diesen Vorschlägen waren die beiden letztgenannten Mediziner ihrer Zeit weit voraus; leider hörte niemand auf sie. Erst 1949 folgte aus Beobachtungen des australischen Arztes John Cade eher zufällig der endgültige Durchbruch.

Cade experimentierte mit Meerschweinchen. Er injizierte ihnen Urin von manisch-depressiven Patienten aus dem Krankenhaus, an dem er arbeitete, womit er nachzuweisen hoffte, dass die psychiatrische Erkrankung durch Überschüsse von Harnsäure hervorgerufen wurde. Außerdem erhielten die Meerschweinchen Injektionen von Lithiumurat. Zu Cades Überraschung beruhigten sie die normalerweise äußerst lebhaften Tiere so sehr, dass sie, auf den Rücken gelegt, stundenlang friedlich in dieser Stellung verharrten.

Cade behandelte mit Lithiumcarbonat anschließend seinen schwierigsten Patienten, der fünf Jahre zuvor auf die geschlossene Station verlegt worden war. Der Mann sprach außerordentlich gut auf die Therapie an: Nach wenigen Tagen konnte er auf eine normale Krankenstation verlegt, zwei Monate darauf sogar nach Hause entlassen werden, wo er seine frühere Arbeit wieder aufnahm. Nachdem Cade seine Beobachtungen veröffentlicht hatte, begannen auch andere Mediziner, manisch-depressiven Patienten Lithiumcarbonat zu verordnen – mit guten Erfolg. 1960 war die Therapie bereits in ganz Europa anerkannt, zehn Jahre später auch in den Vereinigten Staaten – trotz der negativen Schlagzeilen, die dort einst Lithiumchlorid (LiCl) gemacht hatte: Unter Patienten, die LiCl als Ersatz für Kochsalz verwendet hatten, waren tödliche Vergiftungsfälle aufgetreten.

Nach dem Zweiten Weltkrieg wurde LiCl (unter der Marke Westsal) Herzkranken verordnet, die sich an eine kochsalzfreie (natriumfreie) Diät halten mussten. Daraufhin starben 1949 mehrere Menschen an Lithiumvergiftung; in der Presse und im Rundfunk wurde dringend vor dem Gebrauch von Westsal gewarnt. Die FDA verbot die Verwendung von Lithiumsalzen schließlich ganz und stellte eigene Nachforschungen an, bei denen sich zeigte, dass große Dosen Lithium die Nieren schädigen können. Das Verbot wurde rund zwanzig Jahre lang aufrechterhalten und musste erst gelockert werden, als die Vorteile der Lithiumtherapie amerikanischen Psychiatern und deren Patienten nicht mehr vorenthalten werden konnten.

Lithium wird in Form von Lithiumcarbonat-Tabletten (250 mg) verschrieben. Besonders effektiv wirkt die Substanz, wenn der Lithiumspiegel im Blut bei 0,6 bis 1,2 *Millimol* pro Liter* liegt. Dosen über 2,5 Gramm auf einmal eingenommen, sind gefährlich; bei einem Blutspiegel von 15 mg/L kann man von einer leichten Lithiumvergiftung sprechen. Über

* Dies entspricht 4,2 bis 8,4 Milligramm pro Liter oder 4 bis 8 ppm.

lange Zeit eingenommen, kann Lithium Nierenschäden verursachen. Aus diesem Grund wird das Medikament nur maximal 5 Jahre lang verordnet; zwischendurch muss der Patient regelmäßig untersucht werden.

Dass Mediziner Präparate verschreiben, deren Wirkprinzip im Körper sie nicht kennen, ist heutzutage eine Seltenheit. Auf Lithium trifft es zu; bislang gibt es bestenfalls Theorien zum Schicksal des Leichtmetalls im Stoffwechsel. Die erste, noch heute als am plausibelsten geltende Hypothese stellte Mitte der 1980er-Jahre eine Arbeitsgruppe an der Abteilung für Neurophysiologie und Pharmakologie der Insekten unter der Leitung von Michael Berridge auf. Lithium, so mutmaßten die Forscher, senkt den Spiegel von Inositol, einem zuckerähnlichen Molekül, das sich im ganzen Körper (einschließlich das Hirns) in Zellmembranen findet. Normalerweise stellt es der Organismus aus Inositolphosphat her, das in unserer Nahrung enthalten ist (besonders in Getreide, Gemüse und Zitrusfrüchten). Das Gehirn kann auf diese äußeren Quellen nicht zurückgreifen und muss deshalb selbst Inositol synthetisieren. Lithium greift, so wird vermutet, in den Kreislauf der Inositolproduktion und -wiederverwertung im Gehirn ein, denn das Element kann bis zu den Hirnzellen vordringen.

Inositolphosphat ist mithilfe von Calciumionen für die Weiterleitung von Signalen ins Innere von Zellen zuständig. Nachdem die Verbindung ihre Aufgabe erfüllt hat, wird sie von dem Enzym *Inositolmonophosphatase* zu Inositol abgebaut. Dieses Enzym steuert im Grunde die Empfindlichkeit der Zellen (und damit des gesamten Hirns) auf äußere Reize. Eine übermäßige Empfindlichkeit drückt sich in Form extremer Stimmungsschwankungen und manischen Verhaltens aus. Lithium hemmt die Aktivität der Inositolmonophosphatase – allerdings nur in den Zellen, wo ein Überschuss an Inositolphosphat herrscht. Dies erklärt, warum Lithium nur Depressiven hilft, Ihre Stimmung hingegen nicht aufhellt, wenn Sie einfach nur traurig oder niedergeschlagen sind.

Eine Forschergruppe aus dem Unternehmen Merck Sharp & Dohme in Harlow, England, ergänzte diese Theorie. Howard Broughton, Scott Pollack und John Atack untersuchten, in welcher Weise Lithium das genannte Enzym desaktiviert. Ihre Erklärung lautet folgendermaßen: Lithium besetzt eine Position im Enzymmolekül, die normalerweise von Magnesium eingenommen wird. Die Anlagerung von Lithium an dieser Stelle führt dazu, dass das Enzym seine Aufgabe nicht mehr erfüllen kann.

Diese Austauschbarkeit scheint auf den ersten Blick der Chemie der beiden Elemente zu widersprechen: Lithium und Magnesium stehen in benachbarten Gruppen des Periodensystems (Lithium in Gruppe I, Magnesium in Gruppe II); das bedeutet, sie bilden unterschiedlich geladene Ionen (Li^+ und Mg^{2+}). Trotzdem sind die Elemente einander chemisch ähnlich. Man nennt dies eine *Schrägbeziehung*. Deshalb könnte es durchaus sein, dass eine Stelle in einem Enzymmolekül, die eigentlich ein Magnesiumion anzieht und festhält, gleichermaßen auf ein Lithiumion wirkt. Das Enzym wäre damit desaktiviert, bis das Lithiumion wieder abgespalten ist. Inwieweit Magnesium an dieser Position gegen Lithium ausgetauscht wird, hängt von der Lithiumkonzentration im Körper ab. Man muss lediglich dafür sorgen, dass diese hoch genug bleibt, um eine effektive Konkurrenz zwischen Lithium und Magnesium zu ermöglichen und so hinreichend viele überaktive Nervenzellen zu dämpfen, dass der Patient sich beruhigt.

Zur Wirkungsweise des Lithiums gibt es eine Reihe alternativer Theorien. Dr. Adrian Harwood vom University College in London ist beispielsweise der Meinung, Lithium desaktiviere das Enzym *Glycogensynthase-Kinase-3*, das eine Rolle bei der Signalweiterleitung spielt.

Offensichtlich ist das Thema noch längst nicht abgeschlossen. Bevor man nicht genau weiß, warum Lithium in der beobachteten Weise hilft, hat man keine Chance, eine sicherere oder zielgerichteter wirkende Alternative zu finden, um schließlich die Dosis herabsetzen und die Behandlung bei Bedarf zeitlich unbeschränkt fortführen zu können. Wie der Mechanismus aber auch immer sein mag – bislang ist Lithium zur Therapie schwerster Depressionen konkurrenzlos.

In dem 1991 erschienenen Buch *Lithium in Biology and Medicine* kann man nachlesen, dass epidemiologische Studien in den USA auf einen Zusammenhang zwischen relativ lithiumreichem (über 70 ppb) Trinkwasser in manchen Gebieten und einer niedrigeren Kriminalitäts- und Selbstmordrate hindeuten. Offenkundig folgt aus diesem Resultat die Forderung, das Wasser in Regionen mit hoher Kriminalität und Häufungen von Suiziden behördlicherseits mit Lithium anzureichern. Flächendeckend wird man dies niemals tun können – dafür ist und bleibt Lithium zu teuer –, selbst wenn es Ihnen gelänge, ein Unternehmen der Wasserversorgung zu überzeugen, ein solches Experiment über die vielen Jahre hinweg vorzunehmen, die erforderlich sind, um verlässliche Ergebnisse zu erhalten.

Lithium könnte auch andersartige medizinische Anwendung finden. Lithiumhaltige Salben zum Beispiel mildern Genitalherpes, eine Infektionskrankheit, die unbehandelt ihre Opfer durchaus bis zum Griff nach Antidepressiva treiben kann.

Kampf den Fältchen!

Lippenstifte

Angemalte Lippen machen sexy! Bald nach seiner Erfindung mochten die meisten Frauen auf ihren Lippenstift nicht mehr verzichten, ungeachtet manch störender Mängel früher Produkte, die brüchig waren, schnell ranzig wurden und leicht verschmierten. Diese Probleme hat man mittlerweile gelöst. Jede Drogerie führt Lippenstifte mit einem breiten Spektrum an Farben und Texturen.

Dass strahlend rote Lippen für schöne Frauen gesellschaftsfähig wurden, verdanken wir wahrscheinlich den Technicolor-Filmen der 1930er-Jahre. Jahrhundertelang brachte man auffällig gefärbte Lippen höchstens mit Prostitution und Schauspielerei in Zusammenhang. Das Technicolor-Rot der Lippen wirkte zwar künstlich, aber die Hollywood-Filme setzten Maßstäbe, an denen sich große Teile der Gesellschaft orientierten – und der einfachste Weg zu roten Lippen führt nun einmal über den Lippenstift. So entstand eine enorme Nachfrage nach einem Produkt, das bereits zwanzig Jahre zuvor erfunden worden war, und ein Modetrend, der bis heute anhält. Zum Image des Lippenstifts trugen auch populäre Songs bei, etwa Holt Marvells romantischer Hit *These foolish things remind me of you* (1935), der mit der Zeile beginnt: »A cigarette that bears a lipstick's traces ...«. In ihrem Lied *Lipstick on your collar* (1959) brachten Edna Lewis und George Goehring den Lippenstift sogar mit den kühlen Schauern des Verrats in Zusammenhang. Heutzutage geben die US-amerikanischen Frauen jährlich rund 700 Millionen Dollar für diese Art von Kosmetik aus, weltweit gerechnet ist die Zahl wahrscheinlich mehr als doppelt so groß.

Auch manche unserer weiblichen Vorfahren färbten ihre Lippen. Zuerst kam man wohl im alten Ägypten auf diese Idee; dort benutzten die Damen den Pflanzenfarbstoff Henna oder das ebenfalls aus Pflanzenmaterial (Braunalgen) gewonnene, purpurrote Pigment Fucus. Gelegentlich scheint

Liebe, Licht und Lippenstift. John Emsley

ISBN 978-3-527-31638-0

sogar Zinnober in Gebrauch gewesen zu sein, das intensiv rote Malerpigment, mit dem auch die 20 000 Jahre alten Höhlenzeichnungen angefertigt wurden. Diese Methode kann allerdings nicht zur Nachahmung empfohlen werden – Zinnober ist ein giftiges Quecksilbersulfid.

Die ersten in den heute üblichen Hüllen zum Nach-oben-Drehen angebotenen Lippenstifte konnte man 1915 kaufen, hergestellt von Maurice Levy in den Vereinigten Staaten. Gefärbt waren sie mit Karmin, einem Naturfarbstoff, der aus dem Blut der auf mexikanischen Kakteen heimischen (weiblichen) Cochenilleschildlaus *Dactylopius coccus* gewonnen wird. Ärgerlicherweise ließen sich diese Zubereitungen leicht abwischen: Jeder Kontakt bemalter Lippen mit Teetassen, Wangen, Zigaretten oder Hemdkragen hinterließ verräterische Spuren. Die Lösung des Problems bestand in der Verwendung von Pigmenten, die die Haut selbst färbten. Sie wurden 1925 eingeführt, von einer ganzen Frauengeneration begeistert aufgenommen und verschwanden erst in den 1960er-Jahren, als auffallend rote Lippen vorübergehend nicht mehr erwünscht waren, aus den Regalen.

Einen perfekten Lippenstift herzustellen ist technologisch ziemlich anspruchsvoll. In erster Linie soll der Stift die gewünschte Farbe und gegebenenfalls einen Effekt bewirken – matt, glänzend, durchscheinend oder perlmuttartig. Die Lippen sollten gleichmäßig bedeckt sein und sich nicht schmierig anfühlen, der Geschmack soll neutral sein und die Farbe fest haften. Auch bei Kälte oder Hitze soll sich das Produkt glatt und sanft auftragen lassen; der Stift selbst darf sich nicht verformen oder gar brechen; Feuchtigkeit und Luftkontakt sollen ihm nichts anhaben, und Keime sollten sich darin nicht einnisten. Natürlich möchte man auch keinen giftigen oder gesundheitsschädlichen Stoff auf den Lippen tragen. Nicht alle diese Forderungen, aber immerhin die meisten von ihnen wurden bislang erfüllt.

Die Lippen sind einer der verletzlicheren Teile des menschlichen Körpers. Ihre Oberfläche ist von einer dünnen Hornschicht bedeckt, die wenig Fettgewebe enthält und folglich leicht austrocknet. Die nötige Feuchtigkeit führen wir normalerweise zu, indem wir von Zeit zu Zeit die Lippen lecken. Unter extremen klimatischen Bedingungen reicht das nicht aus; man bestreicht die Lippen dann am besten mit einer Schicht aus Fett, das pflanzlichen, tierischen oder industriellen Ursprungs sein kann. Solche Lippenbalsame enthalten zum Beispiel Castoröl (Rizinusöl), das aus Schafwolle gewonnene Lanolin, Vaseline (Petrolat, ein Nebenprodukt der Erdölraffinerie) oder synthetische Silicone.

Ein typischer Lippenstift könnte folgendermaßen zusammengesetzt sein:*

Farbstoff	5 %
Titandioxid	10 %
Öl	40 %
Wachs	20 %
Erweichungsmittel	25 %

* Daneben sind geringe Mengen weiterer Bestandteile enthalten: Duftstoffe, Konservierungsstoffe zum Abtöten von Mikroben, Vitamin E, Lichtfilter und manchmal sogar Geschmacksstoffe.

Öl und Wachs werden so ausgewählt, dass ihre Mischung eine leicht aufzutragende Salbe ergibt, die sich trotzdem in eine dauerhafte Form, den »Stift«, bringen lässt. Temperaturen von bis zu 50 °C sollte ein Lippenstift aushalten, ohne sich ernsthaft zu verformen. Öle aller Art wurden bereits verwendet, von *natürlichen Ölen* wie Olivenöl und Kakaobutter bis zu Mineralölen (Flüssigparaffinen) aus der petrochemischen Industrie. Am beliebtesten ist heute Castoröl, das überdies den Vorteil bietet, beim Trocknen einen festen, glänzenden Film auf der Haut zu bilden. Lippenstifte mancher Marken bestehen fast zur Hälfte ihrer Masse aus Castoröl. Industriell hergestellte Alternativen sind farb- und geruchlos, ungiftig und verschmieren nicht.

Wachse sollen den Lippenstift formbar machen und festigen. In Frage kommen besonders Bienenwachs, Carnaubawachs und Candelillawachs, wobei das Erstgenannte in der Regel bevorzugt wird. Chemisch ein Gemisch aus Cerotinsäure und Myricin, wurde das bei 63 °C schmelzende Naturprodukt im Laufe der Jahrhunderte verschiedensten Erzeugnissen wie Möbelpolituren, Kerzen und sogar Medikamenten zugegeben. Das härtere, erst bei 87 °C schmelzende Carnaubawachs wird von den Blättern der Carnauba- oder Wachspalme *(Copernicia prunifera)* abgesondert. Es fand ebenfalls bereits Verwendung als Inhaltsstoff von Polituren und Kerzen, aufgrund seiner imprägnierenden Eigenschaften auch von Autowachsen. Im Wesentlichen besteht Carnaubawachs aus Carnaubylalkohol. Candelillawachs gewinnt man vornehmlich in Mexiko aus der Candelillapflanze *Pedilanthus macrocarpus.* Sein Schmelzpunkt liegt bei 67 °C, und normalerweise verwendet man es nur, wenn Bienen- und Carnaubawachs zu teuer sind. Candelillawachs ist ein klassisches Siegelwachs, das noch heute zur Beglaubigung mancher Staatsdokumente benutzt wird.

Lanolin wird aus Schafwolle extrahiert. Der eine Zeit lang gehegte Verdacht, die Substanz löse allergische Reaktionen aus, wurde durch spätere Untersuchungen nicht bestätigt, weshalb man Lanolin jetzt wieder als Hauptinhaltsstoff in manchen Kosmetika findet. Reklame wird damit jedoch kaum gemacht – zu frisch ist die Erinnerung der Öffentlichkeit an die Aufregungen. Lippenglanz kann über 7 % Lanolin enthalten, Lidschatten über 5 %, Lippenstifte über 2 %; geringere Mengen der Substanz findet man in Reinigungsmilch, Teintgrundierungen, Handreinigercremes, Nachtcremes, Shampoos und Sonnenschutzmitteln. Die Unbedenklichkeit von Lanolin wird noch immer in Zweifel gezogen; sicher ist inzwischen, dass manche Leute darauf mit Kontaktdermatitis reagieren.

Für den Farbton eines Lippenstifts – oft Schattierungen von Rot bis Pink – ist entweder ein Pigment oder ein (organischer) Farbstoff zuständig. Häufig verwendet werden D&C Orange Nr. 5 und D&C Rot Nr. 22, wobei die Abkürzung »D&C« für die Wirkstoff- und Kosmetikliste der US-Lebensmittel- und Pharmaziebehörde FDA steht. Die systematischen Namen der Verbindungen lauten 4′,5′-Dibromfluorescein bzw. 2′,4′,5′,7′-Tetrabromfluorescein (oder, etwas einfacher, Eosin). Das erstgenannte Molekül enthält zwei Bromatome (Präfix »di«), das letztgenannte vier (»tetra«).

Beide Farbstoffe werden aus dem gelb aussehenden Fluorescein hergestellt. Setzt man dieses mit Brom um, so werden zwei Atome Brom addiert, und es entsteht eine orangefarbene Verbindung. Die weitere Umsetzung mit Brom führt zum roten, leicht bläulich schimmernden Eosin. Noch intensiver wird der Farbton, wenn sich die organische Verbindung an die Oberfläche eines anorganischen Stoffes, etwa Aluminium, anlagert: Es entsteht ein so genannter *Farblack*. Welche Farbe die damit bemalten Lippen annehmen, wird durch eine chemische Reaktion mit den Hautproteinen bestimmt, deren Aminogruppen an den Farbstoff binden. So wird die Haut relativ dauerhaft tiefrot gefärbt.

Titandioxid gibt man Lippenstiften aus dem gleichen Grund zu wie Malfarben: Die weiße Substanz deckt hervorragend und wirkt außerdem farbverdünnend in dem Sinne, dass aus einem intensiven Rot verschiedene Rosa- und Pinkschattierungen entstehen. Natürlich färben nicht alle Lippenstifte rot oder pink. Um in unserer mit Ablenkungen überfrachteten Welt Aufmerksamkeit zu erregen, malen manche Frauen (und Männer) ihre Lippen in allen Regenbogenfarben an, gelegentlich sogar schwarz.

Die von Kosmetikherstellern beschäftigten Chemiker versuchen ständig neue, wunderbare Farbtöne zu kreieren. Entsprechende Verbindungen aller Art sind bekannt; das Problem besteht lediglich darin, die jeweilige

Zulassung der Behörden zu erlangen. Nachzuweisen, dass ein neuer Farbstoff wirklich absolut ungefährlich ist, dauert Jahre, kostet viel Geld und birgt das Risiko des Misserfolgs. Deshalb verlässt man sich mittlerweile weniger auf die Chemie als auf die Technologie: Mit Interferenzpigmenten, auf die Oberfläche von Titandioxid-Partikeln aufgebracht, lassen sich nahezu alle Farbtöne erzeugen. Entscheidend ist dafür nicht die Färbung des Pigments selbst, sondern die Art und Weise, in welcher das auf die Trägerfläche treffende Licht reflektiert, gebrochen und gestreut wird.

Die Struktur eines Lippenstifts lässt sich durch die Zugabe winziger Kügelchen, so genannter Mikrosphären, verbessern. Die Substanz verschmiert dann weniger leicht und reflektiert mehr Licht. Die Hülle dieser Partikel besteht aus dem Polymer Polymethylmethacrylat. Im Inneren können andere, die Struktur der Haut (vorgeblich) verbessernde Wirkstoffe wie Vitamin E, Folsäure und Fluorpolymere untergebracht und dann langsam freigesetzt werden. Fluorpolymere sorgen nicht nur dafür, dass sich die Lippenfarbe glatt und elegant anfühlt, sondern verhindern auch, dass der Stift während der Herstellung an der Form festklebt.

Um einen Lippenstift herzustellen, verrührt man die Inhaltsstoffe unter Erwärmung, bis sie gründlich gemischt sind. Das Rohprodukt wird in Metallformen gegossen und gekühlt, um die Form zu lösen. Ein kurzes Flämmen (1/2 Sekunde) glättet die Oberfläche und gleicht Unebenheiten aus. Perlmutt-Lippenstifte enthalten Bornitrid (siehe unten) und schimmern auf der Haut; besonders intensives Glitzern wird durch Zugabe von Glimmer- oder Siliciumdioxidpartikeln erzeugt. Mattierenden Lippenstiften wird mehr Wachs und Pigment zugegeben, um den Glanz zu reduzieren; Lippenglanz hingegen enthält mehr Öl und weniger Wachs, weshalb er sich schlecht in eine dauerhafte Form bringen lässt und in kleinen Töpfchen verkauft wird. Lang haftende Lippenstifte enthalten zur Versiegelung der Farbe in der Regel Siliconöl.

In den vergangenen neunzig Jahren hat der Lippenstift einen langen Weg zurückgelegt. Dank der Chemie gilt er heute als schier unverzichtbares Accessoire der weiblichen Attraktivität und wird gelegentlich angewendet, um die gewisse andere Art von Chemie zwischen zwei Menschen zu befördern. Welche Sprache die Lippen einer Dame aber auch sprechen, die Aussage ihres restlichen Gesichts kann eine andere sein. Es könnte dann durchaus Sinn haben, die Chemie wieder als Naturwissenschaft zu bemühen.

Anti-Age-Cremes: Alpha-Hydroxysäuren (AHAs)

In der Werbung für Anti-Falten-Cremes werden AHAs allgemein als »natürliche Fruchtsäuren« bezeichnet. Tatsächlich können sie die Hautstruktur verändern, denn sie durchdringen die äußeren Schichten und regen das Wachstum neuer Hautzellen an. Ob sie tatsächlich Falten beseitigen, darüber lässt sich wohl streiten; allerdings verringern sie möglicherweise, wie die Werbeleute vorsichtig behaupten, »die Auffälligkeit der Fältchen«.

Wenn Sie häufig an der frischen Luft arbeiten, werden Sie im Alter eine besonders faltige Haut haben. Zu beobachten ist dies unter anderem bei Bauern, Bauarbeitern und Gärtnern. Dasselbe gilt für alle, die sich in der Freizeit gern an der Sonne aufhalten. Wahrscheinlich bereut die wackere Schar der Sonnenanbeter der 1960er- und 70er-Jahre bei jedem Blick in den Spiegel mittlerweile die ungeschützt am Strand verbrachten Tage.

Wenn wir älter werden, schwindet die Blüte der Jugend dahin. Unsere Haut wird dünner, verliert an Elastizität, trocknet aus und wird faltig. Wir hätten dann gern eine Creme, die man nur auftragen muss, um die Haut zu glätten, ihre Spannkraft wiederherzustellen und die Linien des Alters vergehen zu lassen. Jährlich erscheinen neue Produkte auf dem Markt, die versprechen, genau dies zu bewirken. In den Vereinigten Staaten werden pro Jahr bereits mehr als 30 Milliarden Dollar für Kosmetika und Toilettenartikel ausgegeben (weltweit wahrscheinlich doppelt so viel), und der Absatz wird in dem Maße zunehmen, wie die Bevölkerung der Industrieländer altert. Zyniker halten diese Ausgaben für verschwendet und meinen, nichts könne den langsamen Verfall der Haut aufhalten. Sicher überrascht es manchen, dass einige Anti-Falten-Cremes tatsächlich wirken (wenn auch nur in begrenztem Maße).

Die aktiven Inhaltsstoffe vieler solcher Produkte sind *Alpha-Hydroxysäuren*. Sie können in der Tat helfen, unsere Haut jünger wirken zu lassen; wird allerdings in der Werbung behauptet, sie ließen Falten *verschwinden*, so dürfen wir dies nicht allzu wörtlich nehmen. Dass der Effekt der Cremes vielfach aufgebauscht wird, soll uns aber nicht daran hindern, die nachweisbare Wirkung anzuerkennen.

Chemiker in der Kosmetikindustrie werden in gewisser Weise durch die moderne Umwelt- und Gesundheitsgesetzgebung behindert. Die vorgeschriebenen Testprozeduren machen die Entwicklung neuer Stoffe außerordentlich kostspielig. So sucht man – wie im Abschnitt zu den Lippenstiften bereits erwähnt – nach Wegen, bereits zugelassene Substanzen abzuwandeln und damit wirksamer zu machen. Komplizierter wird der Weg durch das 2003 durch das Europaparlament beschlossene sofortige Verbot der Tierversuche mit fertig hergestellten Kosmetika und des Verkaufs außereuropäischer, unter Einbeziehung von Tierversuchen hergestellter einschlägiger Produkte. Von 2009 an dürfen innerhalb der EU auch einzelne Inhaltsstoffe nicht mehr im Tierversuch erprobt werden.

Die Zeichen des Alters lassen sich nicht nur mit Chemikalien, sondern auch durch kosmetische Chirurgie, Laserbehandlungen oder Botox-Injektionen mildern. Im ersten Fall werden die störenden Hautpartien entfernt, im zweiten die Fältchen vornehmlich um Nase, Mund und Stirn weg»gebrannt«. Botox schließlich lähmt Gesichtsmuskeln, wodurch das Knittern der Haut verhindert werden soll. Schauspieler und andere Prominente, deren Karriere von ihrem Aussehen abhängt, unterziehen sich solchen kostspieligen Prozeduren häufig – gewöhnliche Leute treiben weniger Aufwand mit ihrem Gesicht, obwohl Botox-Behandlungen mittlerweile recht leicht zugänglich sind. Man spritzt dabei ein vom Bakterium *Botulinum* (das auch Lebensmittelvergiftungen hervorruft) erzeugtes Toxin, dessen Wirkung in der Regel einige Monate lang anhält. (Schönheitschirurgie, Laserbehandlung und Botox-Injektionen sind nicht ungefährlich, aber offenbar wurden sie bisher nur an menschlichen Versuchskaninchen getestet, wogegen wohl keine Einwände erhoben werden.)

Botox wird auch medizinisch verwendet, etwa zur Behandlung der zervikalen Dystonie (starken Kontraktionen der Schulter-Nacken-Muskulatur) und der übermäßigen Schweißabsonderung. Besonders früh wurde der Wirkstoff in den USA zur Therapie des Schielens zugelassen; dass er auch Falten mildert, fiel dem kanadischen Augenspezialisten Jean Carruthers auf, der damit die Lidzuckungen eines Patienten behandelte. Man verspricht sich von Botox auch Erfolge bei der Langzeittherapie von Migräne und der Parkinson-Krankheit. Die Wirkung der Substanz beruht auf der Blockierung der Freisetzung von Acetylcholin, dem für die Muskelkontraktionen verantwortlichen Neurotransmitter. Dringt Botox jedoch in das umliegende Gewebe ein, so kommt es zu unerwünschten Nebenwirkungen, zum Beispiel zu Schluckstörungen bei Patienten, die den Wirkstoff zur Behandlung der Nackenmuskulatur erhalten haben.

Eine Alternative für alle, die jünger aussehen möchten, besteht in der Abtragung der oberen Schichten abgestorbener Hautzellen. Dies lässt sich unter anderem mit Chemikalien bewerkstelligen. Alkalilösungen wirken zwar hervorragend, sind aber zu gefährlich, um sie der Allgemeinheit verkaufen zu können; man verwendet deswegen lieber Säuren. Mit der Oberschicht der Haut verschwinden (zumindest für den Moment) oberflächliche Flecken und Fältchen. Unter medizinischer Überwachung vorgenommen, erzeugt eine derartige Behandlung innerhalb von etwa 24 Stunden eine etwas dickere Schicht abgestorbener Zellen, die mit Wasser und Seife abgewaschen wird. Darunter kommt eine »verjüngte« Haut zum Vorschein. Die anschließend auftretende Hautrötung verschwindet im Laufe des Tages. Mehrere Wochen lang wirkt der Teint erfrischt.

Mittel zu weniger drastischen Säurebehandlungen sind auch für den Hausgebrauch erhältlich. Mancher Kunde findet es beruhigend zu wissen, dass es sich um pflanzliche Wirkstoffe oder Inhaltsstoffe von Milch handelt.

They say that milk improves the skin,
But drink it dear, don't rub it in!

So predigt ein altertümliches Couplet – aber wer auch immer es gedichtet hat, er verbreitete nur die halbe Wahrheit, indem er sich über das Baden in Milch, eine traditionelle Verjüngungskur, lustig machte. Der rosige Teint von Milchmädchen ist von alters her bekannt, und die ägyptische Herrscherin Cleopatra (69–30 v. Chr.), eine berühmte Schönheit der Antike, pflegte den Überlieferungen zufolge in Eselsmilch zu baden. Dies war nicht weniger sinnvoll als die von anderen empfohlene Anwendung von Zitronensaft, denn Milch und Zitronen enthalten ebenso wie viele weitere Naturprodukte Alpha-Hydroxysäuren (AHAs). Wie bereits beschrieben, schälen diese die obere Hautschicht ab.

Zu den wichtigsten natürlichen Quellen für AHAs zählen Zuckerrohr (enthält Glycolsäure), Milch (Milchsäure), Trauben (Weinsäure), Zitronen (Zitronensäure), Äpfel (Äpfelsäure) und bittere Mandeln (Mandelsäure).

1984 behandelte der Dermatologe Eugene Van Scott aus Pennsylvania die Haut von 27 weiblichen Versuchspersonen drei Monate lang zweimal täglich mit einer konzentrierten Alpha-Hydroxycarbonsäure, und zwar der chemisch einfachsten, Glycolsäure. Er erzielte bemerkenswerte Ergebnisse: Zwei Drittel der Frauen beobachteten eine deutliche Milderung der Falten. Weitere Behandlungsversuche von Van Scott und seinen Kollegen wurden 1986 im *Journal of the American Academy of Dermatology* veröffentlicht. Nach sechsmonatiger Säureanwendung, so war zu lesen, sei die Haut nachweislich dicker und elastischer geworden.

Zu Beginn der 1990er-Jahre hielten auch andere Fruchtsäuren Einzug in die Rezepte der Anti-Falten-Kuren und Hautcremes. Einige stammten tatsächlich aus natürlichen Quellen. So entsteht bei der Vergärung mancher Früchte ein ganzer Cocktail von AHAs, aus Chardonnay-Trauben zum Beispiel Milch-, Äpfel- und Weinsäure, dazu Brenztrauben- und Essigsäure. Zitronen, Grapefruits, Tomaten und Heidelbeeren liefern anders zusammengesetzte Mischungen. Um ihren Produkten einen exotischen Anstrich zu geben, verwenden manche Hersteller Ananas oder Passionsfrüchte; Früchte und Beeren aus den Hochlagen der Schweizer Alpen lassen einen Hauch frischer Gebirgsluft durch die Werbespots wehen. Das Unternehmen Optima Chemicals verkauft ein Produkt namens SeaAcid; die AHAs dieser »Meeressäure« entstehen bei der Fermentation von marinen Algen und Tang. SeaAcid besteht im Wesentlichen aus Milchsäure, etwas Äpfel- und Brenztraubensäure und zusätzlich Kohlenhydraten, die dafür sorgen, dass sich die Mischung auf der Haut angenehm anfühlt.

Kulturpflanzen sind natürliche Fabriken für Fruchtsäuren. Sinnvoller kann es allerdings sein, die Substanzen in Chemieanlagen herzustellen. Die Rohstoffe sind dann weniger knapp und daher billiger, außerdem sind sie reiner – die Wahrscheinlichkeit, dass sie potenziell allergene Beimischungen enthalten, ist erheblich geringer. Die aktiven Inhaltsstoffe von Anti-Falten-Cremes sind jedenfalls AHAs, gleichgültig, aus welcher Quelle man sie bezieht.

Nachdem man die Wirksamkeit der Alpha-Hydroxysäuren einmal erkannt hatte, setzte sehr schnell der Kampf um die Vermarktung ein. Die Resultate der Anwendung von Schälkuren und chemischen Peelings sahen unbestreitbar gut aus; ebenso wenig zu bestreiten waren jedoch die Risiken, denn die Cremes enthielten hohe Säurekonzentrationen, die in den Händen unerfahrener Kunden durchaus Hautschäden anrichten konnten. Beschwerden von Käufern über Hautrötungen, geschwollene Augen, Blasenbildung, Ausschlag, Juckreiz und sogar Blutungen folgend, begann die FDA 1989 AHA-haltige Produkte unter die Lupe zu nehmen.

Nach einer weiterführenden Untersuchung durch das Nationale Toxikologische Programm des amerikanischen nationalen Umweltforschungsinstituts (1997) wurde der Säureanteil in Hautkosmetik auf 10 % begrenzt; darüber hinaus musste der *pH-Wert* auf 3,5 gepuffert werden. Inzwischen enthalten die frei verkäuflichen Cremes nur noch bis zu 8 % Säure; wirksam sind sie unter Umständen trotzdem. Eine von der Industrie finanziell unterstützte Studie ergab, dass eine zwölfwöchige Anwendung (zweimal täglich) einer vierprozentigen Glycolsäurelösung so gut wie keine Rötung der Haut bewirkt. Trotzdem warnte die FDA im Sommer 2002 vor der AHA-Behandlung der Haut, da sie neuesten Ergebnissen zufolge die Anfälligkeit auf Sonnenbrände erhöht.

Auch in Großbritannien gab es Klagen von Kunden über Hautschäden durch AHAs. Von Liverpool aus agierend, trug ein Rechtsanwalt ihre Schadenersatzforderungen zusammen und machte 1995 auch die Medien auf die Leiden der Anwender aufmerksam. Angegriffen wurden vor allem die Kosmetikhersteller Elisabeth Arden und Clinique, die in der Folgezeit tatsächlich einige besonders augenreizende, in Einzelfällen sogar zu verschwommenem Sehen führende Produkte vom Markt nahmen. Zu bedeutenden Prozessen kam es nicht, aber es wurden mehrere außergerichtliche Vergleiche abgeschlossen.

Sonnenblocker*, Sonnenfilter und Selbstbräuner

Zum Schutz der Haut gegen den (potenziell Krebs auslösenden) Ultraviolett-Anteil der Sonnenstrahlung können Sie Lotionen mit verschieden starken Strahlungsfiltern auftragen. Manche Produkte bewirken eine Bräunung der Haut auch ohne Sonnenbad; außerdem gibt es Cremes zur Aufhellung unerwünscht pigmentierter Hautbereiche.

Das gegenwärtige Schönheitsideal ist ein leicht bis mäßig gebräunter Körper. Er sieht nicht nur attraktiv aus, sondern wird auch als gesund empfunden. Auf die Jagd nach bräunenden Strahlen gehen die meisten Menschen im Urlaub, indem sie sich Ziele aussuchen, an denen garantiert fast jeden Tag die Sonne scheint, etwa die Küsten des Mittelmeers und der Karibik, Australien, Südostasien, Kalifornien und Florida. Dabei setzen sie sich nicht nur dem Risiko aus, an Krebs zu erkranken, sondern fügen sich langfristig auch andere Schäden zu: Die Haut wirkt lederartig, beschönigend als »wettergegerbt« bezeichnet. Schuld daran ist die ultraviolette Strahlung, speziell aus dem so genannten UV-B-Bereich. Diese Strahlen dringen tief in die Haut ein und können Krebs auslösen, indem sie DNA zerstören und das Immunsystem schwächen.

* Als Sonnenblocker bezeichnet man undurchsichtige Substanzen, die die Haut physikalisch von der Sonnenstrahlung abschirmen. Zinkoxid und Titandioxid gehören dazu. Sonnenfilter hingegen sind durchsichtig, absorbieren aber gemäß ihrer chemischen Natur Sonnenlicht in bestimmten Wellenlängenbereichen.

Sichtbares Licht setzt sich aus Anteilen von sechs gut zu unterscheidenden Farben zusammen: Rot, Orange, Gelb, Grün, Blau und Violett. (Natürlich kann man viel feinere Farbabstufungen festlegen, aber die hier genannten sind die wichtigsten und im allgemeinen Sprachgebrauch üblichen.) Rotes Licht liegt im Wellenlängenbereich von etwa 740 bis 620 Nanometern (nm), oranges Licht bei 620–585 nm, gelbes bei 585–575 nm, grünes bei 575–500 nm, blaues bei 500–445 nm und violettes bei 445–400 nm. Wellenlängen kürzer als 400 nm können Menschen in der Regel nicht wahrnehmen; es folgen in dieser Region noch die »Farben« Ultraviolett-A, 400–320 nm, und Ultraviolett-B, 320–280 nm. Licht aus einem dritten UV-Bereich, Ultraviolett-C (280–100 nm), erreicht nur in sehr geringer Intensität die Erdoberfläche, denn es wird fast vollständig von der Ozonschicht in der Hochatmosphäre absorbiert.

Obwohl wir UV-A und UV-B nicht *sehen* können, schädigt die Strahlung unsere Augen und löst Hautreaktionen aus: UV-A bewirkt eine langsame Bräunung, UV-B eine schnelle Rötung. UV-A bezeichnet man manchmal als die Alterungsstrahlung – genau dies ist ihre Wirkung –, UV-B-Strahlen hingegen erweitern die oberflächennahen Blutgefäße, wodurch sich die Haut heiß anfühlt und rötet wie bei einer Verbrennung.

Menschliche Hautzellen sind farblos und haben einen Mechanismus entwickelt, um sich gegen UV-Strahlung zu schützen: Sie bilden spezielle Moleküle, die sich in der oberen Hautschicht (der Hornschicht) befinden und UV-Licht absorbieren. Typische derartige Verbindungen sind *Aminosäuren* wie Tryptophan und Tyrosin, dazu Urocansäure, die aus der Aminosäure Histidin entsteht. Urocansäure unterdrückt aber außerdem das Immunsystem, was im Allgemeinen nicht erwünscht ist. Bevor man diesen Effekt erkannt hatte, setzte man die Substanz Kosmetika als Feuchtigkeitsspender zu, in den 1960er-Jahren wurde sie als »natürlicher« Sonnenfilter betrachtet (was sie ja tatsächlich ist). Inzwischen ist ihre Verwendung verboten.

Der wirksamste Sonnenblocker ist das chemische Pigment Melanin, das in den oberen Hautschichten in besonderen Zellen, den Melanozyten, gebildet wird. (Melanine sind auch für die dunkle Färbung von Haaren, Federn, Fell und Pilzen verantwortlich.) Werden diese Zellen mit UV-A-Licht bestrahlt, so wird die Synthese des Polymers Melanin aus der Aminosäure Tyrosin und anderen Bausteinen angeregt. Je intensiver die Einstrahlung ist, desto mehr Melanin entsteht und desto dunkler färbt sich die Haut. Auch andere Lebewesen schützen sich mit Melanin vor Strahlung, darunter Säugetiere, Insekten, verschiedene Pflanzen, Pilze und sogar Mikroorganismen. Menschen mit afrikanischen Vorfahren haben eine von Natur aus stark pigmentierte Haut, die sie lebenslang behalten. Bei Hellhäutigen dauert es eine Weile, bis die Melaninproduktion in Gang kommt, weshalb die Haut bei plötzlicher Sonnenbestrahlung schon nach kurzer Zeit Schäden davonträgt.

Nach der Sonnenempfindlichkeit unterscheidet man vier Hauttypen: Typ I ist der empfindlichste, Typ IV der widerstandsfähigste. Nordeuropäer keltischer Abstammung gehören zu den Typen I und II; sie bekommen schnell Sonnenbrände und bräunen nur wenig, da die Haut nicht genug Melanin produzieren kann, um sich wirksam zu schützen. In den Mittelmeerländern hingegen findet man in der Regel die Hauttypen III und IV, die Menschen werden rasch braun und holen sich selten einen Sonnenbrand. Besonders vorsehen müssen sich alle Rothaarigen mit heller Haut – sie produzieren zwar auch eine Form des Melanins, diese bietet aber nur wenig Schutz gegen UV-Strahlung. Melanotan, ein in Australien entwickelter, oral verabreichbarer Wirkstoff, regt die Melaninbildung in der Haut tausendmal effektiver und nachhaltiger an als das körpereigene Enzym. Damit sorgt es für natürliche Bräunung und natürlichen Schutz. Vielleicht kommt Melanotan eines Tages auf den Markt.

Die Haut einiger Menschen enthält so wenig Melanozyten, dass sich Rötungen und Entzündungen bereits bei Bestrahlungsintensitäten zeigen, die normalerweise keine negativen Effekte bewirken. In diesen Fällen ist die regelmäßige Anwendung von Sonnenfiltern bei jedem Aufenthalt unter freiem Himmel notwendig. Diese so genannte Photosensitivität tritt auch als Nebenwirkung mancher Medikamente auf.

Ausgedehnte Sonnenbäder lösen schlimmstenfalls Hautkrebs aus. Daraus ist allerdings nicht abzuleiten, man dürfe die Haut der Sonne überhaupt nicht aussetzen. Sich an frischer Luft zu bewegen ist generell sinnvoll. Unter Einwirkung von UV-Strahlung deckt die Haut den größten Teil unseres Bedarfs an Vitamin D, dessen Mangel bei Kindern zur Schwächung des Knochengerüsts und weiter zu Rachitis führt. Der Körper braucht Vitamin D zur Calciumverwertung, und Calcium ist ein Hauptbestandteil der Knochen. Auch Erwachsene benötigen Vitamin D zur Gesunderhaltung des Skeletts, zur Vorbeugung gegen Depressionen und zum Schutz des Herzens. Einige Minuten Sonnenschein am Tag tun jedem gut; Michael Holick von der Boston University behauptet sogar, sie helfen dem Körper durch Ankurbelung der Vitamin-D-Synthese bei der Abwehr von Dickdarm-, Brust- und Prostatakrebs. Natürlich können wir Vitamin D auch mit der Nahrung aufnehmen. Es wird jedoch vermutet, dass vom Körper selbst produziertes Vitamin länger im Organismus verbleibt. Außerdem könnten gleichzeitig andere nützliche Verbindungen synthetisiert werden.

In den Vereinigten Staaten erkrankt jährlich mehr als eine halbe Million Menschen an irgendeiner Form des Hautkrebses. Der American Cancer Society zufolge entwickelt eine von sechs Personen im Laufe des Lebens diese Krankheit. Besonders häufig treten Basalzellkarzinome (Basaliome) auf, erhabene, harte, rote Flecken an den lichtexponierten Körperteilen (Gesicht, Hände, Nacken). Etwas weniger häufig sind Plattenepithelkarzinome, Knoten mit harter Oberfläche, die meist an Lippen, Ohren und Händen entstehen. Beide Krebsarten sind nicht lebensbedrohlich, denn sie bilden keine Metastasen in anderen Organen und lassen sich verhältnismäßig leicht entfernen.

Auf die dritte Haukrebsart, das Melanom, trifft dies nicht zu. Melanome entwickeln sich oft aus Leberflecken, die unverhältnismäßig schnell zu wachsen beginnen und sich blauschwarz verfärben. Obwohl Melanome glücklicherweise ziemlich selten sind, fallen ihnen in Nordamerika und Europa jährlich je rund 6000 Menschen zum Opfer. Das bedeutet, in einer mittelgroßen Stadt mit 100 000 Einwohnern treten pro Jahr ein bis zwei Fälle von Melanomen, hingegen etwa 65 Fälle der anderen Hautkrebsarten auf.

Ist tatsächlich die UV-B-Strahlung für den Hautkrebs verantwortlich? Nicht unbedingt. Mittlerweile vermutet man, dass sich Melanome meist bei durch genetische Mutationen prädisponierten Patienten entwickeln. So ist zu erklären, dass der »schwarze Hautkrebs« oft an Körperstellen ausbricht, die selten der Sonne ausgesetzt sind. Den genetischen Defekt entdeckten 2002 Richard Wooster und seine Kollegen vom Wellcome Trust Sanger Institute in Cambridge (England). Bereits einige Jahre zuvor äußerte Marianne Berwick vom Memorial Sloan-Kettering Cancer Center in New York die Ansicht, zwischen Melanomen und Sonneneinstrahlung bestehe kein Zusammenhang. Frau Berwick wertete zahlreiche Studien aus, die die Melanomhäufigkeit mit dem Gebrauch von (mutmaßlich davor schützenden) Sonnenblockern korrelierten, und folgerte, dass die verwendeten Sonnencremes die Entstehung von Melanomen nicht signifikant verhinderten. Nachweislich setzen Sonnenschutzmittel jedoch die Häufigkeit von Basaliomen und Plattenepithelkarzinomen herab. Deshalb verwundert es nicht, dass der Markt der auf verschiedenste Weise wirkenden Sonnencremes und -lotionen mittlerweile einen Umfang von vier Milliarden Dollar jährlich übersteigt.

Um unsere Haut vor Schäden durch UV-Strahlung zu schützen, bieten sich drei Wege an: Man kann dafür sorgen, dass (1) die Strahlen an der Haut reflektiert werden, (2) die Strahlen zwar absorbiert, aber dann unschädlich gemacht werden oder (3) Zerstörungen verhindert und Schäden repariert werden. Für alle diese Ansätze stehen spezielle chemische Verbindungen zur Verfügung. Für Sonnenschutzmittel wird viel Geld ausgegeben, insbesondere seit allgemein bekannt ist, dass es nicht genügt, ein Öl oder eine Creme nur morgens anzuwenden. Bei intensiver körperlicher Betätigung wird der Wirkstoff vom Schweiß, beim Baden vom Wasser abgewaschen. Ein Bad im Swimmingpool kühlt zwar ab und erfrischt, schützt aber keineswegs vor Sonnenbrand, denn UV-Strahlen werden vom Wasser nicht absorbiert. Geeignet für das Strandleben sind »wasserfeste« Cremes; sie enthalten Wasser abweisendes Siliconöl und haften deshalb länger (aber nicht unendlich lange) auf der Haut.

Zu den Inhaltsstoffen eines guten Sonnenschutzmittels sollten mikrofeines Titandioxid oder Zinkoxid als UV-A-Blocker und ein geeigneter organischer UV-B-Filter gehören. Die Creme oder Lotion sollte sich leicht auf der Haut verteilen lassen, eine lückenlose Schicht bilden und trotzdem unsichtbar sein. Sie sollte nicht klebrig und relativ wasserfest sein, sich aber problemlos mit Seife oder Duschbad abwaschen lassen. Natürlich sollte sie keine Brutstätte von Keimen sein, erwünscht ist ein angenehmer Duft und, was das Wichtigste ist, ein hinreichend hoher Lichtschutzfaktor (LSF), zum Beispiel 15, der sich im Laufe des Tages auch kaum verändern darf.

Der Lichtschutzfaktor gibt an, in welchem Maße ein Wirkstoff UV-Strahlung abschirmt. Seine Werte liegen zwischen 2 und 30, manchmal auch höher. Zur Berechnung des Faktors setzt man die Zeit, die bei geschützter bzw. ungeschützter Haut bis zum Auftreten eines Sonnenbrandes vergeht, ins Verhältnis. Kommt es beispielsweise bei ungeschützter Haut nach zwei Stunden zum Sonnenbrand, bei Anwendung eines gegebenen Produkts jedoch erst nach zwölf Stunden, so ist der Lichtschutzfaktor gleich $12/2 = 6$. Der LSF ist folglich ein Maß dafür, inwieweit der verwendete Filter die auf die Haut treffende UV-Intensität vermindert. LSF 2 bedeutet, diese Intensität ist auf 50 % herabgesetzt, bei LSF 4 sind es 25 % (also werden 75 % der UV-Strahlung absorbiert), bei LSF 25 kommen nur noch 4 % der UV-Strahlung auf der Haut an. Theoretisch ist der Lichtschutzfaktor 50 erreichbar (98 % der Strahlung werden absorbiert); es wurden auch entsprechende Produkte hergestellt, aber der Aufwand lohnt sich kaum, da der Nutzen kaum höher ist als der von Cremes mit LSF 30.

Ursprünglich hielt man den Lichtschutzfaktor 10 für ausreichend. Einige besorgte Anwender greifen jedoch inzwischen zu Mitteln mit LSF 30; das bedeutet, in einem zweiwöchigen Urlaub ist die Haut nicht einmal einen vollen Tag lang der unverminderten Strahlung ausgesetzt (vorausgesetzt, das Produkt wird täglich aufgetragen). Die Zahlenwerte des LSF führen leicht zur Verwirrung: Viele halten die Schutzwirkung eines Creme mit LSF 30 für doppelt so hoch wie die einer Creme mit LSF 15, tatsächlich beträgt der zusätzliche Nutzen aber nur rund 4 % (bei LSF 30 werden 97 % der Strahlung absorbiert, bei LSF 15 sind es 93 %).

Eine typische Sonnencreme besteht aus 5 % mikrofeinen Titandioxidpartikeln, 5 % chemischen UV-Filtern, 10 % verschiedenen Ölen, 5 % Emulgator und außerdem aus destilliertem Wasser. Der Emulgator verhindert die Entmischung der Ölphase und der wässrigen Phase. Um Keime abzutöten, ist überdies ein Konservierungsstoff erforderlich.

Reflektiert werden UV-Strahlen am besten an einer oberflächlich aufgebrachten Schicht Titandioxid (TiO_2) oder Zinkoxid (ZnO). Man kann diese weißen Pigmente in Form einer Paste (»Schüttelmixtur«) auf die empfindlichsten Stellen des Gesichts (Nase, Wangenknochen, Lippen) auftragen. Zu derart drastischen Mitteln greifen Personen, die gezwungen sind, sich regelmäßig längere Zeit an der Sonne aufzuhalten, wie Bauern, Bauarbeiter oder Sportler. Dank des Geschicks der Chemiker sind aber auch weniger augenfällige Substanzen verfügbar, Pigmente, die sich einer Sonnencreme zusetzen lassen und auf der Haut nicht sichtbar sind.

Ein Trick besteht darin, Titandioxid in Form winzigster, für das Auge nicht erkennbarer Teilchen, so genannter *Nanopartikel,* einzusetzen, deren optimale Größe bei etwa 50-Nanometern liegt. Nanopartikel lassen sich mit anderen UV-Filtern kombinieren, wodurch es sogar zu synergistischen Effekten kommt: Die Substanzen verstärken sich gegenseitig in ihrer Wirkung, weshalb sich die Konzentration von beiden absenken lässt. Manchmal passiert aber auch das Gegenteil – organische Filter können zur Verklumpung der Nanoteilchen führen, wodurch nicht nur deren Schutzfunktion beeinträchtigt, sondern die Creme auch als weißliche Schicht auf der Haut sichtbar wird. Um dies zu vermeiden, setzt man den Lotionen Siliconöl zu. Bringt man das Titandioxid dünn auf Glimmerteilchen auf, so ist es ebenfalls weniger stark sichtbar, und der Hautton wirkt natürlicher.

Um UV-Strahlen vor dem Eindringen in die Haut zu absorbieren, trägt man eine durchsichtige Schicht eines geeigneten Filters auf (dessen Effekt prinzipiell ähnlich dem einer Glasscheibe ist). Verwendet werden verschiedenste Absorber mit unterschiedlichen Wirkmechanismen. Orthohydroxybenzophenon absorbiert Strahlung mit Wellenlängen um 330 nm; dabei wird ein Wasserstoffatom, das chemisch an ein bestimmtes Sauerstoffatom gebunden ist, zu einem benachbarten Sauerstoffatom verschoben. Das entstandene energiereichere Molekül fällt anschließend in den energieärmeren Zustand zurück, wobei die überschüssige Energie in Form von unschädlicher Wärme abgegeben wird.

Bei anderen Molekülen bewirkt die Lichtabsorption das Anheben eines Elektrons auf ein höher gelegenes Energieniveau; bei der Rückkehr in das ursprüngliche Niveau wird Schwingungsenergie freigesetzt. Moleküle, deren Atomanordnung diesen Mechanismus zulässt, bezeichnet man als Chromophore.

Die chemische Industrie produziert jährlich über 6000 Tonnen Wirkstoffe, die vor UV-Strahlung schützen. Dazu gehören Abkömmlinge von Aminobenzoesäure, Kampfer und Zimtsäure (als UV-B-Filter) sowie von Benzophenon und Dibenzoylmethan (UV-A-Filter). Alle diese Verbindungen sind organische Substanzen (sie enthalten ein Kohlenstoffgerüst) und als solche gut in Fetten und Ölen löslich. Gelegentlich reicht die Löslichkeit für kommerzielle Produkte trotzdem nicht aus. Man hilft sich dann durch Anlagerung von Kohlenwasserstoffgruppen an das Molekül. Manche organische Filter eignen sich nicht für Kosmetika, weil sie sich am Licht verfärben, wieder andere diffundieren in die Kunststoffe der Verpackungen.

Das dritte oben genannte Schutzprinzip besteht in der Reparatur bereits angerichteter Hautschäden durch Einsatz von Radikalfängern. UV-Strahlung kann chemische Bindungen spalten, wobei Bruchstücke von Molekülen entstehen, so genannte *freie Radikale*. Freie Radikale reagieren bereitwilligst mit nahezu jedem Molekül, dem sie begegnen – dazu gehören auch die Bestandteile der DNA. Das gefährlichste freie Radikal entsteht aus molekularem Sauerstoff (O_2): Bei Bestrahlung von Sauerstoffgas mit UV-Licht bildet sich der äußerst reaktive Singulettsauerstoff.

Unser Organismus kann Schäden, die der DNA durch freie Radikale zugefügt wurden, eigentlich relativ problemlos beheben. Die UV-Strahlung beeinflusst jedoch auch das Immunsystem, das die Zerstörungen bemerken und die Reparatur in die Wege leiten soll. So steigt die Wahrscheinlichkeit, dass ein mutierter DNA-Strang der Aufmerksamkeit entgeht. Zur Verteidigung gegen derartige Angriffe produzieren die Zellen Radikalfänger. Spezielle Enzyme und manche Antioxidanzien (wie die Vitamine C und E) sammeln die reaktiven Spezies ein. Es lag nahe, diese schützenden Stoffe (und andere Antioxidanzien, wie die beispielsweise aus Traubenkernen extrahierbaren Polyphenole) Sonnencremes zuzusetzen.

Verschiedentlich wird behauptet, man könne sich durch die Einnahme des Nahrungsergänzungsmittels BioAstin vor UV-Strahlung schützen. BioAstin verdankt seine Wirkung der Verbindung Astaxanthin, einem kräftigen Antioxidans, das für die rote Färbung von Garnelen und Wildlachs verantwortlich ist. Astaxanthin soll 500 Mal so wirksam sein wie Vitamin E. Berichten zufolge nahm die Sonnenempfindlichkeit bei der Hälfte einer Gruppe von Versuchspersonen, die regelmäßig BioAstin erhielten, signifikant ab. Studien in größerem Maßstab sind noch nicht abgeschlossen.

Der Weg zu modernen Sonnenschutzmitteln war gepflastert mit Misserfolgen und Auseinandersetzungen. Die erste Sonnencreme kam 1928 in den USA auf den Markt. Sie enthielt Benzylsalicylat und Benzylcinnamat, zwei Verbindungen, die nicht besonders wirksam sind. Nachfolgende Produkte sollten die schmerzhaften Effekte des Sonnenbadens weiter mildern. Erst in den 1960er-Jahren, als Pauschalreisen in sonnige Gefilde in Mode kamen, begann man die übermäßige UV-Belastung mit dem Auftreten von Hautkrebs in Zusammenhang zu bringen.

Sonnenschutzmittel müssen festgelegten Anforderungen entsprechen. Vorgeschriebene und verbotene Inhaltsstoffe sind in Listen zusammengefasst. Immerhin sind in den USA 17 Chemikalien für die Verwendung in Sonnencremes zugelassen, in Europa 25. Verbote wurden besonders aus der potenziell allergenen Wirkung bestimmter Substanzen abgeleitet. Dies betrifft zum Beispiel die früher recht beliebte Paraaminobenzoesäure (PABA), den ersten wirklich erfolgreichen Sonnenfilter. Ein Prozent der Anwender beobachtete nach dem Auftragen von PABA jedoch eine erhöhte Lichtempfindlichkeit der Haut. Untersuchungen an menschlichen Zellen zeigten, dass PABA zwar selbst keinen Krebs auslöst, aber an der Bildung von Vorläufern beteiligt ist. Ursprünglich hielt man PABA für ein Vitamin aus der B-Gruppe, das besonders in Kleie, Nieren, Leber und Joghurt vorkommt. Wie sich später erwies, führt ein Ausschluss von PABA aus der Nahrung nicht zu Mangelerscheinungen, weshalb die Substanz nicht mehr als Vitamin gilt.

Der meistverwendete chemische Sonnenfilter ist Octyl-methoxycinnamat (OMC, Handelsname zum Beispiel Uvinul® MC 80 von BASF). Allergien auf diese Substanz sind bisher so gut wie nicht aufgetreten; allerdings können sich in Mischungen von OMC mit bestimmten traditionellen Wirkstoffen zur Hautbehandlung, beispielsweise Perubalsam, allergene Verbindungen bilden. Ökotoxikologen werfen OMC und 4-MBC (4-Methylbenzyliden-Campher), einem weiteren gebräuchlichen Filter, eine potenziell hormonähnliche Wirkung vor. Abgeleitet wurde dies aus einer Forschungsarbeit von Margaret Schlumpf (Universität Zürich), die im Jahr 2001 haarlose Ratten einem 4-MBC enthaltenden Olivenölbad aussetzte und daraufhin bei den Tieren eine Zunahme des Gebärmuttergewichts feststellte. Im Jahr zuvor zeigte Terje Christsen von der norwegischen Strahlenschutzbehörde bei Oslo, dass OMC für Mäuse schon in wesentlich geringeren Mengen tödlich wirkt, als bis dahin angenommen wurde. Das Risiko dieser Substanzen für den Menschen wird jedoch als minimal eingeschätzt, da OMC und 4-MBC nach dem Auftragen der Creme die äußeren Hautschichten nicht durchdringen. Das Chemieunternehmen Merck fand eine Methode, OMC in Polymerkapseln einzuschließen, sodass nicht einmal mehr die Hautoberfläche in Kontakt mit dem Wirkstoff selbst kommt.

Sonnencremes können ziemlich teuer sein. Ein Verbraucherdienst in Großbritannien verglich 2001 Preise für den vollständigen Schutz während eines zweiwöchigen Urlaubs in sonnigen Gegenden: Die Spanne reichte von £63 (Ambre Solaire, eines der bekanntesten Produkte) bis zu immerhin noch £31 für ein »Billig«produkt aus dem Supermarkt.

Wie können Sie sich nun möglichst wirksam vor UV-Strahlung schützen? Halten Sie sich zwischen 11 und 15 Uhr am besten in Innenräumen auf. Außerhalb dieser Mittagsstunden sollten Sie am Strand oder beim Baden im Freien ein Sonnenschutzmittel mit LSF 15 auftragen. Noch sinnvoller ist es, bei längerer Aktivität unter freiem Himmel (Wandern, Gartenarbeit, Sport) etwas anzuziehen und auch den Kopf zu bedecken. Kleidung ist nach wie vor der beste Hautschutz. Das Chemieunternehmen BASF entwickelte eine Nylonfaser mit eingebauten Titandioxid-Teilchen. Aus diesen Fasern dicht gewebte Kleidungsstücke schirmen den Körper vollständig gegen die schädliche Strahlung ab.

Kommentar des Autors: Obwohl die Menschen mittlerweile von den Gefahren intensiver Sonneneinstrahlung auf die Haut wissen und die Verkaufszahlen von Sonnenblockern steigen, nimmt die Häufigkeit von Hautkrebserkrankungen zu. Die gesamte Sonnenschutzmittel-Industrie ist bemüht, die Beschriftung und Kennzeichnung ihrer Produkte zu vereinfachen, in der Hoffnung die Bevölkerung besser zu informieren.

Viel versprechende Fortschritte wurden durch die Modifikation von in Sonnenschutzmittel enthaltenem Titandioxid mit etwas Mangan erzielt.

Dadurch ist das Titandioxid nicht mehr in der Lage, die Zersetzung anderer Inhaltsstoffe zu katalysieren. Forscher versuchen derzeit auch die Chemikalien zu identifizieren, mit denen sich urtümliche Pflanzen wie Flechten oder Cyanobakterien vor Sonnenlicht schützen. In Australien wurden Flachwasserkorallen untersucht, die zu diesem Zweck scheinbar hochkomplexe Aminosäureverbindungen entwickelt haben. Weitere Firmen suchen nach Produkten, die die durch Sonneneinstrahlung verursachten Schäden in der DNA der Hautzellen reparieren können.

Hand in Hand mit all diesen Untersuchungen, die den Schädigungen der Haut entgegenwirken sollen, geht die wachsende Sorge, dass Babys und Kleinkinder zu geringer Sonneneinstrahlung ausgesetzt sind. Dadurch steigt das Risiko einer lebenslangen, entstellenden Erkrankung: Rachitis, im Volksmund auch O-Beine genannt. Diese Krankheit, die früher häufig auftrat, befindet sich in bestimmten Gegenden wieder auf dem Vormarsch – der Grund dafür ist Vitamin D-Mangel. Dieses Vitamin wird zur Bildung stabiler Knochen aus Calcium benötigt und am einfachsten kann der Körper sich mit Vitamin D versorgen, indem er es mit Hilfe des Sonnenlichts selbst produziert. Zu viel Sonnenschutzmittel kann also für die Kleinen durchaus schädlich sein.

Parfum

Ein Teil dieses Buches handelt von Chemikalien, die üblicherweise als bedrohlich angesehen werden. Ich hoffe, es wird mir gelingen, Sie vom Gegenteil zu überzeugen – die fraglichen Substanzen sind eher »gut« als »böse«, wenn man denn überhaupt solche Wertungen aussprechen möchte. Doch zu Anfang möchte ich eine Gruppe von Verbindungen vorstellen, mit denen Sie vielleicht schon jetzt sehr Positives verbinden: es sind die Duft- oder Riechstoffe. Vielleicht werden Sie sie gar nicht als »Chemikalien« ansprechen wollen, doch sie sind ebenso »chemisch« wie alle anderen Verbindungen, auf die wir später noch zu sprechen kommen werden. Wir schätzen sie, denn sie bereiten uns viel Vergnügen.

Die Duftstoffe in einem Fläschchen Parfum sind nichts weiter als gut riechende Chemikalien. Ursprünglich extrahierte man manche aus exotischen Pflanzen, manche aus exotischen Tieren, doch heute haben fast alle eine ganz profane Herkunft: sie entstammen chemischen Laboratorien und sind meist »vollsynthetisch«. Bei den Duftstoffen, die in Waschmitteln, Weichspülern oder Toilettenreinigern enthalten sind, verwundert das nicht; sie werden diesen Produkten zugesetzt, um den Eigengeruch der Seife oder des Detergens zu überdecken. Das gleiche gilt für die Armada von Reinigungsmitteln, Scheuerpulvern, Lufterfrischern und Spülmitteln, die Sie in Ihrer Küche oder im Badezimmer haben; auch deren Düfte sind synthetisch. Doch vielleicht überrascht es Sie, dass es für den Chemiker keinen wesentlichen Unterschied zwischen den Duftstoffen in diesen Alltagsprodukten und denen in teuren Parfums gibt.

Selbstverständlich, werden Sie einwenden, gibt es Unterschiede: Die Düfte von Weichspüler und Lufterfrischer sind sozusagen die Popsongs der Riechmittelindustrie, während ein Parfum eine ganze Symphonie sein kann, mit reichen Akkorden und vielschichtigen Harmonien, in die sich vielleicht sogar einige wohlüberlegt ausgewählte Dissonanzen mischen, kontrastierend mit der Fülle an Wohlklängen und diese umso mehr beto-

Liebe, Licht und Lippenstift. John Emsley

ISBN 978-3-527-31638-0

nend. Diese Beschreibung trifft in besonderem Maße auf das berühmteste Parfum der Welt zu: Chanel N° 5.

Chanel N° 5

Die Göttin der Leinwand, Marylin Monroe, wurde einmal in einem Interview gefragt, was sie nachts im Bett trüge. Ihre Antwort entfachte einen Skandal in der cineastischen Welt der fünfziger Jahre: »Nur Chanel N° 5«. Zu der Zeit, als sie dies sagte, war ihr Parfum bereits seit 30 Jahren auf dem Markt, und 40 Jahre danach ist es immer noch ein Verkaufsschlager. Heute, in den neunziger Jahren, konkurriert es mit über 400 anderen Damendüften um die Gunst der Kundinnen, und jedes Jahr werden es mehr. Chanel N° 5 gebührt ein besonderer Platz in der Geschichte der Chemie, denn mit ihm wurde zum ersten Mal ein synthetischer Duftstoff salonfähig, wenn auch die meisten seiner Ingredienzien noch von Naturstoffen abgeleitet sind. Es wurde 1921 in Paris von der Modezarin Gabrielle »Coco« Chanel der Öffentlichkeit vorgestellt. Ernest Beaux hatte es für sie geschaffen, wunderbar harmonierend mit ihrer von schlichter Eleganz geprägten Kollektion. Das Design des Flacons unterstrich dieses Image. Doch weder Coco Chanel noch irgend jemand sonst ahnte zu diesem Zeitpunkt, dass sie ihren Namen mit Chanel N° 5 unsterblich machen würde.

Chanel N° 5 setzte aus zweierlei Gründen Maßstäbe in der Duftstoffchemie und -industrie. Erstens wählte Ernest Beaux, le grand nez*, das ätherische Öl der von den Philippinen stammenden Ylang-Ylang-Blüte als Herznote, was bis dahin noch niemand getan hatte. Zweitens komponierte er dazu einen vollsynthetischen Stoff namens 2-Methylundecanal als Kopfnote. Diese Verbindung gehört zur Substanzklasse der Aldehyde, deren Vertretern fast immer ein angenehmer Geruch eigen ist und von denen heute einige als Kopfnote für verschiedene Parfums eingesetzt werden.

Man unterscheidet den sinnlichen Eindruck eines Parfums nach Kopf-, Herz- und Basisnote. Die flüchtigsten Bestandteile eines Parfums machen dessen Kopfnote aus, sie vermitteln den ersten duftenden Akkord. Die

* Wörtlich übersetzt bedeutet *le grand nez* »die große Nase«. Im Französischen werden so die Seniorparfumeure bezeichnet, während man im Deutschen etwas profaner nur von den »Nasen« spricht. Diese Meister ihres Fachs können über 2000 Düfte unterscheiden und erkennen. Wie Hochleistungssportler müssen sie ihre außergewöhnlichen Fähigkeiten laufend trainieren.

Herznote entwickelt sich etwas später. Sie wird oft von schweren, süßen Blütenaromen getragen, wie Jasmin, Tuberose, Maiglöckchen, Flieder, Nelke, Rose oder eben Ylang-Ylang. Die Basisnote schließlich wird von den am wenigsten flüchtigen Bestandteilen geprägt. Oft nehmen wir sie anfangs gar nicht wahr, und doch sind es die sinnlichsten, erotischsten Töne. Die Basisnote soll Emotionen zum Schwingen bringen und Phantasien stimulieren, unwillkürlich denken wir an die Geheimnisse des Orients, einen nächtlichen Wald oder erotische Erlebnisse. Die Basisnote riecht nach exotischen Hölzern, feuchter Erde, orientalischen Gewürzen, Moos und Leder. Die Basisnote trägt die intimsten Botschaften eines Parfums, und darin finden sich sogar Anklänge an so niedere Gerüche wie Schweiß, Urin und Exkrement. Darüber hinaus erfüllen die Bestandteile der Basisnote die chemische Funktion, die Kopf- und Herznote länger zu fixieren, indem sie deren Verflüchtigung verlangsamen und so über längere Zeit für einen ausgeglichenen Duft sorgen.

Das scheint ein Widerspruch zu unserer täglichen Erfahrung zu sein, denn meistens beobachtet man ja, dass aus einem Gemisch von Verbindungen die flüchtigste am schnellsten entweicht. Bei einem Parfum würde das bedeuten, dass sich der Duft im Laufe des Tages verändert, doch genau dies ist nicht erwünscht. Man möchte viel lieber, dass Kopf-, Herz- und Basisnote gleichmäßig abgegeben werden. Die Parfumeure erreichen dies, indem sie die Gesetze der Chemie geschickt für ihre Zwecke nutzen. Eine kuriose Eigenschaft mancher Gemische von Flüssigkeiten besteht nämlich darin, dass ihre Komponenten in einem konstanten Mengenverhältnis verdampfen, auch wenn sich deren Siedetemperaturen beträchtlich unterscheiden. Die Kunst besteht darin, die richtige Zusammensetzung des Gemisches zu finden. In unserem Parfum können also richtig ausgewählte Basisnoten die Verdampfung der Kopfnoten verlangsamen. (Übrigens ist eben diese Eigenschaft von Flüssigkeitsgemischen auch der Grund dafür, dass es nicht möglich ist, durch Destillation 100%igen Alkohol herzustellen.)

Entscheidend für die Rezeptur von Chanel N° 5 ist also nicht nur die Art seiner Ingredienzien, sondern auch deren mengenmäßiges Verhältnis. Sie sind in Tabelle 9 aufgeführt. Auch ihre relativen Anteile sind bekannt, doch bevor moderne Analysenmethoden deren qualitative und quantitative Bestimmung ermöglichten, war die Formel von Ernest Beaux ein wohlgehütetes Geheimnis.

Tabelle 9 Die Bestandteile von Chanel N° 5.

Kopfnote	Hauptbestandteil:	Aldehyd
	Nebenbestandteile:	Bergamotte (eine Zitrusfrucht), Zitrone und Neroli
Herznote	Hauptbestandteil:	Ylang-Ylang
	Nebenbestandteile:	Jasmin, Rose, Maiglöckchen und Iris. Das Iris-Öl wird aus den Wurzeln von *Iris pallida* gewonnen, die in der Toskana wächst. Es hat einen warmholzigen, veilchenartigen Duft.
Basisnote	Hauptbestandteil:	Vetiver
	Nebenbestandteile:	Sandelholz, Zedernholz, Amber, Vanille, Zibet und Moschus. Vetiveröl wird aus einer tropischen Grasart extrahiert und duftet schwer nach Erde und Holz. Natürliches Zibet- und Moschusöl sind sehr stark nach Urin und Kot riechende tierische Sekrete, während ihre synthetischen Gegenstücke eher süßlich riechen. In der Parfumindustrie werden übrigens heutzutage kaum noch tierische Produkte verwendet.

Die Chemie des Duftes

Es ist nur allzu menschlich, dass wir auf unsere Mitmenschen anziehend wirken wollen, sei es für ein anregendes Gespräch oder für einen Flirt. Wie können wir unseren Kontaktwunsch unseren Mitmenschen mitteilen? Körpersprache wäre eine Möglichkeit, olfaktorische Signale eine andere. Der Erfolg hängt in beiden Fällen sehr stark davon ab, dass die »Chemie« stimmt. Der Weg über den Geruchssinn ist ein rein chemischer Weg, unsere Botschaft zu verbreiten.

Man nimmt an, dass der Geruchssinn bei uns Menschen im Vergleich zu vielen Tieren nicht besonders hoch entwickelt ist. Sicherlich ist der Geruchssinn der am wenigsten verstandene von allen unseren Sinnen. Etwa soviel ist bekannt: Die Fähigkeit zu riechen beruht auf einer molekularen Wechselwirkung. In unserer Nase gibt es Zellen, die Moleküle, welche mit der Atemluft hineingetragen werden, festhalten und untersuchen können. Wenn also Duftmoleküle auf den richtigen Rezeptor treffen, werden sie »erkannt«. Dies löst einen elektrischen Impuls aus, der an das Gehirn übermittelt wird. Es gibt eine ganze Reihe verschiedener Rezeptoren, und für das Geruchsempfinden ist es ausschlaggebend, in welcher Kombination und mit welcher Intensität sie erregt werden.

Die Rezeptoren befinden sich an haarfeinen, nahezu unsichtbaren Fortsätzen von Nervenzellen, die mit einem Flüssigkeitsfilm überzogen sind und in den oberen Nasenraum hineinragen. Die Nervenzellen sind direkt mit dem Gehirn verbunden. Auf einer Fläche von nur zwei Quadratzentimetern findet man über fünf Millionen Rezeptoren! Allerdings ist es immer noch nicht genau bekannt, nach welchem Mechanismus die mit der Atemluft aufgenommenen Duftmoleküle in der Flüssigkeit absorbiert werden und wie sie in Bruchteilen von Sekunden zur richtigen Ankopplungsstelle an einem Rezeptor gelangen.

Wenn also ein Duftmolekül einen Rezeptor stimuliert, sendet dieser ein elektrisches Signal an das Riechzentrum, das in einem entwicklungsgeschichtlich gesehen sehr alten Teil des Gehirns liegt. Von dort wird die Botschaft an andere Teile des Gehirns weitergegeben, insbesondere an das primitive limbische System, welches unsere Stimmungen und Emotionen steuert. Ein Teil des limbischen Systems ist der so genannte Hippocampus, der am Aufbau und an der Verwaltung des Langzeitgedächtnisses beteiligt ist. Dies könnte erklären, warum uns Düfte manchmal mit solcher Vehemenz an lang vergessen geglaubte Erlebnisse erinnern können.

Nicht alle flüchtigen Verbindungen haben einen charakteristischen Geruch. Die bekanntesten Ausnahmen sind Wasser und die Gase, die die Hauptbestandteile unserer Atmosphäre ausmachen. Im Laufe der Evolution haben wir gelernt, diese zu ignorieren. Dieses Phänomen ist uns aus dem Alltag bestens bekannt: beispielsweise nehmen wir nach einiger Zeit den Verkehrslärm einer Straße nicht mehr wahr. Ebenso wäre eine permanente Reizung des Geruchssinnes mit immer gleichen Signalen nichts als »Lärm«. Es wäre für ein Lebewesen reine Energieverschwendung, Moleküle herzustellen oder zu bestimmen, wenn damit nicht ein Evolutionsvorteil verbunden wäre – zum Beispiel der Austausch von Informationen, das Anlocken eines Sexualpartners oder die Warnung vor Feinden.

Die Gerüche, auf die wir Menschen am heftigsten reagieren, entstehen beim Verderben von Lebensmitteln. Fäulnisbakterien geben die für den Menschen giftigen Verbindungen Dimethylsulfid, Methylmercaptan und Ammoniak als Stoffwechselprodukte ab. Glücklicherweise begegnen wir diesen Gerüchen in unserer Küche nicht allzu häufig, doch zuweilen können wir sie in großer Verdünnung im »schlechten Atem« eines Mitmenschen wahrnehmen, wenn die Bakterien der Mundflora ihr zerstörerisches Werk mit hängen gebliebenen Speiseresten verrichten.

In unserer modernen Welt haben wir es viel häufiger mit Verbindungen zu tun, die eigens dafür hergestellt wurden, gut zu riechen. Es ist mittlerweile gängige Praxis, gewöhnliche Haushaltsprodukte mit derartigen Chemikalien zu versetzen, und neuerdings wird es immer beliebter, Hotelzimmer oder Läden über die Klimaanlage zu »beduften«. So werden wir, wenn wir ein Blumengeschäft betreten, von einer Duftwolke umgeben, die manchmal nur zum Teil von den angebotenen Blumen verströmt wird. Der andere Teil des Duftes geht auf das Konto eines kommerziellen Produkts, das den typischen Blumenduft eines solchen Ladens simuliert, um unseren Erwartungen zu entsprechen. Teure Boutiquen bevorzugen einen ledrigen Duft, um eine Aura von Qualität zu suggerieren. In einem bemerkenswerten Experiment untersuchte Alan Hirsch von der Smell and Taste Research Foundation in Chicago, wie sich Testkunden beim Kauf von Sportschuhen verhielten, wenn sie zwischen zwei Verkaufsräumen wählen konnten, einen mit Rosenduft und einen nicht parfümierten. Er fand heraus, und nach all dem bislang Gesagten überrascht Sie das vermutlich nicht mehr besonders, dass in dem parfümierten Raum mehr Schuhe gekauft wurden.

Die elementaren Düfte

Durch Versuch und Irrtum hat man im Laufe der Zeit einige Regeln dafür entwickelt, welche molekularen Merkmale mit der Eigenschaft des Duftes verknüpft sein könnten. Bis heute gibt es noch keine exakte Wissenschaft des Duftes, doch dies hat die Chemiker nicht daran gehindert, die empirisch formulierten Regeln bei der Synthese neuer Duftstoffe anzuwenden. Die einfachste Methode ist, die Struktur eines bekannten Duftstoffes aufzuklären, und dann eine Reihe von chemischen Verbindungen herzustellen, die eine geringfügig veränderte Molekülstruktur haben. Oft erfüllt sich die Hoffnung, dass wenigstens einige der neuen Verbindungen einen ähnlichen Geruch wie die ursprüngliche haben, aber längst nicht immer.

Warum ist es so schwer, unser Geruchsempfinden quantitativ zu beschreiben? Bei anderen Sinneswahrnehmungen funktioniert das doch recht gut. So lassen sich alle Farbtöne als Kombination dreier Grundfarben darstellen: rot, blau und gelb, wenn man Farbpigmente mischt (die so genannte »additive« Farbmischung), oder rot, blau und grün, wenn farbiges Licht gemischt wird (»subtraktive« Farbmischung, z. B. beim Fernsehen). Unser Farbempfinden wird entsprechend von drei verschiedenen Typen von Farbrezeptoren auf unserer Netzhaut gesteuert. Auf unserer Zunge gibt es vier verschiedene Arten von Geschmacksrezeptoren, und der

5 sind heute bekannt

Geschmack jeder Speise kann auf die vier elementaren Geschmacksrichtungen süß, sauer, bitter und salzig zurückgeführt werden.

Man kann nun vermuten, dass es auf unserer Nasenschleimhaut ebenfalls nur eine begrenzte Anzahl von Rezeptortypen gibt, die auf analoge Weise auf einen Satz von Basisdüften ansprechen. Bestärkt wird diese Vermutung durch den oft beobachteten ähnlichen Geruch von chemisch ähnlichen Verbindungen. Dies gilt insbesondere für die Stoffklassen der Alkohole, Amine, Aldehyde, Thiole, Carbonsäuren und Ester.

Man kann Düfte auf verschiedene Weise klassifizieren. Ein klassisches Schema orientiert sich an der traditionellen Herkunft der Duftstoffe. Diejenigen Klassen, welche die größte Anzahl Vertreter enthalten, sind:

Florale Düfte: aus Blütenölen gewonnen, wie Rose, Jasmin, Flieder, Maiglöckchen und Tuberose;

Grüne Düfte: Eukalyptus, Kiefer, Zitrusdüfte, Lavendel, Rosmarin, Kampfer und Basilikum;

Animalische Düfte: Moschus, Zibet, Ambra und Castoreum;

Gewürz- und holzige Düfte: Eichenmoos, Sandelholz, Myrrhe, Zeder, Zimt und Gewürznelke.

Ein erster Versuch, die elementaren Düfte unabhängig von der Art ihrer Herkunft zu definieren, kam mit fünf verschiedenen Richtungen aus: minzig, etherisch, floral, naphthalinartig (wie Mottenkugeln) und anisartig (wie Lakritz). Später wurde der Kreis verändert und auf sieben erweitert: kampferartig (dazu gehört auch Kampfer selbst), etherisch (z. B. wie Birnenaroma), floral (z. B. Rosenduft), minzig (z. B. Pfefferminze), moschusartig (z. B. Moschus selbst), stechend (z. B. Essig) und faulig (z. B. verdorbene Eier).

Das bislang ausgefeilteste System teilt alle Düfte in 14 Gruppen ein, es ist in Abbildung 1 dargestellt. Die 14 Gruppen werden nach der Flüchtigkeit ihrer Düfte geordnet: zitronig (z. B. Zitrone), Lavendel, krautig-frisch (z. B. Minze), Aldehyd, grün (z. B. Hyazinthe), fruchtig (z. B. Pfirsich), floral (z. B. Jasmin), würzig (z. B. Gewürznelke), holzig (z. B. Sandelholz), ledrig (z. B. Birkensaft), animalisch (z. B. Zibet), Moschus, Amber (z. B. Weihrauch) und Vanille (z. B. Vanille selbst). Diese Ordnung korreliert mit der Einteilung der Duftnoten eines Parfums nach Kopf-, Herz- und Basisnote.

Vielleicht werden wir eines Tages in der Lage sein, alle Moleküle danach zu klassifizieren, zu welchen Rezeptoren in unserer Nasenschleimhaut sie passen. Es ist auch durchaus möglich, dass ein Molekül mehr

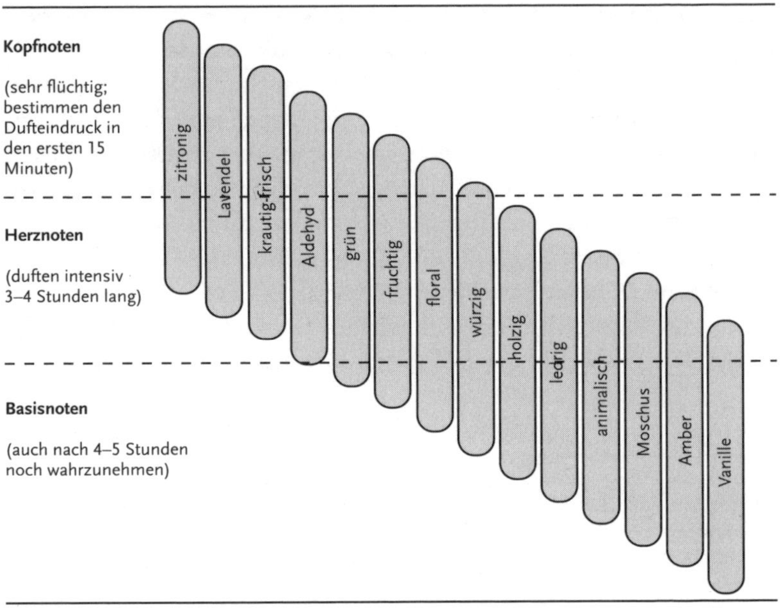

Abbildung 1 Die Duftnoten eines Parfums. Die genannten Komponenten stellen die *lignes de force* des Internationalen Systems der Duftklassifizierung (Quest) dar.

als einen Rezeptor zu erregen vermag. Wir wissen bereits einiges über Rezeptoren, so zum Beispiel, dass ein Molekül, das einen zibetartigen Geruch trägt, eine bestimmte Gestalt haben muss. (Mit chemischen und physikalischen Methoden kann man die Molekülstruktur einer chemischen Verbindung bestimmen.) Unser Wissen ist aber bis heute noch recht lückenhaft. Eine große Schwierigkeit mit allen Düften besteht nicht zuletzt darin, den Geruch an sich vom individuellen Eindruck des Riechenden zu trennen.

Oft können die Duftstoffchemiker als Ergebnis ihrer Forschung also keinen »natürlich« riechenden Duftstoff vorweisen, wohl aber manchmal einen Duft, der kein natürliches Vorbild hat. Solche synthetischen Duftstoffe werden einschlägigen Produkten zugesetzt, um die Illusion von »Aprilfrische« oder »Sommerwiese« hervorzurufen.

Ein Duftstoff soll aber nicht nur angenehm riechen, sondern auch möglichst stabil sein. Natürliche Duftessenzen sind meist komplexe Mischungen vieler verschiedener Verbindungen und als solche recht instabil: Sie können zum Beispiel durch Reaktion mit dem Sauerstoff der Luft leicht ranzig werden, doch auch viele andere Stoffe können sie zersetzen. Synthetische Duftstoffe bestehen oft nur aus einer einzigen Substanz, bei deren Entwicklung man bereits diese Anforderung berücksichtigen kann. Sie können Haushaltsreinigern und Weichspülern zugesetzt werden, weil sie den Waschvorgang überdauern und schließlich in den gewaschenen Kleidern hängenbleiben. Dies ist ganz bemerkenswert, denn Waschmittel sind ja eigentlich dazu geschaffen, alle unerwünschten Substanzen wegzuwaschen. Zudem enthalten sie hochwirksame Bleichmittel, die sogar Schweiß und Flecken den Garaus machen.

Einige dieser synthetischen Duftstoffe werden auch in Parfums eingesetzt. Der Hersteller hat dann unter Umständen das Problem, den Preis für das Parfum hoch zu halten, während derselbe Duftstoff auch in vielen billigen Produkten des täglichen Bedarfs eingesetzt wird.*

Eine kleine Überlegung am Rande: Welche Faktoren bestimmen eigentlich den Preis eines Parfums? Verpackung und Werbung beanspruchen sicher einen großen Teil davon, doch hauptsächlich wird er wohl vom Grad der Exklusivität abhängen, den der Hersteller mit dem Image seines Parfums vermitteln will. Wir sollten auch nicht vergessen, dass wir es mit einem Kunstwerk zu tun haben, mit der Schöpfung von *le grand nez*. Und schließlich ist es uns als Kunden oft eine stolze Summe Geldes wert, mit einem sympathischen Duft Erfolg bei unseren Mitmenschen zu haben, sei es im Büro oder im Bett.

Die Geschichte des Parfums

In den mehr als viertausend Jahre alten Wandmalereien ägyptischer Grabkammern findet man Darstellungen von Parfumeuren bei der Arbeit. Bereits damals war diese Tätigkeit eng mit dem religiösen Leben verbunden. Der Begriff »Parfum« leitet sich vom lateinischen *per fumum*, »durch Rauch«, ab, denn es war schon in der antiken Welt weitverbreitet, mit dem Verbrennen wohlriechenden Räucherwerks wie Weihrauch und Myrrhe die Gebete zu begleiten. Im Buch Mose finden sich Rezepte für

* Die Produktmanager dieses Industriezweiges schaffen das mit großer Kunstfertigkeit, und in der Tat kann sich der Preis für ein und dieselbe Substanz in unterschiedlichen Verpackungen enorm unterscheiden. Dies zu motivieren ist allerdings nicht mehr Sache der Chemie, sondern bleibt den subtilen Methoden des Marketings vorbehalten.

Weihnachtsduft in jedem Haus

Und sie gingen in das Haus und fanden das Kindlein mit Maria, seiner Mutter, und sie fielen nieder und beteten es an und taten ihre Schätze auf und schenkten ihm Gold, Weihrauch und Myrrhe. Matthäus 2, 11

Parfum ist ein beliebtes Weihnachtsgeschenk mit einer langen Tradition. So verwundert es nicht, dass die Parfumindustrie einen großen Teil ihres Jahresumsatzes im Dezember macht. Weihrauch und Myrrhe werden auch heute noch von Parfumeuren verwendet: *Timeless* von Avon und *Prélude* von Balenciaga enthalten Weihrauch, *Le Jardin* von Max Factor und *Fidji* von Guy Laroche enthalten Myrrhe. Bei beiden handelt es sich um Harze von Bäumen des Mittleren Ostens. Es sind keine einheitlichen Verbindungen, sondern Gemische vieler verschiedener Substanzen. Diese Chemikalien werden von Pflanzen (man denke auch an Kiefern und Galbanum) erzeugt, um Wunden gegen den Angriff von Bakterien und Pilzen zu schützen. Daher sind diese Harze neben ihrem angenehmen Geruch auch gute Konservierungsmittel für Parfums, und das erklärt auch, warum Myrrhe bei der Einbalsamierung und Mumifizierung von Leichnamen eingesetzt wurde.

Unter Parfumeuren ist der Weihrauch als Olibanum bekannt. Er wird von Bäumen der Arten *Boswellia carterii* oder *B. sacra* gewonnen, die in Saudi-Arabien und Somalia wachsen. Wenn man die Rinde einritzt, beginnen die Bäume, einen milchigen Saft abzusondern, der an der Luft zu langen Zapfen erstarrt. Nach zwei Wochen werden diese geerntet. Man extrahiert daraus ein balsamähnliches, würzig riechendes Öl, das auch ein wenig an Zitrone erinnert.

Das Wort Myrrhe stammt aus dem Arabischen: *murr* bedeutet »bitter«. Myrrhe ist eine rotbraune, gummiartige Substanz mit einem angenehm aromatischen Geruch, die von den dornigen Commiphora-Bäumen abgesondert wird. Sie wird auch heute noch in Somalia geerntet. Manche Kugeln können bis zu 250 Gramm wiegen. Myrrhe wurde in der Antike in Räucherwerk, Parfums, Kosmetika und Arzneien verwendet. Auch heute noch wird sie Zahncremes, Mundwässern, Tonics und einigen wenigen Parfums zugesetzt.

die Herstellung von Räucherwerk, wobei Myrrhe und Zedernholz genannt werden. Die Tradition des Verbrennens von Räucherwerk an Orten der Andacht und Anbetung ist nun über dreitausend Jahre alt.

Die Wissenschaft der Chemie überdauerte im arabischen und persischen Kulturkreis das Mittelalter, vom Untergang des Römischen Reiches im Jahre 410 bis zur Renaissance tausend Jahre später, und gleiches gilt auch für die Kunst der Parfumerie. Mohammed der Prophet schätzte Parfum hoch ein, wie eines seiner bekannten Zitate belegt: »Drei Dinge auf Erden bedeuten mir viel – Frauen, Parfum und Gebete.« Von ihm stammt auch der bemerkenswerte Ausspruch: »Parfum ist die Inspiration für meine Gedanken«, dessen Wahrheit wir uns heute zunehmend bewusst werden.

Im Mittelalter begann sich die Parfumindustrie heutiger Ausprägung zu entwickeln. Ihr Zentrum lag in Südfrankreich, im Ort Grasse in der

Provence. Dort waren Klima und Boden ideal, um Rosen, Jasmin, Lavendel, Tuberose und Veilchen anzubauen, aus denen duftende Essenzen extrahiert wurden. Bei der traditionellen Methode, der so genannten *enfleurage*, bettet man die Blüten zwischen Schichten von Fett, um darin deren ätherische Öle zu lösen. Diese duftende Creme nennt man *concrete*, sie wird zuweilen noch als Pomade verwendet. Man kann auch die Blütenöle mit Alkohol aus dem Fett extrahieren. Nach dem Verdampfen des Alkohols erhält man so das *absolute*, das reine ätherische Öl.

Später fand man heraus, dass sich die ätherischen Öle auch mit überhitztem Wasserdampf aus dem Pflanzenmaterial extrahieren lassen: die Wasserdampfdestillation war erfunden. Im Kondensat scheidet sich das Öl wieder spontan von der wässrigen Phase und kann leicht abgetrennt werden. Vor ungefähr zweihundert Jahren wurde diese Methode von der Lösungsmittelextraktion abgelöst; beinahe alle Parfumfabriken in Grasse und Umgebung stellten ihre Produktion auf diese Methode um. Dabei werden die zerkleinerten Pflanzenteile mit einem flüchtigen Lösungsmittel behandelt, welches nach erfolgter Extraktion abdestilliert wird. Im neunzehnten Jahrhundert verwendete man dazu Benzol, was sich heute aus Sicherheitsgründen selbstverständlich verbietet (Benzol ist nachgewiesenermaßen krebserregend). Nunmehr sind Alkane die häufigsten Lösungsmittel. Auch Butan, das unter normalen Bedingungen gasförmig ist, kann dafür eingesetzt werden, denn es wird unter erhöhtem Druck flüssig. Der Vorteil von Butan ist, dass es bei sehr niedrigen Temperaturen wieder abdestilliert werden kann und dabei kaum flüchtige Bestandteile aus dem Extrakt entweichen. Andere Lösungsmittel, die in Frage kommen, sind Methanol, ein einfacher Alkohol, und Toluol, welches eine weniger schädliche Alternative zu Benzol ist. Vor kurzem ist man dazu übergegangen, auch flüssiges Kohlendioxid als Lösungsmittel einzusetzen.

Tabelle 10 zeigt die pflanzliche Herkunft einiger häufig verwendeter Düfte. Eine der populärsten Blütenessenzen ist Jasmin: überschwänglich, zu Kopfe steigend, beinahe betäubend bildet es – in angemessener Verdünnung – eine ideale Herznote für ein Parfum. Der Bitterorangen-(Pomeranzen-)baum ist eine besonders ergiebige Quelle ätherischer Öle. Aus den Schalen der Früchte gewinnt man Orangenöl, aus den Blüten Neroli und aus den Blättern und Zweigen Petitgrain. Einige der in der Tabelle genannten Öle scheinen nicht in ein Parfum zu gehören, doch dem ist durchaus nicht so: beispielsweise hat Pfefferöl eine würzige orientalische Note und wird zuweilen in Herrendüften verwendet.

Tabelle 10 Die Herkunft verschiedener pflanzlicher Duftstoffe.

Pflanzenteil	Duftessenzen
Blüten	Rose, Jasmin, Tuberose
Blätter und Stängel	Geranium, Pfefferminze, Salbei, Thymian
Gräser	Estragon
Wurzeln	Iris, Angelica
Moose	Eichenmoos
Hölzer	Sandelholz, Rosenholz, Zedernholz
Nadeln	Fichte, Kiefer, Zypresse
Harze	Myrrhe, Olibanum (Weihrauch), Galbanum*
Samen	Kardamom, Pfeffer
Früchte	Anis, Muskatnuss, Koriander
Fruchtschalen	Orange, Zitrone, Bergamotte

* Galbanum ist eine der acht Ingredienzien, die Gott Moses für Räucherwerk verwenden hieß. Galbanum wird aus dem Harz eines persischen Baumes gewonnen. Sein Geruch, der als erdig-grün-pfeffrig beschrieben wird, ist so intensiv, dass man ihn noch wahrnehmen könnte, wenn man nur einen Tropfen davon in einem ganzen Schwimmbecken voll Wasser auflösen würde.

Parfum war zu allen Zeiten eine angemessene Gabe für Götter, Herrscher, Königinnen und Kurtisanen. Früher war es knapp und dementsprechend teuer, und deshalb war sein Besitz ein Privileg der Reichen und Mächtigen – bis die Chemie ins Spiel kam. Warum war es so knapp? Eine einzelne Pflanze produziert nur sehr geringe Mengen ätherischer Öle. So braucht man über fünf Tonnen Rosenblüten, um daraus ein Kilogramm Rosenöl zu extrahieren. Acht Millionen Jasminblüten liefern ein Kilogramm Jasminöl. Da verwundert es nicht, wenn diese natürlichen Duftessenzen auch heute noch viele tausend Mark pro Kilo kosten.

Ein umso kostspieligeres Vergnügen war Parfum in der Vergangenheit. Madame de Pompadour (1721–1764), die Hausdame von Louis XV von Frankreich, gab für ihre Leidenschaft die sagenhafte Summe von umgerechnet 200 000 Euro aus.

Damals konnte ihr Hofparfumeur aus ungefähr 200 Düften wählen. Heute hingegen stehen den Parfumeuren mehr als 25 000 Düfte zur Verfügung. Die »Nasen«, die Meister ihres Fachs, komponieren daraus ihre Kunstwerke. Wenn eine Kreation auf dem Markt gut eingeführt ist und den Kunden gefällt, kann man damit ein Vermögen verdienen.

Maskuline und feminine Düfte

Seit Jahrhunderten ist der Gebrauch von Parfum ein fester Bestandteil unseres zivilisierten Lebens. Dabei sind die Duftrichtungen, die Männern und Frauen zusagen, durchaus unterschiedlich, wenn auch einige Düfte beiden Geschlechtern gleich gut zu gefallen scheinen, wie z. B. Chypre. Die folgende Übersicht basiert auf der Vorstellung, dass jedes Parfum von einem »Thema« dominiert wird, welches die Parfumeure verschieden interpretieren können. Die zur Charakterisierung der Düfte verwendeten Begriffe sind größtenteils der Alltagssprache entnommen; erklärungsbedürftig sind *Chypre* (assoziieren Sie damit die betörenden Düfte des östlichen Mittelmeerraumes), *Fougère* (farnartig), *Grün* (nach frischen Gräsern und Blättern), *Aldehyd* (synthetisch, nach der Stoffklasse der Aldehyde benannt) und *Amber* (schwere, intensive Blütenaromen).

Thema	Interpretation	Bekannte Parfums dieser Richtung
Feminine Düfte		
Floral	Grün	Chanel N° 19, Calvin Klein*
	Fruchtig	Eau de Givenchy
	Frisch	Anaïs Anaïs
	Floral	Quelques Fleurs, Fidji, Charlie, Chloe, Giorgio
	Aldehyd	Chanel N° 5, Je Reviens
	Amber	Blue Grass, Poison, Charles of the Ritz
Oriental	Amber	Obsession, Samsara, Shalimar
	Würzig	Coco Chanel, Opium, White Diamonds
Chypre	Fruchtig	Femme
	Floral-Animalisch	Miss Dior, Intimate, Timeless
	Floral	Ysatis, Ma Giffe
	Frisch	4711 Kölnisch Wasser
	Grün	Armani
Maskuline Düfte		
Lavendel	Frisch	English Lavender
	Würzig	Acqua di Selva, V by Victor
Fougère	Frisch	Drakkar Noir, Jazz, Eternity for Men
	Floral	Dunhill, Paco Rabanne pour homme
	Holzig	Sandalwood, Kouros
	Amber	Blue Stratos, Brut, Imperial Leather
Oriental	Würzig	Égoïste, Old Spice
	Amber	Balenciaga pour homme, Relax
Chypre	Holzig	Giorgio for men
	Leder	Macassar, Aramis, Denim
	Konifere	Men
	Frisch	Aqua Velva Ice Blue
	Grün	Fahrenheit
Zitrus	Floral	Eau sauvage
	Fantasy	English Leather, Onyx, Tabac Original
	Frisch	Drakkar

* Einige neuere Düfte folgen dem Trend, die Grenzen zwischen femininen und maskulinen Noten bewusst zu verwischen.

Die obenstehende Klassifikation folgt dem H & R-System (aus *Das H & R Buch Parfum*, Glöss Verlag, Hamburg).

Anfang dieses Jahrhunderts begann die moderne Zeit der Parfumerie. Rückblickend kann man in der jüngeren Vergangenheit einige Zeiträume ausmachen, die besonders prägend waren: es waren jene Phasen, in denen sich die Menschheit von den Schrecken der Weltkriege erholte. Dann erschienen Parfums, die wir heute als Meilensteine der Parfumgeschichte ansehen. Im Jahre 1917 faszinierte *Chypre* die Menschen durch seinen betörenden mediterranen Duft. Chypre selbst war nur wenige Jahre erhältlich, denn seine kostbaren Ingredienzien wurden allzu knapp und die Hersteller konnten die immense Nachfrage einfach nicht mehr befriedigen, doch es hat einer ganzen Klasse von Düften den Namen gegeben. Seine Kopfnoten waren Bergamotte, Zitrone, Neroli und Orange, die Herznote wurde von Rose, Jasmin, Nelke, Iris und Flieder bestimmt, und eine Harmonie von Eichenmoos, Patchouli, Labdanum, Storax, Zibet und Moschus machte seine Basisnote aus.

In Tabelle 11 sind eine Reihe weiterer Parfums genannt, die in diesem Jahrhundert Trends schufen und denen jeweils zahlreiche Kopien folgten. Ihre charakteristischen Kopf-, Herz- und Basisnoten sind ebenfalls in dieser Tabelle zu finden. Daneben vervollkommnen noch weitere nicht genannte Düfte in geringeren Mengen den Gesamteindruck.

Der enorme Erfolg von Chanel N° 5 ebnete den synthetischen Duftstoffen den Weg. Die chemische Industrie lieferte immer mehr und immer neue Rohstoffe. In den dreißiger Jahren dieses Jahrhunderts wurde eine Klasse von chemischen Verbindungen mit einer wundervollen »grünen« Note entdeckt. Der wichtigste Vertreter wurde »Blattalkohol« genannt; mit chemischem Namen heißt er *cis*-3-Hexenol. Diese Duftstoffe sind unter anderem die Basis von *Ma Griffe* von Carven, das 1944 auf den Markt kam. Kurz darauf folgte *Miss Dior* von Christian Dior, eine interessante Kombination einer klassischen Chypre-Note mit einer frischen grünen Kopfnote. Es begleitete Diors New Look-Kollektion Ende der vierziger Jahre. Von Nina Ricci kam 1947 *L'Air du Temps*, das von synthetischen floralen Aromen dominiert wird. Es ist übrigens das erste »lineare« Parfum, das vom ersten bis zum letzten Tropfen den gleichen Duft hat. Doch vielleicht den größten Zuspruch hatte zu dieser Zeit *Femme* von Rochas, dessen Kopfnote von Pflaume und Pfirsich mit einer Herznote von Jasmin harmoniert, untermalt von Eichenmoos und Vanille als Basisnote.

In den sechziger Jahren kamen Düfte auf, die das Lebensgefühl der selbstbewussten, emanzipierten Frauen reflektierten (oder was sich die Parfumeure darunter vorstellten). Oftmals basierten sie auf Methyldiethyljasmonat, der synthetischen Variante des Jasmins, die sich durch einen frischeren, leichteren Duft auszeichnet. Ebenfalls in den Sechzigern gab es den ersten erfolgreichen Herrenduft, der als solcher und nicht als Rasier- oder Toilettenwasser vermarktet wurde: *Brut* von Fabergé. Die innovativste Richtung des folgenden Jahrzehnts waren »lifestyle«-Düfte wie *Chloé* (Lagerfeld), *Charlie* (Revlon), *Opium* (Yves Saint Laurent) und *Anaïs Anaïs* (Cacharel).

Tabelle 11 Die charakteristischen Noten einflussreicher Parfums.

Parfum	Dekade	Kopfnote	Herznote	Basisnote
Quelque Fleurs	1900/10	grün	Rose, Jasmin	Sandelholz, Eichenmoos
Chypre	1910/20	Bergamotte	Rose, Jasmin	Eichenmoos
Shalimar	1910/20	Zitrone	Patchouli*	Opopanax
Chanel N⁰ 5	1920/30	Aldehyd	Ylang-Ylang	Vetiver
Soir de Paris	1930/40	Veilchen	Lindengblüten	Vetiver, Styrax
Ma Griffe	1940/50	Gardenie	Jasmin, Rose	Styrax, Eichenmoos
Femme	1940/50	Pfirsich, Pflaume	Jasmin	Eichenmoos, Vanille
Miss Dior	1950/60	Aldehyd	Jasmin	Patchouli, Amber
Fidji	1960/70	Galbanum, Hyazinthe	Nelke, Iris	Vetiver, Moschus
Charlie	1970/80	Zitrus	Jasmin, Tuberose	Zeder, Sandelholz
Chloé	1970/80	Kokosnuss	Tuberose	Moschus
Opium	1970/80	Aldehyd	Nelke	Benzoin, Tolu-Balsam
Anaïs Anaïs	1970/80	Grün, Laub	Jasmin	Zeder, Vanille
Poison	1980/90	Piment, Pflaume	Rose, Tuberose, Ylang-Ylang	Heliotrop, Vanille

* Patchouli wird aus den Blättern eines indonesischen Strauches gewonnen und hat einen intensiv holzigen, süßlichen, balsamartigen Geruch mit würzigen Untertönen.

Überall in der Welt werden Pflanzen angebaut, um daraus Rohstoffe für die Parfumindustrie zu gewinnen; diese Art der Landwirtschaft kann unter Umständen recht lohnend sein. Natürliche Duftessenzen sind Gemische verschiedenster Verbindungen, deren genaue Zusammensetzung manchmal noch gar nicht bekannt ist. Daher kann man oft einen feinen Unterschied zwischen den natürlichen Essenzen und synthetisch hergestellten Substanzgemischen feststellen, und meist werden in solchen Fällen die natürlichen Produkte denen der chemischen Industrie vorgezogen.

Dennoch ist der Anteil natürlicher Rohstoffe in der Parfumindustrie stetig zurückgegangen. Die Erklärung ist nahe liegend: Der ständig steigende Bedarf kann aus natürlichen Quellen nicht mehr gedeckt werden, denn die Gewinnung von Naturprodukten ist sehr arbeitsintensiv. Beispielsweise kann in Marokko, dem weltgrößten Anbaugebiet von Jasmin, ein Pflücker bis zu 15 000 Jasminblüten pro Tag ernten. Um diese enorme Leistung zu schaffen, muss er sehr früh aufstehen (nicht zuletzt, weil am frühen Morgen der Gehalt der Blüten an ätherischen Ölen am höchsten ist). Und doch kann man aus dieser Menge nur etwa 1,5 Gramm Jasminextrakt gewinnen. Der weltweite Jahresbedarf beträgt dagegen einige tausend Tonnen!

Wie Duftstoffe hergestellt werden

Gegenwärtig sind mehr als zehn Millionen chemische Verbindungen bekannt. Viele davon haben einen mehr oder weniger starken Geruch, doch die allermeisten wurden nicht deswegen hergestellt. Noch im neunzehnten Jahrhundert war der Geruch eine der Eigenschaften, die bei der Beschreibung einer neu hergestellten Substanz dokumentiert wurden. Allerdings gab man später diese Gepflogenheit auf, da der Geruch meistens nicht sehr viel über die chemischen Eigenschaften aussagt*, wie wir weiter oben bereits gehört haben.

Für Parfumeure aber bedeutet der Geruch alles. Immer noch ist die Industrie auf die Natur angewiesen, einerseits als Rohstofflieferant, andererseits aber auch als Inspirationsquelle. Immer wieder entdeckt man neue Duftstoffe, die den Chemikern als Leitlinie für synthetische Varianten dienen, welche dann leicht und billig in größeren Mengen produziert werden können. Dabei wird man sowohl im Pflanzen- als auch im Tierreich fündig.

* Auch aus Sicherheitsgründen muss davon abgeraten werden, die Dämpfe unbekannter Substanzen einzuatmen.

Duftstoffe pflanzlicher Herkunft

Die Strategie, die Inhaltsstoffe natürlicher Extrakte zu identifizieren und dann zu modifizieren, um auf diese Weise neue, ungewöhnliche Duftstoffe zu schaffen, war bei pflanzlichen ätherischen Ölen besonders erfolgreich. Aus Zitronengrasöl kann man Ionon machen, das eher nach Veilchen riecht. Das aus Nelkenöl gewonnene Eugenol kann in den Träger des Vanillearomas, der als Vanillin bezeichnet wird, umgewandelt werden. Und nur weniger Schritte bedarf es, das Limonen aus dem Orangenschalenextrakt in Carvon umzuwandeln, welches der Hauptbestandteil des Pfefferminz-Aromas ist.

Im Jasminextrakt hat man bislang mehr als 200 chemische Verbindungen nachgewiesen und identifiziert. Die wichtigsten Bestandteile sind *cis*-Jasmon und Methyl-*cis*-Jasmonat, die entscheidend für das Aroma sind und nach der Pflanze benannt wurden. Daneben gibt es etliche andere Komponenten, die zum Duft beitragen, wie Benzylacetat, Benzylalkohol, Benzylbenzoat, *cis*-3-Hexenylbenzoat, Methyl-*N*-Acetylanthranilat, Kresol, Linalool, Eugenol und Indol. Eine Mischung der genannten Verbindungen im richtigen Verhältnis ergibt einen recht brauchbaren Ersatz für das Naturprodukt. Wenn alle Inhaltsstoffe des Jasminextrakts bekannt wären, wäre es theoretisch zwar möglich, eine exakte synthetische Kopie davon herzustellen, doch einerseits ist die Zusammensetzung von natürlichen Essenzen niemals konstant, und andererseits wäre es sehr teuer, einige der komplizierten Nebenbestandteile herzustellen – ganz davon abgesehen, dass es auch recht witzlos wäre, sie dem synthetischen Parfum hinzuzufügen, wenn sie nur sehr wenig zum Bukett beitragen. Wie dem auch sei, man vermutet jedenfalls, dass immer noch etliche Bestandteile des natürlichen Jasminaromas unbekannt sind.

Wie schon gesagt, sind im Wesentlichen *cis*-Jasmon und Methyl-*cis*-Jasmonat die Träger des Jasminduftes, und doch beträgt ihr Anteil am gesamten Extrakt nur wenige Prozent. Wenn man einen Naturstoff identifiziert und charakterisiert hat, bedeutet das aber nicht automatisch, dass man ihn auch billig herstellen kann. Manchmal ist es immer noch wirtschaftlicher, den gewünschten Stoff weiterhin aus natürlichen Quellen zu gewinnen. Manchmal findet man aber auch eine raffinierte chemische Lösung. So besteht *cis*-Jasmon aus einem Ring mit fünf Kohlenstoffatomen, an den eine Kette mit ebenfalls fünf Kohlenstoffatomen gebunden ist. In der Mitte dieser Kette befindet sich eine so genannte Doppelbindung zwischen zwei Kohlenstoffatomen, was bedeutet, dass den beiden derart verbundenen

Kohlenstoffatomen je ein Wasserstoffatom fehlt. Man kann dieses Molekül im Labor herstellen, doch es erfordert einige Syntheseschritte, bis man die Doppelbindung an der gewünschten Stelle hat. Das analoge Molekül ohne die Doppelbindung ist viel leichter zugänglich; es heißt Dihydrojasmon. Bemerkenswerterweise ist sein Geruch dem *cis*-Jasmon sehr ähnlich, er wird von der Doppelbindung offensichtlich nicht merklich beeinflusst.*

Es gibt auch andere Verbindungen, deren Geruch dem Jasminduft mehr oder weniger nahe kommt. Die Preise dieser Duftstoffe variieren erheblich: Natürlicher Jasminextrakt kostet 5000 Dollar pro Kilogramm, *cis*-Jasmon kostet etwa 500 Dollar pro Kilogramm und Dihydrojasmon ist bereits für unter 50 Dollar pro Kilogramm erhältlich. Und der billigste Jasmin-ähnliche Duftstoff ist bereits für um die 5 Dollar pro Kilogramm zu haben! Dabei handelt es sich um eine vollsynthetische Verbindung aus der Familie der Aldehyde, die gar nicht erst vorgibt, noch etwas mit dem Naturstoff zu tun zu haben. Der Preis ist umgekehrt proportional zum Angebot der jeweiligen Substanzen auf dem Markt: Während jährlich weltweit nur wenige Tonnen Jasminextrakt gewonnen werden, erreicht die Produktion der billigsten Varianten die Größenordnung von einigen zehntausend Tonnen.

Der erste natürliche (»naturidentische«) Aromastoff, der jemals künstlich hergestellt wurde, ist der Zimtaldehyd, Hauptbestandteil des Zimtaromas. Dies gelang Luigi Chiozza im Jahre 1856. Etwas später, im Jahre 1868, wurde erstmals die Synthese von Cumarin beschrieben. Der Geruch des Cumarins erinnert an frisch gemähtes Gras, und in Verbindung mit anderen Duftstoffen ergibt es einen eher farn-artigen Duft. Auch im Waldmeister ist Cumarin – neben einigen anderen Aromastoffen – enthalten. Im Jahre 1882 schuf der Parfumeur Paul Parquet auf dieser Basis das sehr erfolgreiche Parfum *Fougère Royale*.

Im Jahre 1876 gelang Ferdinand Tiemann, Berlin, und Wilhelm Haarmann, Holzminden, die Synthese von Vanillin**, dem Aromastoff der

* Man kann diesen Befund aber nutzen, um die Reinheit von natürlichem Jasminaroma zu prüfen: Wenn man darin Dihydrojasmon nachweisen kann, ist das ein Beleg dafür, dass es mit synthetischem Material verschnitten worden ist.

** Zimtaldehyd und Vanillin werden als Aromastoffe (Zusätze von Nahrungsmitteln) sicherlich häufiger verwendet als in der Parfumindustrie, doch besitzen sie auch dort eine nicht zu unterschätzende Bedeutung. Vanillin kann auch im natürlichen Jasminextrakt nachgewiesen werden. Man fügt es Parfums gerne als Basisnote zu, die nebenbei bewirkt, dass die flüchtigeren Düfte länger haften.

Vanille (einer Orchideenart). Mit dieser Erfindung machten sie sich selbstständig, und ihre Firma (heute Haarmann und Reimer) wurde zum führenden Hersteller von Duft- und Aromastoffen.

Im Jahre 1893 meldete Wilhelm Haarmann den ersten »vollsynthetischen« Duftstoff zum Patent an: er wurde Ionon genannt und hat einen betörenden Veilchenduft – manche sagen sogar, Ionon rieche schöner und intensiver als echte Veilchen.

Die systematische Erforschung der Aldehyde führte zu Beginn dieses Jahrhunderts zum Durchbruch der synthetischen Duftstoffe. Beispielsweise hat α-Amyl-Zimtaldehyd einen wundervollen jasminähnlichen Duft, obwohl diese Verbindung in natürlichem Jasminextrakt nicht vorkommt. Damit und mit Zimtaldehyd selbst ist der Hydrozimtaldehyd verwandt, der einen schweren Hyazinthenduft hat.

Die erste Synthese von Verbindungen des Chinolin-Typs gelang 1885. Man stellte rasch fest, dass ihr Geruch an Leder erinnert. Verbindungen dieses Typs kommen aber auch in der Natur vor, und das in der Rezeptur des legendären *Chypre* verwendete Chinolin-Derivat entstammte in der Tat natürlichen Quellen. Fortan wurden Chinolin-Verbindungen in vielen anderen Damen- und Herrenparfums verwendet: so sind z. B. *Aramis* von Aramis und *Macassar* von Rochas klassische Chypredüfte für Herren, deren markante Duftnoten synthetischen Ursprungs sind. *Diva* von Ungaro und *Ysatis* von Givenchy sind mit Variationen des gleichen Themas als Damenparfums bekannt geworden.

Wir wissen bereits (vgl. Abbildung 1), dass die Herznoten vieler Parfums aus den Blütenölen von Rose, Lilie und Veilchen stammen. Auch diese Naturprodukte sind teuer, doch bietet die chemische Industrie mittlerweile wohlfeile halb- oder vollsynthetische Ersatzstoffe an, die dem natürlichen Duft bemerkenswert nahe kommen. Einen schönen Rosenduft verbreiten Geraniol, Citronellol und 2-Phenylethanol. Mit Hilfe einiger Verbindungen, die sich von Methylanthranilat herleiten, kann man das schwüle, süßliche Aroma tropischer Blumen imitieren. Doch der größte Erfolg der Duftstoffchemiker war es wohl, leicht herstellbare Verbindungen zu finden, die nach Maiglöckchen oder Lilien duften – bis heute gibt es nämlich kein gangbares Verfahren, die ätherischen Öle dieser Blüten zu isolieren.

Aber die Chemiker haben nicht immer Erfolg. Wie Horst Surburg von Haarmann & Reimer, Holzminden, berichtet, gibt es immer noch etliche Duftstoffe, die industriell nicht oder nur zu exorbitant hohen Preisen hergestellt werden können. In solchen Fällen bleibt das Naturprodukt Marktführer. Ebenso frustrierend kann es sein, wenn in einem natür-

Wie viel Duft fürs Geld?

Was erhalten wir eigentlich als Gegenwert für unser Geld, wenn wir in einer Parfumerie einen dieser faszinierenden Flacons erwerben? Chemisch gesehen lautet die ernüchternde Antwort: nicht sehr viel. In unserem Flacon befindet sich niemals ein reiner Duftstoff (oder ein Gemisch mehrerer); immer sind die Duftstoffe in Alkohol gelöst und damit verdünnt. Das ist auch notwendig, denn reine Duftstoffe sind so intensiv, dass ein noch so kleiner Tropfen davon viel zu stark wäre.

Die meisten Düfte werden in verschiedenen Stärken angeboten. Der Preisunterschied zwischen »Parfum«, »Eau de Parfum« und »Eau de Toilette« ist enorm, er reflektiert die Unterschiede in Konzentration und Alkoholgehalt der Lösung. Die Handelsbezeichnungen auf den Parfumverpackungen bedeuten etwa folgendes:

	Konzentration an Duftstoff (in %)	**Alkoholgehalt (in Volumen-%)**
Parfum	15	95
Parfum de Toilette	8	90
Eau de Toilette	4	80
Eau de Cologne	3	70
Splash Cologne	1	70

Die in dieser Aufstellung genannten Gehaltsangaben entsprechen dem Minimum dessen, was man für sein Geld erwarten kann; manche Parfums können einen Gehalt an Duftstoff von bis zu 30 % haben, und ähnliche Verhältnisse gelten für die übrigen Klassen. Nicht nur der Anteil an Duftstoff, auch der Alkoholgehalt unterscheidet die Klassen. Übrigens sind manche Düfte nur als »schwaches« Eau de Toilette oder Eau de Cologne erhältlich. Zwar entspricht »Eau« in diesen Namen dem französischen Wort für »Wasser«, doch handelt es sich auch hierbei im Wesentlichen um alkoholische Lösungen.

lichen Duftstoff eine Verbindung nur in winzigsten Mengen vorkommt, diese aber gleichwohl sehr wichtig für das Bukett ist. Früher konnte es ein schier unlösbares Problem darstellen, in einem Gemisch von Hunderten verschiedener Substanzen diese eine aufzuspüren und nachzuweisen. Heute erleichtern die modernen Methoden der instrumentellen Analyse die Arbeit ganz erheblich, und der Nachweis einer Verbindung stellt kein prinzipielles Problem mehr dar, auch wenn sie nur in Mengen von Hundertstel Milligramm vorliegt – das ist weniger als ein Nebeltröpfchen.

Duftstoffe tierischer Herkunft

Früher war es üblich, Drüsensekrete von Tieren zu verwenden, auch wenn das mit sich brachte, dass Tiere allein zu diesem Zweck gejagt und abgeschlachtet wurden. Unsere Einstellung dazu hat sich glücklicherweise grundlegend geändert, auch wenn einige Puristen immer noch darauf schwören, dass kein synthetischer Duft dem natürlichen Moschusaroma gleichkommt. Diese elitäre Einstellung verschafft ihnen allerdings keine Sympathien. Die Basisnoten moderner Parfums müssen heute, als Nachfolger der »animalischen« Noten der Parfums alter Schule, Produkte der chemischen Synthese sein. Alles andere ist aus moralischen und ethischen Gründen unvertretbar.

Es gibt lediglich vier Düfte tierischer Herkunft: Moschus wird vom männlichen Moschushirsch abgesondert, Zibet* von der Zibetkatze beiderlei Geschlechts, Castoreum vom Biber und Ambra vom Pottwal.

Moschus. Bestimmte Teile einiger Pflanzen verströmen einen moschusähnlichen Geruch. So zum Beispiel die Wurzeln der in Mitteleuropa vorkommenden und zuweilen auch kultivierten Angelica oder die Samenkapseln der tropischen Pflanze *Hibiscus abelmoschus*, die eigens zur Duftstoffgewinnung angebaut wird. Echter Moschus stammt aber vom Moschushirsch *Moschus moschiferus*. Dieses hübsche Tier hat ein bräunlich gestreiftes Fell, es erreicht eine Schulterhöhe von einem halben Meter und lebt in Höhen von ungefähr 1500 Metern im Himalaya, in China und in der Mongolei. Am After besitzt der Hirsch eine Drüse von der Größe eines Golfballs, woraus er während der Brunft ein stark riechendes Sekret absondert. Seine Artgenossinnen finden diesen Duft einfach unwiderstehlich, und leider erstreckt sich diese magische Anziehungskraft auch auf viele Menschen. Seit vielen hundert Jahren sind Moschushirsche eine begehrte und lukrative Beute, der bis in immer entlegenere Winkel rücksichtslos nachgestellt wird – die Jagd konnte bis heute nicht völlig unterbunden werden.**

Die Wirkung des unverdünnten Sekrets ist schlicht atemberaubend. Im Jahre 1864 berichtete der große englische Parfumeur Eugene Rimmel, dass sich die Jäger, wenn sie einem zur Strecke gebrachten Tier das Fell abzogen, Mund und Nase mit Leinentüchern verbanden, um sich vor dem durchdringenden Gestank zu schützen – außerdem ging der Aberglaube, dass einem davon das Blut zu Kopfe steigt und man Hämorrhoiden im Hirn davonträgt. Wenn die Ernte glücklich eingebracht war, musste man

* Zibet wird von manchen Parfumeuren nicht als eigenständige Duftnote angesehen, sondern in einem Atemzug mit Moschus genannt.

** Heute gibt es internationale Abkommen, die die Abschussquoten reglementieren sollen, doch man schätzt, dass die Jagd immer noch bis zu 300 kg Moschusdrüsen pro Jahr liefert, was den Tod etlicher tausend Tiere bedeutet.

sie nach Europa befördern, und schon gab es neue Schwierigkeiten: Die Kapitäne der Teeclipper, der damals schnellsten Segler, weigerten sich schlichtweg, diese penetrante Fracht zu befördern, denn sie fürchteten (vermutlich zu Recht) um den Wert ihrer eigentlichen Ladung. Der Höhepunkt des Moschushandels war um das Jahr 1900 erreicht, als pro Jahr ca. 1400 Kilogramm Moschusdrüsen eingeführt wurden. Dafür mussten Jahr für Jahr 50 000 Moschushirsche ihr Leben lassen. Stetig stieg der Preis. Im Jahre 1978 war die Drüse ihr dreifaches Gewicht in Gold wert: pro Gramm wurden über 20 Euro gezahlt, was bedeutet, dass der Abschuss eines Tieres dem Jäger über 500 Euro einbringen konnte. Heute ist Asien der einzige Markt für das Naturprodukt: In weiten Teilen Asiens gilt Moschus immer noch als Aphrodisiakum, wofür verzweifelte Kunden (beinahe) jeden Preis zu zahlen bereit sind – doch mehr davon später.

Moschus hat einen holzigen, animalischen Duft. Es lässt sich nicht verhehlen, dass zum Bukett auch Exkrement-Noten und Sexualsekrete gehören. Bei gehöriger Verdünnung allerdings wird aus dem Saulus ein Paulus: Der Gestank durchläuft die Metamorphose zu einem sehr anziehenden Duft. In einem ganzen Flacon Parfum findet sich nicht mehr als höchstens ein Milligramm Duftstoff, lediglich ausgesprochene Moschus-Düfte enthalten ein wenig mehr. Die Menge an Duftstoff wird vom gewünschten Effekt begrenzt, der sich bei einem Zuviel ins Gegenteil verkehrt. Der Preis spielt heute keine Rolle mehr, denn es werden in der Parfumindustrie ausschließlich synthetische Alternativen eingesetzt. Ein Parfum, das heute noch »natürliches« Moschus enthielte, würden die meisten Kunden zu Recht ablehnen. Und das Aroma der synthetischen Duftstoffe ist dem des Naturstoffes so täuschend ähnlich, dass so gut wie keine Wünsche offen bleiben.

Die erste moschusartig riechende synthetische Verbindung wurde 1888 von Adolf Baur entdeckt, als er das *tert*-Butyl-Derivat von Trinitrotoluol (ja genau, TNT!) herstellte. Er hatte nicht die Intention, einen Duftstoff zu erfinden, doch er ließ seine Entdeckung als Musk Baur patentieren. Zwar war diese Alternative sehr preiswert, doch konnte ihr Duft nicht ernsthaft mit dem Naturstoff konkurrieren. Immerhin stimulierte Baurs Entdeckung die Synthese und Erforschung weiterer Derivate des TNT, wovon einige auch kommerzielle Anwendung fanden.*

Der deutsche Chemiker Wahlbaum konnte im Jahre 1906 die Hauptkomponente des Duftstoffes in Form weißer Kristalle isolieren. Er nannte

* Aus Sicherheitsgründen ist man von der Herstellung dieser Art von Duftstoffen abgekommen.

die Verbindung Muscon. Es dauerte bis 1926, bis es Leopold Ružička (ETH Zürich) gelang, die Molekülstruktur des Muscons aufzuklären.* Der korrekte Name dieser Verbindung ist übrigens 3-Methylcyclopentadecanon. Bemerkenswert ist, dass es, obwohl die Struktur des Muscons nunmehr seit siebzig Jahren bekannt ist, immer noch keine wirtschaftliche chemische Synthese gibt. In der Zwischenzeit wurden allerdings einige andere Verbindungen auf den Markt gebracht, die den Bedarf zu decken imstande sind. William Carothers, der Erfinder des Nylons, entdeckte, dass sich manche Polyester-Sorten beim Erhitzen zu einem farblosen Öl zersetzen, das dem Muscon sehr ähnlich ist. Dieses synthetische Moschusöl ist tausendmal billiger als das Original und wird heute noch verwendet.

Neben Muscon sind Cholesterin, Androstenon und Dehydroepiandrostenon** weitere wichtige Bestandteile des natürlichen Moschusaromas. Daneben finden sich geringe Anteile anderer, recht beißend riechender Verbindungen. Die heutzutage erhältlichen synthetischen Moschusaromen werden unter den Handelsnamen Galaxolid, Tonalid und Traseolid angeboten, sie sind hervorragende Kopien des natürlichen Duftes. Insgesamt werden jährlich mehr als 10 000 Tonnen davon produziert.

Zibet. Die Zibetkatze *(Viverra civetta)* ist ursprünglich in Afrika beheimatet, sie wird aber auch in »Farmen« gezüchtet. Unter dem Stress der Gefangenschaft produzieren die Tiere sogar mehr Zibet als in freier Wildbahn. Dieses weißliche Sekret wird in einer Drüsentasche in der Aftergegend gespeichert. Man kann es gewinnen, ohne das Tier töten zu müssen. Im rohen Zustand hat Zibet einen sehr starken, etwas fäkalen Geruch, dessen Note in sehr großer Verdünnung floral-moschusartig wird. Seit mehr als zweitausend Jahren verwendet man Zibet in Parfums. Es wird berichtet, dass Kleopatra seinem Duft sehr zugetan gewesen sein soll. Wesentlicher Träger des Duftes ist Zibeton, das heute von der Duftstoffindustrie synthetisch hergestellt wird.

Castoreum (»Bibergeil«). Castoreum ist eine ölige Substanz, die der Biber (*Castor fiber*) in einer Drüsentasche am After sekretiert und speichert. Die

* Für diese Arbeiten über »makrocyclische Ringe, höhere Terpene und Sexualhormone« erhielt er 1939 den Nobelpreis für Chemie (Anm. d. Ü.).

** Androstenon und Dehydroepiandrostenon sind männliche Sexualhormone.

Heimat des Bibers sind die Laub- und Mischwälder der kühlgemäßigten Zonen auf der Nordhalbkugel, also Kanada, Sibirien und Skandinavien. In Sibirien werden Biber auch in Gefangenschaft gezüchtet. Die mitteleuropäischen Vorkommen sind bis auf ganz wenige vereinzelte Populationen ausgelöscht, denn nicht nur das Castoreum, sondern auch der wertvolle Pelz machten den Biber zu einer äußerst begehrten Beute. Wie Moschus und Zibet hat auch Castoreum in unverdünnter Form einen recht abstoßenden Geruch, doch in hinreichend großer Verdünnung entwickelt es einen angenehm süßen, warmen Duft. Es wird in einigen Parfums der Fougère-, Chypre- und Oriental-Richtung verwendet, wobei es einer großen Kunstfertigkeit des Parfumeurs bedarf, damit es die anderen Düfte nicht dominiert.

Ambra. Es gab eine Zeit, in der ein Glückspilz bei einem Spaziergang am Meer reich werden konnte: Zuweilen spülte die Flut einen Klumpen Ambra an den Strand. Ambra ist eine grauweiße Substanz, die im Dünndarm der Pottwale abgesondert wird, doch wann und warum das geschieht, ist noch nicht geklärt. Die Klumpen können groß wie Fußbälle werden. Sie schwimmen auf der Wasseroberfläche, weil Ambra aus Terpenen und Steroiden zusammengesetzt ist, die wachsartige Eigenschaften haben. Diese Funde wurden nicht nur als Duftstoff hoch gehandelt; Ambra wurde ebenso als Tonikum und Aphrodisiakum eingesetzt. Die Menschen haben im letzten Jahrhundert aus diesem Grund den Pottwalen nachgestellt und sie beinahe ausgerottet.

Ambra hat einen sehr anhaltenden, trocken-süßen Duft, der an Holz, Moos und Seegras erinnert. Der Schlüsselbestandteil ist Ambrein. Diese Verbindung geht bereits in der Natur eine Vielzahl von chemischen Umwandlungen ein, deren Endprodukt das Ambran ist. Heute ist ein synthetischer Duftstoff unter den Handelsnamen Ambrox, Ambrosan und Amberlyn erhältlich. Dabei handelt es sich jeweils um dieselbe Substanz, die jedoch auf unterschiedliche Weise und aus unterschiedlichen Ausgangsstoffen hergestellt wird. Die wichtigsten Rohstoffe leiten sich übrigens vom Sclareol ab, einer Substanz, die im Muskateller-Salbei vorkommt.

Kürzlich hat man eine völlig neue Klasse von Duftstoffen entdeckt, deren Geruch dem Ambra sehr nahe kommt, die aber chemisch überhaupt nicht damit verwandt sind. Sie leiten sich vom 2-Cyclohexyl-1,3-dioxan ab und haben, je nach Derivat, neben dem typischen Ambra-Geruch erdige, blumige, holzige oder andere Untertöne.

Eines hoffentlich nicht allzu fernen Tages wird es für sämtliche Produkte tierischer Herkunft synthetischen Ersatz geben. In den westlichen Industrieländern ist dies *cum grano salis* bereits heute der Fall. Alles spricht für die synthetischen Produkte: ihre Qualität ist konstanter und manchmal sogar besser als die der Naturprodukte, sie sind billiger und länger haltbar, und manchmal haben synthetische Duftstoffe eine ganz neue, eigene Note, die man in der Natur nicht findet. Doch vor allem: für diese Industrieprodukte wird kein Tier geschlachtet und keine Art ausgerottet.

Der weltgrößte Hersteller synthetischer Duftstoffe ist International Flavours and Fragrances (IFF), Union Beach, New Jersey, USA. Das zweitgrößte Unternehmen, Givaudan-Roure, befindet sich in Dübendorf nahe Zürich, Schweiz; es ist aus der Fusion von Givaudan und Roure-Bertrand-Dupont hervorgegangen. Givaudan hat eine lange Tradition: die Brüder Leon und Xavier Givaudan – beide waren präparativ arbeitende Chemiker – gründeten den Stammsitz ihrer Manufaktur in der Wiege der europäischen Parfumkultur in Grasse in der Provence. Der drittgrößte Produzent der Welt ist Quest International in Ashford, Kent, Großbritannien.

Menschliche Düfte

Es wird berichtet, dass Napoleon seine Josephine sehr erregend fand, was wohl zu einem nicht geringen Teil an ihrem Körpergeruch lag. Überliefert ist seine berühmte Botschaft, die er ihr aus dem Hauptquartier des Heeres zukommen ließ: »Bitte nicht waschen, komme nach Hause.«

In seinem Buch *The Scented Ape* vertritt Michael Stoddart, Professor der Zoologie an der Universität von Tasmanien (Australien), die Ansicht, dass es eine direkte Verbindung zwischen der Nase und der Hypophyse (Hirnanhangdrüse) gibt. Dort werden die menschlichen Sexualhormone produziert. Doch gibt es nach dem gegenwärtigen Stand unseres Wissens keinen Duftstoff, der das sexuelle Verhalten des Menschen so stark lenkt, dass dagegen keine Willensentscheidung mehr ankäme.

Bei Tieren ist das anders: Man hat bereits etliche Stoffe identifiziert, die sexuelles Verhalten wie Paarungsbereitschaft oder Balz auslösen. Es gibt in der Tat wohl keinen Bereich, in dem die Bedeutung chemischer Verbindungen als Mittel des Informationsaustausches deutlicher zutage tritt, als das Sexualleben von Tieren und Pflanzen. Insekten kommunizieren mit Hilfe von Pheromonen. Diese können zwar auch Botschaften über Nahrungsquellen oder Gefahren übermitteln, doch am bekanntesten sind die Pheromone als Sexuallockstoffe geworden: Moleküle, die die Partner zueinander führen. Dieses Verhalten ist den Insekten genetisch einprogrammiert, und es ist sehr effizient. Wenn ein Tier fortpflanzungsbereit ist, muss es einen Partner finden. Gäbe es dafür eine bessere Methode, als nur wenige Moleküle eines Botenstoffes an die Umgebung abzugeben, die zielsicher von den Antennen potenzieller Partner aufgefangen werden, diese anlocken und obendrein gleich deren Fortpflanzungsverhalten auslösen? Die Zwangsläufigkeit dieses Verhaltens macht man sich übrigens auf raffinierte Weise mit den Pheromon-Fallen zur Schädlingsbekämpfung zunutze.

Wie gesagt, man kennt bislang noch keinen Stoff, der das Verhalten des Menschen auch nur annähernd so stark beeinflusst. Allerdings gibt es durchaus Hinweise darauf, dass wir Menschen auf chemische Botenstoffe reagieren, die von anderen ausgesandt werden – selbst wenn wir sie gar nicht als Geruch wahrnehmen können.

Solche Botenstoffe können uns manchmal unfreiwillige Sympathien verschaffen. Von solch einem Fall berichtet die medizinische Fachzeitschrift *The Lancet*. Eine junge Frau unterzog sich einer Hormonbehandlung mit Cyproteronacetat, um ihren übermäßigen Haarwuchs im Gesicht zu beseitigen. Im Laufe der Behandlung wurde ihr Rottweiler immer zutraulicher. Er wich nicht mehr von ihrer Seite und versuchte sogar mehrmals, sie zu besteigen, was ihr überaus peinlich war. In einem verzweifelten Versuch, den scheinbar überstark entwickelten Sexualtrieb ihres Hundes einzudämmen, ließ sie den armen Kerl schließlich kastrieren. Niemand hatte ihr gesagt, dass ihre Hormonpillen der wahre Grund für die Hundeliebe waren.

Im Dezember 1992 sorgte in England ein Fall für Schlagzeilen. In Littledean, einem kleinen Dorf in Gloucestershire, verliebte sich ein Schwein namens Doris in den Zeitungsboten und verfolgte ihn die Dorfstraße hinab. Der junge Mann fand schließlich in einer Telefonzelle Zuflucht. Von dort rief er die Polizei zu Hilfe, die ihn von den Zudringlichkeiten der närrischen Zwei-Zentner-Sau erlöste. Er wusste nicht, dass er Doris eine unwiderstehliche chemische Botschaft sandte: mit seinem Schweiß dünstete er Androstenon aus.

Androstenon ist der Sexuallockstoff des Keilers. Auf Sauen wirkt es als starkes Aphrodisiakum und löst die Paarungsbereitschaft aus. Schweinezüchter machen sich dies zunutze, indem sie vor der (künstlichen) Besamung ihre Sauen an einer Dosis Androstenon aus der Spraydose schnüffeln lassen. Der Geruch von Androstenon ist moschusartig, daneben erinnert er auch etwas an Urin. Wesentlicher Träger dieser Eigenschaften ist die Verbindung α-Androstenol, welche in den Hoden des Keilers gebildet wird und auch in seinem Speichel nachgewiesen werden kann. Interessanterweise wird diese Verbindung auch von der Trüffel gebildet. Die Trüffelschweine, es handelt sich ausschließlich um Sauen, können diese Delikatesse aufspüren, selbst wenn sie bis zu einem Meter tief unter der Erdoberfläche wächst. In Sex-Shops kann man Androstenon-haltige Parfums als Aphrodisiaka kaufen, doch ist es fraglich, ob diese Mittel wirklich den gewünschten Erfolg haben.

Einige Indizien sprechen allerdings dafür, dass Androstenon als chemischer Botenstoff die zwischenmenschlichen Beziehungen beeinflusst. Am ganzen Körper verteilt haben wir Talgdrüsen. Besonders viele finden sich in den behaarten Zonen wie z. B. in der Achselhöhle. Insbesondere wenn wir schwitzen, sondern sie eine ölige Flüssigkeit ab, die nicht weniger als zwölf steroidartige Verbindungen enthält. Von diesen ist Androstenon die häufigste. Männer produzieren übrigens deutlich mehr davon als Frauen. Zwar ist umstritten, ob Androstenon ein echter Sexuallockstoff ist, denn nicht jeder kann es überhaupt riechen, und in konzentrierter Form finden viele Frauen seinen dumpfen Geruch regelrecht abstoßend. Doch es gibt einige – zuweilen anekdotische – Hinweise darauf, dass sie, wenn auch unbewusst, auf die chemischen Signale reagieren.

In einem Experiment parfümierte man einen der Stühle in einem leeren Wartezimmer mit Androstenon. Frauen, die die freie Wahl hatten, setzten sich auf diesen deutlich häufiger als auf alle anderen. Tom Clark von der Guy's Hospital Medical School in London beschrieb in den späten siebziger Jahren ein ähnliches Experiment: Er besprühte einige nicht reservierte Plätze in einem Theater mit einer Lösung von Androstenon und beobachtete, dass diese den nicht parfümierten Plätzen vorgezogen wurden.

Männer können Androstenon bis zu einer Verdünnung von eins zu einer Milliarde (1 : 1 000 000 000) riechen. Im Durchschnitt reagieren die Nasen von Frauen darauf noch einmal um den Faktor zehn empfindlicher. In der Zeit um den Eisprung, während der fruchtbaren Tage, können Frauen sogar eine Konzentration von eins zu einer Billion (1 : 1 000 000 000 000) wahrnehmen. Warum reagieren wir Menschen auf diesen Geruch so stark? Eine mögliche Erklärung ist, dass wir diesen Geruch mit körperlicher Nähe und Zuwendung assoziieren.* Dieser Zusammenhang prägt sich

* Patrick Süskind hat diesen Gedanken in seinem Roman *Das Parfum* zu einer faszinierenden Geschichte ausgesponnen (Anm. d. Ü.).

in frühester Kindheit ein, wenn ein Baby an der Mutterbrust saugt, denn gerade in diesem Bereich des weiblichen Körpers befinden sich viele Androstenon produzierende Drüsen.

Allerdings muss gesagt werden, dass die wenigsten Gerüche des menschlichen Körpers von unseren Artgenossen als attraktiv empfunden werden. Einige der übelsten Gerüche entstehen, wenn die Bestandteile des Schweißes bakteriell zersetzt werden. Die fettigen Absonderungen unserer Talgdrüsen, die sich unter den Schweiß mischen, werden auf diese Weise zu einfachen Fettsäuren abgebaut. Gleiches geschieht, wenn sich Bakterien über das Fett der Butter hermachen: die Butter wird ranzig und riecht – nun ja, entsprechend.

Die stärksten menschlichen Gerüche lassen sich auf Absonderungen der so genannten apokrinen Drüsen zurückführen. Diese Drüsen befinden sich ähnlich den Talgdrüsen in den Achselhöhlen, der Kopfhaut sowie um Geschlechtsorgane und After. Im Jahre 1991 identifizierte George Preti vom Monell Chemical Senses Center, USA, den »Übeltäter«: es handelt sich um 3-Methyl-2-Hexensäure (MHA). Er extrahierte diese Substanz aus dem Schweiß männlicher Freiwilliger, die zu diesem Zweck 24 Stunden lang Wattebäusche unter ihren Armen tragen mussten. Im daraus gewonnenen Extrakt konnte Preti mehr als 40 Verbindungen nachweisen, die anschließend in größeren Mengen im Labor hergestellt wurden, um ihre Eigenschaften zu bestimmen. Sobald man eine Probe MHA hergestellt hatte, war der Fall klar. Die apokrinen Drüsen sondern allerdings nicht MHA direkt ab, sondern ein Protein, an das MHA chemisch gebunden ist. Die schweißzersetzenden Bakterien besitzen ein Enzym, welches dieses Protein zerlegt und MHA freisetzt. Mit Hilfe von Deodorants lässt sich die Entstehung von Körpergeruch verhindern. Die meisten Deos blockieren die Drüsenfunktionen, doch neuerdings sind auch mildere Produkte auf dem Markt, welche die Bakterien bekämpfen.

Dank der Errungenschaften unserer modernen Zivilisation – Deodorants, das tägliche Duschbad – brauchen wir Parfums nicht mehr, um unangenehme Gerüche zu überdecken. Wir können uns »einfach so« an ihnen erfreuen. Dabei erfahren wir, dass ein gutes Parfum mehr ist als nur ein netter Duft. Wir entziffern die subtilen Botschaften der dunklen Basisnoten und verstehen den Zusammenhang zwischen Duft und Erotik. In diesem Sinne können Parfums durchaus als milde Aphrodisiaka angesehen werden.

Kommentar des Autors: Der Reiz von Parfums lässt einfach nicht nach. Heute befinden sich 4000 verschiedene Düfte auf dem Markt, darunter 2400 Damen- und 1200 Herrenparfums. 400 Duftwässer sind sowohl für Männer als auch für Frauen geeignet und jedes Jahr kommen 300 neue Produkte dazu

In diesem Jahrhundert war «Angel" von Thierry Mugler (Markteinführung 1992) das beliebteste Damenparfum. Bei Männern fand «Acqua di Gio pour Homme" von Armani den größten Anklang, es ist das bestverkaufte Herrenparfum aller Zeiten (Tabelle 9 beinhaltet eine Liste einflussreicher Parfums). Die Auflistung kann nun mit den 1990ern fortgesetzt werden, einem Jahrzehnt in dem die Kunden Düfte mit so genannten »aquatic notes« bevorzugten. Der Ausdruck beschreibt ein Gefühl von Frische, das am Besten in den Parfums »L'Eau D'Issey«, »cK One« und »Cool Water« zur Geltung kam.

[Mein Dank gebührt John Ayres, der mich in der Welt der Parfums auf den neuesten Stand gebracht hat.]

Index

a
Abbé, Ernst 59
Abwasserbehandlung 6, 55
Acetylsalicylsäure 99, 146
Acrylnitril-Butadien-Styrol (ABS) 49
Albrecht, Steffen 108
Alkohol 71, 81, 103, 116, 209
Allergie 131, 139
Allicin 110
Alliin 110
Alpha-Hydroxysäuren (AHAs) 184
Aluminium 25, 107
Ambra 222
Ammoniak 84, 203
Ammoniumnitrat 85
Amphetamin 104
Anämie 78, 92, 95
Androstenon 224
Antibiotika 79
Antikörper 136, 142
Aphrodisiaka 102
Apollomission 3
Argon 8–10
Aspirin 99, 146
Asthma 118
Atombombe 24, 26
Autoreifen 10
Azteken 102

b
Ballaststoffe 76
Banks, Robert 20
Benzalkoniumchlorid 64
Benzol 35, 39, 209
Berzelius, Jöns Jacob 61
Bibergeil 221
Bier 31
Biosphären-Projekt 4
Bisphenol A (BPA) 48
Bitumen 22
Blei 62
Bleiazid 68
Block-Copolymer 21, 22
Blutdruck 111, 118
Borax 59
Borosilicatglas 58
Bosch, Carl 84
Botox 185
Brindley, Giles 157
Bunsen, Robert 173
Butan 69

c
Cade, John 174
Cadmium 56
Calcium 55
Calciumcarbonat 59
Calciumphosphat 56
Carothers, Wallace 48
Casanova 81, 103
Castoreum 221
Cavendish, Henry 8, 9
Cellulose 42, 82
Cetrimid 64
Chanel N° 5 200
Cholesterin 71, 104, 221
Chrom 56
Cobalamin 95
Cocain 115
Codein 146
Coffein 100, 133
Crimplen 29
Cyanocobalamin 95
Cyclopropan 14
Cystein 113
Cytochromoxidase 68

Liebe, Licht und Lippenstift. John Emsley

ISBN 978-3-527-31638-0

d
Damenhygiene 43
Darm 131, 135
Dickson, James 28
Dimethylsulfid 113, 203
Dioskorides 106
Dipropenyl-disulfid 109–111
Djerassi, Carl 159
DNA 80, 119, 194
Doll, Sir Richard 86
Domagk, Gerhard 64
Donald, Kenneth 5
Dopamin 91, 104, 119
Dorant, Elisabeth 111
Drebbel, Cornelius 7
Düngemittel 55, 56, 84
Durchfall 92, 133, 134

e
Ecstasy 104
Einhorn, Gunther 48
Eisen 4, 107
Eisenmangel 80
Embery, Graham 113
Encephaline 145
Endorphine 145
Epibatidin 155
Erbrechen 134
Erdgas 114
Erdöl 34
Erektionsstörung 157
Ethylen 13–15
expandierbares Polystyrol (EPS) 35

f
Faraday, Michael 5
Fawcett, Eric 16
FCKW 33, 34, 37
Ferguson, Susan 70
Fette 72
Fettsäuren, gesättigte 99, 104
Filmmaterial 28
Fluor 17, 18, 26
Fluoxetin 164
Flussspat 25
Folsäure 77–79, 96
fossile Brennstoffe 5
freie Radikale 111, 119
Fruchtbarkeit 60, 80

g
Gibson, Reginald 16
Gifte 131
Glas 36, 57–59
– für Getränkeflaschen 30
Gore, Bob 26
Goretex 26
Greengard, Paul 170

h
Haber, Fritz 84
Hafnium 16
Hämoglobin 4
Hartmann, Louis 25
HDL 74
Herzkrankheiten 110, 111, 118
Hippokrates 145, 146
Histamin 141, 142
Hocking, Martin 37
Hormone 49, 71

i
Ibuprofen 146, 153

j
Janssen, Pierre 11
Johanniskraut 169
Jones, Bryn 56

k
Kaffee 72, 116, 117, 119
Kakao 100, 102–105
Kalium
– Kalium-39 11
– Kalium-40 10, 11
Kaliumnitrat 7, 68
Kaliumpermanganat 15
Kassia 115
Kava kava 170
Keramikwerkstoffe, superfeste 62
Kevlar 38–40
Klaproth, Martin Heinrich 61
Knoblauch 99, 109, 110, 111
Kohle 33
Kohlendioxid 33, 118, 150
Kohlenstoffatom 64
Kondom 31
Krebs 86, 89, 111, 119, 191
Krypton 11
kugelsichere Weste 38

Kühlschrank 32, 33
Kupfer 4

l

Lacq 114
Lavoisier, Antoine 7
LDL 74
Leuchtstoffröhren 10
Liebig, Justus von 15
Lipoproteine 74
Lippenstifte 179
Lithium 171
Lockerbie 38
Lycra 32, 33

m

Magnesium 107
Martiolum 58
Matthiessen, Augustus 173
Mayas 102
Mayow, John 7
Metallocene 16, 21
Methionin 14, 113, 114
Methylmercaptan 110, 112–114, 203
Migräne 104
Moissan, Henri 18
Monoamin-Oxidase 104
Morphin 154
Moschus 219
Mundgeruch 109, 110, 112, 113

n

nachwachsende Rohstoffe 17, 47
Nakamura, Katunori 112
Natriumborat 58
Natta, Giulio 21
Nava, Mario 29
Neon 11
Nescafé 116
Nestlé, Henri 105
Neutronen 62
Niacin 90
Nicot, Jean 90
Nierensteine 108
Nikotin 89–91, 133
Nikotinrezeptor 91
Nitrat 83
Nitrox 5
Nylon 65

o

Opiate 154
Osmose 45
Oxalsäure 106–108

p

Paracetamol 146, 151
Paraxanthin 117
Parfum 199
Pflanzenhormon 13, 14
Phenylalanin 104
Phenylethylamin (PEA) 102, 102–104
Phosgen 49
Phosphate 55–56
Phosphorsäure 115
Photosynthese 5
Piria, Raffaele 146
Plunkett, Roy 24
Polyabsorber 40
Polyacrylsäure 43
Polybutadien 36
Polycarbonat 48
Polyester 65
Polyethylen 13–15, 21, 65
Polyethylenterephthalat (PET) 28–30
Polymere 43
Polypropylen 19–21, 65
Polystyrol 34–36
Polyurethan 31–33
Poundstone, William 115
Prasad, Ananda 80
Priestley, Joseph 6
Prostaglandine 150
Prozac 164
PTFE 24, 24–26
PVC 30
Pyrex-Glas 58, 59
Pyridoxin 92

q

quartäre Ammoniumsalze (Quats) 63
Quecksilber 10

r

Ramsay, William 8
Rayleigh, Lord 8
Recycling
– von PET 30
– von Phosphaten 55
– von Polyethylen 19

– von Polystyrol 37
Reifung 13, 14
Rhabarber 106
RNA 80
Rolla, Gunnar 113
Runge, Friedlieb Ferdinand 118

s
Salicin 145
Salicylsäure 146
Sauerstoff 3, 3–5
Sax, Irving 91
Scheele, Carl W. 6, 107
schlagzähes Polystyrol (PS-HI) 35, 36
Schokolade 99, 100–102
Schott, Otto 59
Schwangerschaft 77, 78
Schwefelsäure 15
Schwefelwasserstoff 113, 114
Selbstbräuner 188
Sendivogius, Michael 7
Silagy, Christopher 111
Sildenafilcitrat 158
Smithells, Richard 79
Soda 59
Sonnenblocker 188
Sperma 45, 81
Spina bifida 77, 79
Spinat 107
Staphylokokken 113
Stickstoff 9, 18, 64, 67, 68, 83, 85
Sturzhelm 34, 36
Styrol 34
Sulfonamide 79
Superabsorber 43

t
Tabak 89, 90
Taktizität 22
Tee (schwarzer) 118
Tefal 26
Teflon 24
Terylen 29
Theophyllin 117
Thrombose 119
Tiberius 57
Tibet 59, 118
Titan 16
Titandioxid 182, 192
Transkription 80
Trinatriumphosphat 57
Trinitrotoluol 220

u
überkritisches Fluid 69
Unverträglichkeit 139, 143
Uran 11, 26, 61
UV (ultraviolett) 32, 35, 188
UV-Filter 65

v
Vane, John 150
Vanillin 216
Verpackungsmittel 15, 16, 29
Viagra 156
Vitamin A 101, 132
Vitamin B_1 101
Vitamin B_{12} 79, 95
Vitamin B_2 101
Vitamin B_3 101
Vitamin B_6 92
Vitamin C 108
Vitamin E 101

w
Wachse 181
Wasserstoffbrücken 42
Whinfield, Rex 28
Wilson, Bob 56
Windeln 41

x
Xanthin 117
Xenobiotika 132
Xenon 11

z
Zeolith 56
Zibet 221
Ziegler, Karl 21
Zimt 216
Zink 80–82
Zircon 61, 62
Zirconerde 61, 62, 63
Zirconium 16, 61, 61–63
Zirkonia 62
Zitronensäure 115
Zöliakie 135
Zuckerrohr 17
Zyanose 86

Erlebnis Wissenschaft bei WILEY-VCH

Expedition in die Wissenschaft
Sach- und Spaßgeschichten aus Chemie und Biologie
2006, ISBN-10: 3-527-31639-6
ISBN-13: 978-3-527-31639-7

Expedition in die Wissenschaft
Sach- und Spaßgeschichten aus Physik und Astronomie
2006, ISBN-10: 3-527-31814-3
ISBN-13: 978-3-527-31814-8

Bartels, Cornelia/Göllner, Heike/Koolman, Jan/Maser, Edmund/Röhm, Klaus-Heinrich
Tabletten, Tropfen und Tinkturen
2005, ISBN 3-527-30263-8

Emsley, John
Fritten, Fett und Faltencreme
Noch mehr Chemie im Alltag
2004, ISBN 3-527-31147-5

Emsley, John
Mörderische Elemente
Prominente Todesfälle
2006, ISBN-10: 3-527-31500-4

Froböse, Gabriele/Froböse, Rolf
Lust und Liebe – alles nur Chemie?
2004, ISBN 3-527-30823-7

Froböse, Rolf/Jopp, Klaus
Fußball, Fashion, Flachbildschirme
Die neueste Kunststoffgenertion
2006, ISBN-10: 3-527-31411-3

Froböse, Rolf
Mein Auto repariert sich selbst
Und andere Technologien von übermorgen
2004, ISBN 3-527-31168-8

Gassen, Hans-Günter/Minol, Sabine
Die MenschenMacher
Sehnsucht nach Unsterblichkeit
2006, ISBN-10: 3-527-31640-X
ISBN-13: 978-3-527-31640-3

Genz, Henning
Nichts als das Nichts
Die Physik des Vakuums
2004, ISBN 3-527-40319-1

Liedtke, Susanne/Popp, Jürgen
Laser, Licht und Leben
Techniken in der Medizin
2006, ISBN 3-527-40636-0

Morsch, Oliver
Licht und Materie
Eine physikalische Beziehungsgeschichte
2003, ISBN 3-527-30627-7

Morsch, Oliver
Sandburgen, Staus und Seifenblasen
2005, ISBN 3-527-31093-2

Reitz, Manfred
Auf der Fährte der Zeit
Mit naturwissenschaftlichen Methoden vergangene Rätsel entschlüsseln
2003, ISBN 3-527-30711-7

Renneberg, Reinhard/Reich, Jens
Liebling, Du hast die Katze geklont!
Biotechnologie im Alltag
2004, ISBN 3-527-31075-4

Schwedt, Georg
Was ist wirklich drin?
Produkte aus dem Supermarkt
2006, ISBN-10: 3-527-31437-7

Unger, Ekkehard
Auweia Chemie!
2004, ISBN 3-527-31238-2

Vowinkel, Bernd
Maschinen mit Bewusstsein – Wohin führt künstliche Intelligenz?
2006, ISBN 3-527-40630-1

Voss – de Haan, Patrick
Physik auf der Spur
Kriminaltechnik heute
2005, ISBN 3-527-40516-X

Zankl, Heinrich
Nobelpreise
Brisante Affairen, umstrittene Entscheidungen
2005, ISBN 3-527-31182-3